TECHNOLOGIE DER TEXTILFASERN

HERAUSGEGEBEN VON

Dr. R. O. HERZOG

PROFESSOR, DIREKTOR DES KAISER WILHELM-INSTITUTS FÜR FASERSTOFFCHEMIE
BERLIN-DAHLEM

VIII. BAND, 2. TEIL

DIE WOLLSPINNEREI

B. KAMMGARNSPINNEREI

VON

G. FRITZSCH

BERLIN
VERLAG VON JULIUS SPRINGER
1933

DIE WOLLSPINNEREI

B. KAMMGARNSPINNEREI

VON

DR.-ING. G. FRITZSCH, CHEMNITZ

MIT 134 ABBILDUNGEN IM TEXT
UND AUF EINER FARBIGEN TAFEL

BERLIN
VERLAG VON JULIUS SPRINGER
1933

ISBN 978-3-642-89719-1   ISBN 978-3-642-91576-5 (eBook)
DOI 10.1007/978-3-642-91576-5

Vorwort.

Über die spezielle Technologie der Kammgarnspinnerei existieren in deutscher Sprache bereits zwei ausgezeichnete neuere Werke, das Buch von Meyer-Zehetner und das von Preu.

Trotzdem besteht, da beide Werke sich ganz auf Beschreibung der gebräuchlichen Arbeitsvorgänge, vor allem der Maschinen, beschränken, insofern eine Lücke, als Arbeitsmethoden und Maschinen nirgends einer kritischen Erörterung unterzogen worden sind, aus der sich Berechtigung, Bereich und Begrenzung ihrer Anwendung ergibt.

In der vorliegenden Arbeit ist deshalb bewußt die Frage in den Vordergrund der gesamten Betrachtung gestellt: Warum so, und warum nicht anders?

Infolge dieser Fragestellung war es unmöglich, an wirtschaftlichen Gesichtspunkten vorbeizugehen und die Betrachtung vollkommen auf technologische Momente zu beschränken. Aber da es gerade das Wesen der Technik ist, kein Eigendasein führen zu können und nur so lange Lebenskraft zu besitzen, als eine harmonische Verbindung mit wirtschaftlichen Erwägungen besteht, wurde diese Erweiterung der Perspektive auf wirtschaftliches Gebiet nicht als organisch ungerechtfertigt angesehen. Im Gegenteil hat überall gerade die kritische Beleuchtung technologischer Einzelvorgänge unter wirtschaftlichem Gesichtswinkel den günstigsten Nährboden für den technischen Fortschritt ergeben.

Chemnitz, im März 1933.

G. Fritzsch.

Inhaltsverzeichnis.

Einleitung.

Die deutsche Kammgarnerzeugung betrug nach der letzten statistischen Erhebung des Deutschen Reiches 1907 gewichtsmäßig etwas über zwei Drittel, wertmäßig dagegen nahezu das Doppelte der Streichgarnproduktion[1]. Es sind 1928 in Deutschland auf 2037000 Kammgarnspindeln 61500000 kg Kammgarn im Werte von 626800000 RM gesponnen worden, gegenüber 75000000 kg Streichgarn auf 1818000 Spindeln im Werte von 298600000 RM.

Der hohe Wert des Kammgarnes gegenüber dem Streichgarn beruht teils im Material, teils in der Arbeit.

Dieser Arbeitswert des Kammgarnes kommt darin zum Ausdruck, daß das Fasermaterial bis zur Bildung des einfachen Fadens etwa 20 Maschinen durchlaufen muß, gegenüber fünf Maschinen in der Streichgarnspinnerei.

Die hohen, durch diesen langwierigen Verarbeitungsprozeß bedingten Investierungskosten in der Kammgarnindustrie verursachten in Verbindung vor allem mit dem hohen Materialwert, daß sich hier eine von der Streichgarnindustrie vollständig unterschiedliche Struktur der Unternehmungen entwickelte.

Während von den drei Produktionsstufen der Streichgarnindustrie: Wollwäscherei, Spinnerei und Weberei häufig alle, meist jedoch zwei innerhalb einzelner Unternehmungen zusammengefaßt sind, überwiegt in der Kammgarnindustrie die vertikale Unterteilung so weitgehend, daß nicht nur die Weberei eine vollkommen unabhängige Gruppe darstellt, sondern auch Kämmerei und Spinnerei im allgemeinen getrennt sind. Der hohe Investierungswert verursachte sogar, daß die Wollkämmereien in den meisten Fällen nicht selbst als Rohwollkäufer auftreten, sondern als Lohnbetriebe des Wollhandels kämmen. Das Halbfabrikat Kammzug, das der letzten Produktionsstufe der Kämmerei entstammt, ist auf diese Weise selbständiger Handelsartikel geworden. Im Gegensatz zu den Kämmereien arbeiten die Spinnereien im allgemeinen für eigene Rechnung, weshalb hier der Entwicklung zum Großbetrieb stärkere Schwierigkeiten als dort entgegenstanden.

Für eine Erörterung der verschiedenen Produktionsstufen der Kammgarnerzeugung gibt die in der Industrie vollzogene Zweiteilung in Kämmerei und Spinnerei die naturgegebene Gliederung.

Die vor der Wollwäscherei liegenden Bearbeitungsstufen sind, da sie dem Bereich der Wollkunde angehören, hier unberücksichtigt geblieben.

---

[1] Behnsen und Genzmer: Weltwirtschaft der Wolle (Technologie d. Textilfasern VIII, 4. Teil). Berlin: Julius Springer 1932.

Zur Einführung.

Die „Technologie der Textilfasern" ist so angelegt, daß die ersten drei Bände
die allgemeinen naturwissenschaftlichen und technologischen Grundlagen des
Gegenstandes enthalten, während die weiteren Bände die spezielle Kenntnis
der wichtigsten Textilfasern und ihrer Verarbeitung vermitteln. Je nach dem
Umfang sind die Bände unterteilt, und zwar in „Teile" bzw. „Abteilungen".

Im **I.** Band sind die Physik und Chemie der Cellulose[1] (1) und der
faserbildenden Proteide (2) behandelt, den Teil (3) bildet die Darstellung der
mikroskopischen, physikalischen und chemischen Untersuchungsmethoden.

Der **II.** Band enthält die mechanische Technologie, das Spinnen, Weben,
Wirken, Stricken, Klöppeln, Flechten, die Herstellung von Bändern, Posamenten,
Samt, Teppichen, die Stickmaschinen und einen Abriß der Bindungslehre.

Die Spinnerei ist etwa im Rahmen eines eingehenderen Hochschulkollegs
behandelt, da die Ausbildung der Maschinen und ihre Anpassung an die einzelne Faser den speziellen technologischen Darstellungen überlassen werden
mußte. Denselben Umfang besitzt die Weberei, ausführlicher ist dagegen die
Beschreibung in den weiteren angeführten Kapiteln, so daß nur bei wichtigen
Sonderfällen in den späteren Bänden Wiederholungen zu finden sind.

Der **III.** Band gibt eine Darstellung der Farbstoffe, während die Färberei
und überhaupt die chemische Veredelung in den Abschnitten bzw. Teilbänden
„Chemische Technologie" bei jeder Faser gesondert besprochen wird.

Der **IV.** Band, mit dem die Darstellung der Einzelfasern und ihrer Technologie beginnt, ist der **Baumwolle** gewidmet; der wirtschaftlichen Bedeutung der
Faser entsprechend ist er neben dem Wollband der umfangreichste. Der Aufbau
ist aber auch bei den nationalökonomisch weniger wichtigen Fasern der gleiche.

Der 1. Teilband enthält die Botanik und Kultur der Baumwolle und
einen Abschnitt über die Chemie der Baumwollpflanze.

In der mechanischen Technologie (2) ist die Spinnerei eingehend, und zwar
einmal vom Standpunkt des Maschinenbauers (IV, 2, A a), einmal von dem des
praktischen Spinners (IV, 2, A b) behandelt. Auf eine spezielle Beschreibung
der Weberei wurde verzichtet (s. oben), dagegen sind die Baumwollgewebe
von dem warenkundlichen Standpunkt aus in IV, 2 B dargestellt worden, wobei gleichzeitig erwünschte webtechnische Hinweise gebracht werden; ein ziemlich eingehender Überblick über die Gardinenstoffe ist angefügt.

Der 3. Teilband enthält die chemische Technologie nebst einer Beschreibung der maschinellen Hilfsmittel zur Veredelung der Baumwolltextilien.

Der 4. Teilband bringt die Weltwirtschaft der Baumwolle.

Der **V.** Hauptband ist dem **Flachs** (V, 1), **Hanf** und anderen **Seilerfasern** (V, 2)
und der **Jute** (V, 3 in 2. Abt.) gewidmet. Eingehend ist die Darstellung der
ersten und der letzten der genannten Fasern[2].

---

[1] Mit Rücksicht auf den Erscheinungstermin ist die schon lange früher fertiggestellte
Arbeit von H. Steinbrinck über den Feinbau der Cellulosefaser vom botanischen Standpunkt als Einführung zu den Bastfasern in V, 1; 1. Abt. aufgenommen worden. Sie war
ursprünglich für I, 1 bestimmt.

[2] Auf eine Monographie der Ramie wurde zunächst verzichtet; bei den Seilerfasern
sind im Hinblick auf die ausführliche Bearbeitung der Jute nur die wichtigsten und diese
zumeist kurz dargestellt.

So ist die Botanik, Kultur, Bleicherei, Aufbereitung und Wirtschaft des Flachses (V, 1; 1. Abt.), ferner die Spinnerei (V, 1; 2. Abt.) ausführlich beschrieben. In der Leinenweberei (V, 1; 3. Abt.) werden sehr wesentliche Ergänzungen zum allgemeinen Webereibande gebracht, so daß damit auch der Leser des Bandes II, 2, aber auch des VIII., 2 B Bandes (Wolle) eventuell erwünschte wichtige Erweiterungen findet.

In ähnlicher Weise bildet die eingehende Beschreibung der Jutetechnologie auch eine Ergänzung zu V, 2.

Der **VI.** Band behandelt die **Seide,** der 1. Teilband die Seidenspinner, der 2. die Technologie und Wirtschaft.

Der **VII.** Band ist der **Kunstseide** gewidmet. Die bereits vor einigen Jahren erschienene Darstellung hatte den damaligen Bedürfnissen vor allem gerecht zu werden. Aus diesem Grunde ist mehr als bei anderen Werken über den Gegenstand die naturwissenschaftliche Seite betont worden. Nachdem hier ein erstes Niveau erreicht worden ist, dessen Grenzen inzwischen in Band I, 1 eingehend diskutiert sind, und da seither auch ein gewisser Abschluß in dem Ausbau der technischen Methoden der Kunstseide-Industrie erzielt ist, wird eine erforderliche Neuauflage wesentlich die letzteren wiederzugeben haben.

Der **VIII.** Band enthält die Darstellung der **Schafwolle**[1]: der 1. Teilband die Wollkunde, der 2. in drei Abteilungen die Streichgarn- und die Kammgarnspinnerei, sowie die Tuchmacherei, wo vor allem Manipulation und Dessinatur ihren Platz finden, ferner die Filzherstellung; der 3. Teilband bringt die chemische Technologie, der 4. die Wollwirtschaft.

Eventuell sollen vorläufig ausgeschaltete Sondergebiete späterhin in Ergänzungsbänden ihren Platz finden. Es erschien zweckmäßig, weniger Wesentliches vorläufig zu opfern, um Raum für das Hauptsächliche zu finden, wozu auch die Ausfüllung wichtiger Lücken im Schrifttum und in einer Reihe von Fällen die Betrachtung eines Gegenstandes von verschiedenen Gesichtspunkten gehört.

Die gewählte Anordnung ist nicht aus einer willkürlichen pädagogischen Organisation hervorgegangen, sondern scheint am besten dem inneren Aufbau der Textiltechnik zu entsprechen. Es mußte jeder Beitrag ein organisches Glied des Ganzen bilden, in manchen Bänden auch ein Gegenstand erörtert werden, der aus raumökonomischen Gründen in einem anderen Bande nicht gebracht wird; trotzdem stellt — ganz der praktischen Einstellung des Textiltechnikers entsprechend — jeder „Teilband" und jede „Abteilung" für sich ein abgeschlossenes Ganzes dar.

An dieser Stelle sei noch einmal allen Mitarbeitern, deren Bemühung und Anpassungswilligkeit oft in ungewöhnlichem Maße in Anspruch genommen werden mußte, der Dank ausgesprochen! In gleichem Maße gebührt der Dank der Verlagsbuchhandlung, die das Wagnis eines so umfangreichen Werkes auf diesem Gebiete unternommen hat! Endlich sei noch allen öffentlichen und privaten Stellen sowie allen Firmen gedankt, die die Herstellung des Werkes durch Überlassung oft neuen Materials unterstützt haben!

Der Herausgeber.

---

[1] Die Technologie anderer Tierhaare ist zunächst nicht dargestellt worden.

Kämmerei.

I. Die Wäsche.

A. Aufgabe der Wäsche.

Die an die Wäsche zu stellenden Forderungen ergeben sich aus der Zusammensetzung der in der Rohwolle enthaltenden Verunreinigungen. Die Hauptgruppen der in Europa zur Verarbeitung gelangenden Wollen enthalten — auf die Rohwolle bezogen — nur etwa die folgenden Prozentsätze an wirklichem Wollgewicht:

Austral Merino fleeces . . . . . ca. 64%   Cap Merino fleeces . . . . . . ca. 45%
La Plata Merino fleeces . . . . „ 51%   La Plata Crossbreds (fein) . . . „ 50%
La Plata Crossbreds (grob) . . . ca. 65%

Davon sind im Mittel erdige Bestandteile 15 bis 30%, wasserlösliche Wollschweißsalze 2 bis 4%, Wollfette etwa 12 bis 20%.

Das Ziel der Wäsche ist, die erdigen Bestandteile und die Wollschweißsalze vollkommen, den Fettgehalt jedoch nur bis auf etwa 1% zu entfernen. Geht man in der Beseitigung des Wollfettgehaltes weiter, so verliert die Faser ihre Geschmeidigkeit, wird spröde und hart im Griff und ist weitgehend entwertet.

Man ist bis heute noch bei der Wäsche mit Wasser und Seife in schwach alkalischer Lösung geblieben. Man ist sich dabei bewußt, daß Alkali und hohe Temperaturen schwere Schädigungsmöglichkeiten für die Faser in sich schließen, und suchte deshalb mit der Anwendung beider Hilfsmittel unter der Grenze zu bleiben, die eine spürbare Schädigung zeitigt. Den Grad der Alkalikonzentration in den Waschbädern anzugeben, der als Grenze einer Schädigung zu bezeichnen wäre, ist allgemeingültig nicht möglich, da diese von einer Reihe durch das Waschverfahren bedingter Komponenten abhängig ist. Vor allem ist der im Moment der Alkalianwendung im Wollhaar befindliche Fettgehalt von Einfluß, ebenso die Art des nachfolgenden Spülens und Trocknens, sowie besonders die gleichzeitig angewandte Temperatur.

Am leichtesten zu entfernen sind die Wollschweißsalze, die bereits in kaltem Wasser löslich sind. Die erdigen Bestandteile sind teilweise ebenso schon mit kaltem Wasser zu beseitigen, vollkommen sind sie jedoch nur mit warmem Wasser unter Zusatz von alkalischen Waschmitteln zu entfernen. Das Wollfett schließlich ist erst bei Temperaturen um 40° C in schwach alkalischer Waschflotte auszuscheiden. Diese drei verschiedenen Verunreinigungsgruppen gliedern naturgemäß die Wäsche. Dabei ist zu beachten, daß die Fettschicht die Wollfaser als eine schützende Hülle umgibt, die es verhindert, daß Verunreinigungen in das Innere des Haares eindringen. Es muß deshalb Bestreben sein, diese Schutzschicht weitgehend solange als möglich, bestimmt solange als noch erdige Bestandteile im Waschwasser sind, zu erhalten. Löst man das Fett früher, so dringt der Waschwasserschmutz in das Innere des Haares, und die Faser erhält einen grauen, trüben Schimmer, der durch kein Waschen wieder beseitigt werden kann. Als Grenze des Zulässigen ist dabei anzusehen, wenn sich im zweiten Bad noch 6% Fett auf der Faser befinden, während in der ersten Kufe möglichst das gesamte, mindestens jedoch 12 bis 14% Fett auf der Faser verbleiben müssen.

Es sind demzufolge zuerst im kalten Wasser die Wollschweißsalze und ein Teil der erdigen Bestandteile herauszuwaschen, dann mit Waschmitteln in warmem Wasser die restlichen Schmutzteile, und erst zuletzt ist die Temperatur so weit zu steigern, daß das Wollfett bis zu dem gewünschten Grade beseitigt wird.

B. Die technische Durchführung des Waschens.

1. Das Entschweißen.

Selbst die primitivsten Waschverfahren haben versucht, zuerst die wasserlöslichen Verunreinigungen zu entfernen. Sie haben sich dabei jedoch meist auf ein bloßes Einweichen der Wolle in einer Kufe mit kaltem Wasser beschränkt.

Um ein gleichmäßiges Waschergebnis zu erreichen, machte es sich notwendig, die Beschickung und den Durchsatz der Wolle durch die Einweichkufen fortlaufend zu gestalten. Aus mehr oder weniger primitiven Zwischenlösungen entwickelte sich der Entschweißapparat von Malard, dessen Prinzip heute noch in den verschiedensten Ausführungsformen in Anwendung ist. Der Apparat, der

Abb. 1. Einweichkufe.

in Abb. 1 in der Bauart der Firma H. Krantz, Aachen, dargestellt ist, besteht in seinem oberen Teile aus einem endlos umlaufenden gußeisernen Siebtuch, das die in 10 bis 15 cm Stärke aufgelegte Rohwolle in etwa 15 Minuten durch die Maschine befördert. Über dem Siebtuch befinden sich 6 Spritzrohre, aus denen Wasser mit kräftigem Druck auf die Wolle gespritzt wird. Es erfolgt so eine gute Spülung, ohne daß die Wolle verfilzen kann, da sie nahezu unbewegt auf dem Siebtuch liegt. Das Ablaufwasser von jedem Spritzrohr gelangt in eine besondere Absitzkufe. Dem letzten Spritzrohr wird Frischwasser zugeführt. Das vorletzte Spritzrohr wird mittels Pumpe aus dem Wasser des letzten Absitztanks gespeist und in fortlaufender Weise die übrige Maschine. Es besteht aber die Möglichkeit, nur einen beliebigen Prozentsatz aus jeder Absitzkufe in das vorhergehende Spritzrohr zu drücken, und den restlichen Teil nochmals durch das gleiche Spritzrohr laufen zu lassen. Auf diese Weise läßt sich die Anreicherung des Spülwassers mit Schweißsalzen und erdigem Schmutz beliebig weit steigern. Ein großer Teil der erdigen Bestandteile setzt sich in den einzelnen Absitztanks infolge der geneigten Bodenflächen ab und kann durch Öffnung eines Schlammdeckels während des Betriebes entfernt werden. Die Höhe der Anreicherung des Spülwassers mit Wollschweißsalzen macht man davon abhängig, ob man die Salze zu Pottasche aufarbeiten will oder nicht. Soll diese Aufarbeitung vorgenommen werden, muß die Lauge mindestens auf 12° Bé angereichert werden, da sonst die Verdampfungskosten in keinem Verhältnis zum Wert der aufzuarbeitenden Salze stehen. Selbst bei hoher Konzentrierung der Lauge in der Entschweißmaschine trägt sich die Pottascheherstellung nur im Großbetrieb. Soll die Aufarbeitung nicht vorgenommen werden, und steht für die Entschweißung billiges Wasser zur Verfügung, so ist es trotz der Waschkraft, die diese Lauge besitzt, zwecklos, sie bis auf 12^0 anzureichern, da die erdigen Bestandteile bei dieser Konzentration bereits ein häufiges Abschlämmen verlangen. Infolge der starken Anreicherung mit erdigen Bestandteilen wird deshalb auch in den meisten Fällen das von der Entschweißmaschine ablaufende Wasser trotz der Waschkraft der Pottasche nicht weiter zu Waschzwecken verwendet.

2. Das eigentliche Waschen.

a) Das alte Leviathan-Waschverfahren.

Nach der Durchbildung der ersten Waschmaschinen trat ein Stillstand der Entwicklung ein. Jahrzehntelang wurde mit diesen Maschinen ein primitives Waschverfahren durchgeführt, das sich in einigen kleinen Kämmereien noch bis ins letzte Jahrzehnt hinein behauptet hat.

Man wusch in drei — in seltenen Fällen in vier — sich folgenden Bädern. Die Wolle wurde mittels mechanisch angetriebener Gabeln durch die Bäder geführt, am Ende jeder Kufe durch eine besonders konstruierte Gabel aus der Flotte gehoben, auf ein Lattentuch gelegt, unter einer Quetschwalze abgepreßt und durch eine besondere Tauchtrommel in die nachfolgende Kufe eingetaucht, wo sich der beschriebene Bewegungsprozeß wiederholte.

Nachdem zu Beginn der Arbeitszeit der Waschprozeß mit frischem Wasser in allen Kufen begonnen worden war, wurde schon nach 1 bis 2 Stunden das Wasser der ersten Kufe, in der die Hauptmenge der erdigen Bestandteile in die Waschflotte ging, unbrauchbar. Es mußte dann die Zuführung der Rohwolle von der Entschweißmaschine unterbrochen werden, bis alle Kufen von Wolle frei waren. Darauf wurde das schmutzige Wasser der ersten Kufe abgelassen, die Siebböden von Wolle und der Absitzraum von Schlamm gereinigt. Anschließend wurde das noch brauchbare Wasser der zweiten Kufe durch einen Injektor in die erste Kufe übergetrieben und ebenso das Wasser der dritten in die zweite Kufe. Die dritte Kufe, die hauptsächlich als Spülkufe verwendet wurde, erhielt nun Frischwasser, das meist erst in der Kufe durch Dampfzusatz auf die vorgeschriebene Temperatur gebracht wurde. Schließlich wurden durch Zugabe von Hand die Waschmittel in den einzelnen Kufen ergänzt, und die Wäsche konnte fortgesetzt werden, bis wieder die erste Kufe verschmutzt war und die beschriebenen Arbeitsvorgänge sich wiederholten. Eine Waschkufe, mit der nach dem dargelegten Verfahren gearbeitet werden kann, ist in Abb. 2 in einer Ausführungsform der Société Alsacienne wiedergegeben.

b) Die Verbesserungen des Waschverfahrens in Deutschland.

Daß der nach dem obigen Verfahren zu erzielende Wascheffekt kein gleichmäßiger sein konnte, bedarf keiner weiteren Erörterung. Besonders verhängnisvoll wurde dieser Fehler, wenn die mangelhafte Waschwirkung durch Anwendung zu hoher Temperaturen oder zu starker Alkalikonzentration ausgeglichen werden sollte. Außerdem war die wirtschaftliche Ausnutzung der Waschmaschinen und Waschmittel die denkbar schlechteste.

Diese Erkenntnisse setzten sich in den letzten Jahrzehnten mehr und mehr durch und haben den Bau der Waschmaschine, sowie insonderheit die Art ihrer Verwendung allmählich vollkommen abgewandelt.

Von welcher Bedeutung allein die rein mechanische Behandlung der Fasern während des Waschprozesses ist, wird in Abb. 3 dargestellt. Es wurde die gleiche Rohwollpartie mit den gleichen Waschmittelkonzentrationen je zur Hälfte in einer alten und einer modernen Waschmaschine gewaschen, im übrigen voll-

Abb. 2. Waschkufe.

kommen gleichmäßig weiterverarbeitet und im fertigen Kammzug die Faserlänge im Querschnitt des Bandes untersucht. Dabei ergab sich, obwohl die alte Wäsche bereits 2,5% mehr Kämmling ergeben hatte, daß im Kammzug der neuen Wäsche weniger Fasern von 20 bis 50 mm, dagegen durchgängig mehr von 70 bis 90 mm Länge enthalten waren. Da durch das neue Waschverfahren keine Verlängerung

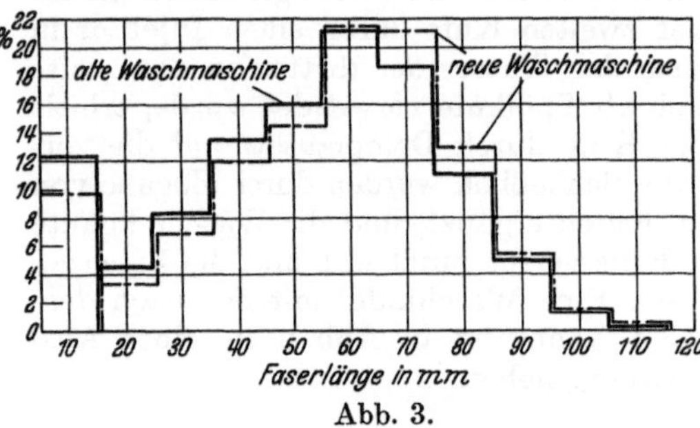

Abb. 3.

der Einzelfasern eintreten konnte, besagt dieses Ergebnis, daß durch die Art der Behandlung der Wollflocken im alten Waschverfahren während der Weiterverarbeitung ein Zerreißen des aus dem Diagramm ersichtlichen Prozentsatzes an Fasern eingetreten ist.

Die richtunggebenden Gesichtspunkte bei den Änderungen des Waschverfahrens waren zunächst die folgenden.

Die notwendige Vergleichmäßigung des Wascheffektes konnte nur erreicht werden, wenn der Zustand der einzelnen Waschkufen hinsichtlich Verschmutzung, Waschmittelkonzentration, Temperatur usw. auf lange Zeiten so konstant wie nur irgend möglich erhalten werden konnte. Das war nur zu erreichen durch eine vollkommene Ausbildung des Gegenstromprinzips, das hinsichtlich der Bewegungsrichtung im alten Waschverfahren bereits verwandt wurde, jedoch noch nicht auf die Geschwindigkeit der Bewegung ausgedehnt, noch nicht kontinuierlich durchgebildet war. Ein gleichbleibender Zustand der Bäder konnte nur dann erreicht werden, wenn Waschmittel und Wasser der Wolle in der Stärke entgegenliefen, wie sie verbraucht bzw. verschmutzt wurden.

Wenn der ersten, am schnellsten verschmutzenden Kufe minutlich von der vorhergehenden Kufe so viel Wasser zuläuft, wie erdige Bestandteile je Minute anfallen, dann ist theoretisch ein gleichmäßiger Zustand dieser Waschkufe über beliebige Zeiträume möglich. Dieser Zustand muß nicht den denkbar besten Wascheffekt in jedem Bad gewährleisten. Er muß nur unter möglichst vollkommener Ausnutzung der zugesetzten Waschmittel in der zur Verfügung stehenden Kufenzahl eine vollständige Reinigung des durchzusetzenden Wollgewichtes sicherstellen. Hieraus geht hervor, daß der zulässige Verschmutzungsgrad der Bäder — und somit der Frischwasserstrom in der Zeiteinheit — in gewisser Abhängigkeit von der verwendeten Kufenzahl steht, daß in einer vierkufigen Waschbatterie ein stärkerer Frischwasserzufluß zur Erzielung des gleichen Wascheffektes nötig ist als in einer fünfkufigen Maschine.

Die Gesamthöhe des Wasserdurchsatzes kann praktisch noch weiter, als es der entwickelten Theorie entspricht, herabgesetzt werden, da die absitzenden schlammigen Bestandteile während des Betriebes aus den Kufen abgelassen werden können.

Mindestens ebenso wichtig wie der kontinuierliche Wasserdurchsatz durch die Batterie ist der kontinuierliche Waschmittelzusatz. Solange in der alten Wäsche dieser Zusatz von Hand erfolgte, war eine Gleichmäßigkeit nicht zu erreichen. Vorbedingung war daher auch hier eine Mechanisierung des Zulaufs. Die Stärke dieses Zulaufes wird wie beim Wasserzulauf bedingt durch den Zustand der ersten Kufe bzw. des von dieser abfließenden Abwassers. In diesem müssen die Waschmittel nahezu vollständig erschöpft sein.

Schließlich wurde in ähnlicher Weise auch die Temperaturregelung mechanisiert. Diese Regelung kann sich im allgemeinen auf die vierte Kufe beschränken. In der ersten Kufe, in der einige Grade kühler gewaschen werden muß, damit das Wollfett nicht vorzeitig in zu starkem Maße gelöst wird, hat das Waschwasser durch die verschiedenen Schöpfwerke und Übertriebe zwischen den einzelnen Kufen ohne besondere Maßnahmen die gewünschte erniedrigte Temperatur.

Diese sämtlichen Hilfsmittel würden jedoch nicht zu der notwendigen Vergleichmäßigung des Wascheffektes führen, wenn nicht auch die Beschickung der Maschine mit Wolle ebenso durch Mechanisierung der Vorlage vergleichmäßigt würde. Bei Verwendung von Entschweißmaschinen ergibt sich meist die Möglichkeit, die Maschine durch Füllung eines großen Schachtes von einem höherliegenden Stockwerk aus zu beschicken. Das Siebtuch der Entschweißmaschine füllt sich dann aus dem Schacht selbsttätig mit gleichmäßiger Auflagehöhe. In Fällen, in denen diese Beschickung nicht möglich ist, empfiehlt es sich, besondere Speiseapparate den Maschinen vorzuschalten, die einen gleichmäßigen Wolldurchsatz bewirken. Diese Apparate besitzen ein großes Fassungsvermögen, damit sie nur in größeren Zeitabständen gefüllt werden müssen. Aus dem Vorratsbehälter wird die Wolle durch ein benadeltes Lattentuch herausgehoben, während gleichzeitig ein Rechen eine zu starke Belegung des Lattentuches verhindert, so daß auch ohne Abwiegevorrichtungen eine genügende Gleichmäßigkeit der Speisung erreicht wird.

Die Vorschaltung eines solchen Speiseapparates hat weiterhin den Vorteil im Gefolge, daß durch den Rechen, der die überschüssige Wolle vom Nadeltuch abstreicht, eine Auflockerung der Wollflocken erfolgt, die den Angriff der Waschflotte erleichtert.

Diese mechanische Auflockerung der Flocken beeinflußt das Waschergebnis so günstig, daß man meist auch dann, wenn keine Speiseapparate verwendet werden, nicht auf sie verzichtet. Man schaltet in diesen Fällen vor den Entschweißmaschinen Öffner ein — wie in Abb. 4 gezeigt —, die mit schnell-

rotierenden Schlägertrommeln die zwischen einem Speisewalzenpaar befindlichen
Wollflocken erfassen und verziehen.

Die Entwicklung der modernen Wollwäscherei wurde, abgesehen von den Be-
strebungen nach einer Vergleichmäßigung des Wascheffektes, noch geleitet von
Bemühungen, die Schädigungsmöglichkeiten der Faser, die das alte Verfahren
in sich schloß, auszuschließen.

Diese Bemühungen erstreckten sich außer auf Verlängerung der Waschbatterien hauptsächlich auf Änderung der Bewegungsmechanismen, die die Wolle
durch die Waschbatterie führen. Zunächst betrafen diese Arbeiten die Fort-
bewegung der Wolle innerhalb der einzelnen Kufen.

Der Wascheffekt ist um so größer, je intensiver man Wolle und Wasser bzw.
Waschmittel durcheinander bewegt. Es ließe sich somit durch Heranbringung
möglichst vieler Waschmittelmengen an jedes Wollteilchen, also mit Hilfe einer
kräftigen Durchmischung von Wolle und Waschmitteln,. die Dauer des Waschvorganges und damit die Länge der Waschbatterien verkürzen.

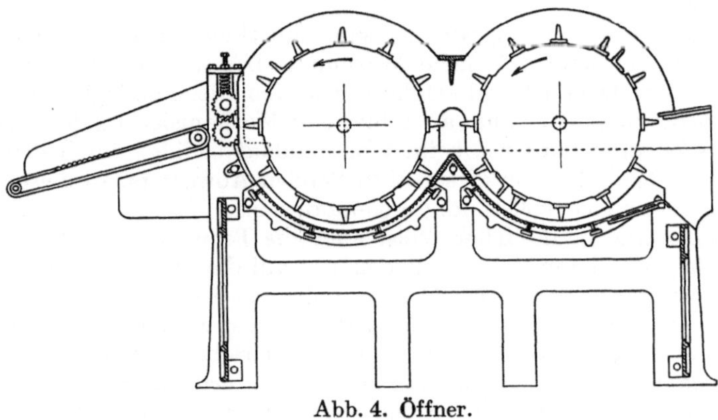

Abb. 4. Öffner.

Diese Überlegung hatte dazu geführt, daß man die Durchmischung möglichst
intensiv zu gestalten suchte. Man bewegte die Wolle durch Gabeln vorwärts, die
in einer elliptischen Bahn geführt wurden, deren untere Hälfte innerhalb der
Waschflotte verlief, so daß die Wolle, die von einer Gabel erfaßt wurde, zunächst
schräg abwärts und dann wieder an die Oberfläche der Waschflotte geführt wurde.
Die einzelnen Gabeln waren so angeordnet, daß die Ellipsenkurven einander
überschnitten, und die Wolle in dem Augenblick, in dem sie an die Flotten-
oberfläche gebracht wurde, bereits von der nächsten Gabel erfaßt und wieder
abwärts geführt wurde. Um nun die Durchmischung des Kufeninhalts noch zu
steigern, ordnete man zwei derartige Gabeln nebeneinander an und ließ sie um
180° versetzt auf der gleichen Ellipsenbahn laufen. In dem Maße jedoch, in dem
man die Bewegung der Wolle steigerte, verkürzte man die durchschnittliche
Faserlänge. Und zwar trat diese Schädigung ein infolge Verfilzung der einzelnen
Wollflocken, die bei der Weiterverarbeitung nur durch Zerreißen wieder gelöst
werden konnten.

Man mußte also im Interesse des herzustellenden Produktes auf eine Verbesserung des Wascheffektes durch Steigerung der Bewegung verzichten, und
ließ, um der Verfilzungsgefahr zu entgehen, die Parallelanordnung zweier Gabeln
fallen, so daß die dadurch hervorgerufenen Strudelbildungen in der Waschflotte
wegfielen. Weiterhin vergleichmäßigte man die Bewegung der Wollflocken, indem
man die Gabelführung verlangsamte und die Ellipsenform verflachte. Man mußte

jedoch, um den Wascheffekt durch diese Maßnahmen nicht zu verschlechtern, gleichzeitig eine Verlängerung der Waschkufen vornehmen.

Von noch größerer Bedeutung als die Führung der Wolle innerhalb der Kufen ist die Art der Weiterleitung der Wolle von Kufe zu Kufe auf die Qualität des entstehenden Kammzuges.

In den alten Waschmaschinen wurde die Wolle mit leicht geschwungenen Gabeln aus der Flotte herausgehoben und auf ein Lattentuch abgelegt, das sie den Quetschwalzen zuführte. Dabei tauchten die Gabeln zunächst senkrecht in die Waschflotte ein und verließen sie in horizontaler Lage. Diese Bewegung bewirkte, daß die Wollflocken sich gleichsam tütenartig um die Gabelspitzen legten und in dieser Form auf dem Lattentuch den Quetschwalzen zugeführt wurden. Die Quetschwalzen mußten also diese „Tüten" zusammenpressen, was, abgesehen von der mechanischen Beeinflussung des Haares, vor allem den Nachteil hatte, daß der von diesen Tüten eingeschlossene Schmutz in die Fasern hineingepreßt wurde.

Es war daher anzustreben, die Wollflocken in möglichst offenem Zustand und mit sehr viel Wasser an die Quetschwalzen heranzubringen, damit beim Pressen gleichzeitig eine Spülwirkung eintrat und das abgequetschte Wasser einen Teil des Schmutzes mit wegführen konnte. Man erreichte diese Wirkung dadurch, daß man die Quetschwalzen tiefer legte, so daß der Klemmpunkt nur wenig über der Höhe der Waschflotte lag. Auf diese Weise konnte man mit Hilfe eines Rechens die Wolle, ohne sie aus der Kufe zu heben, an

Abb. 5. Schwemmrechenkufe.

den Klemmpunkt heranschwemmen. Man mußte nur diesem Schwemmrechen, da er die Wolle bis in nächste Nähe der Walzen führen mußte, eine solche Führung erteilen, daß er sich horizontal in der Flotte vorwärts bewegt und rechtwinklig aus ihr austritt.

Die Tieferlegung der Quetschwalzen bewirkte, daß das an den Walzen ablaufende Wasser nicht wieder in die Kufen zurückfließen konnte. Da außerdem die Menge des ablaufenden Wassers durch das Schwemmverfahren vervielfacht wurde, mußten unter den Quetschwalzen besondere Auffangbehälter angeordnet werden, von denen aus dieses Wasser mittels Becherwerkes zusammen mit dem von der nachfolgenden Kufe zurückgeführten Wasser gehoben und in die Flotte geleitet werden konnte. Eine solche Kufenkonstruktion ist in Abb. 5 wiedergegeben (Fabrikat Sächsische Textil-Maschinen-Fabrik).

Die Summe aller dieser Verbesserungen hatte eine wesentliche Qualitätserhöhung des Waschproduktes im Gefolge. Außerdem bewirkten diese im Interesse einer qualitativen Hebung des Waschergebnisses durchgeführten Änderungen gleichzeitig eine Erhöhung des wirtschaftlichen Effektes.

In erster Linie wurde mit der Durchbildung des kontinuierlichen Waschverfahrens der Wirkungsgrad der Waschmaschinen ganz außerordentlich verbessert. Die Leistung eines alten Leviathans mit absatzweisem Waschen lag etwa bei 750 kg gewaschener Wolle in 8 Stunden, während heute eine Waschmaschine in der gleichen Zeit bis zu 2000 kg leistet.

Außer der Wirkungsgradverbesserung hat die Durchbildung des kontinuïerlichen Waschens eine wesentliche Reduzierung der manuellen Arbeiten verursacht. Alle Arbeiten, die mit dem Entschlammen, Übertreiben der Waschflotten, Zusatz von Frischwasser, Waschmitteln und Wärme zusammenhängen, wurden nahezu vollkommen beseitigt, so daß sich die menschliche Arbeit fast ausschließlich auf Überwachung des Waschvorganges beschränken konnte.

Eine weitere Ersparnis manueller Arbeit trat ein durch die im Interesse der Gleichmäßigkeit des Wascheffektes durchgeführte Mechanisierung der Beschickung der Waschmaschinen. In vielen Fällen hat diese Mechanisierung gegenüber der Auflage von Hand die für die Beschickung erforderliche Arbeit um 90% verringert.

Weiterhin erstreckten sich die durch die Mechanisierung des Waschens erzielten Ersparnisse auf den Waschmittelverbrauch. Die Zugabe der Waschmittel von Hand hatte nicht nur ungleichmäßige Wäsche, sondern ebenso auch Waschmittelverschwendung zur Folge, denn es ist psychologisch bedingt, daß ein Arbeiter, von dem saubere Wäsche verlangt wird, an Waschmitteln lieber zuviel als zuwenig zusetzt, selbst wenn er weiß, daß dieses Zuviel unnötige Kosten verursacht und zu Faserschädigungen führen kann. Außerdem ermöglichte das absatzweise Waschen bereits durch das häufige Ablassen der ersten Kufe keine so gleichmäßige Ausnutzung der Waschmittel wie das kontinuierliche Waschverfahren. Auf ähnliche Gründe wie die Waschmittelersparnis ist die Herabsetzung des Dampfverbrauches, die die kontinuierliche Wäsche bewirkte, zurückzuführen.

c) Die Verbesserungen des Waschverfahrens in England.

In England wurde das Waschverfahren vor allem in mechanischer Beziehung nach anderen Gesichtspunkten entwickelt als in Deutschland, und ebenso wie das deutsche Verfahren in England Fuß gefaßt hat, ist das englische Verfahren auch in Deutschland und Frankreich eingedrungen.

Die Verschiedenheit beider Verfahren liegt erstens in der Art der Bewegung der Wolle durch die Kufen, zweitens in der Behandlung der Waschwässer. In Deutschland war man, wie oben dargelegt, von der lebhaften Durchmischung von Waschgut und Flotte trotz der dadurch zu erzielenden guten Waschwirkung allmählich zu einer gemäßigten Bewegung der Wolle zurückgegangen, um die Verfilzungsgefahr und die damit verbundene Bildung von Noppen bei der Weiterverarbeitung zu verringern, obgleich man damit bewußt den Waschprozeß verlängerte.

Während amerikanische Wollkämmereien gerade den gegenteiligen Weg beschritten und die Spülwirkung im Waschprozeß wesentlich steigerten, ist man in England in der Beruhigung des Waschprozesses noch erheblich weiter gegangen als in Deutschland. Man hat dadurch die Waschwirkung in den einzelnen Kufen weiterhin verschlechtert und somit die Waschbatterien verlängern müssen, um die einzelnen Wollflocken so wenig wie möglich mechanisch zu beanspruchen und der Filz- und Noppenbildung so stark wie möglich entgegenzuwirken.

Zum Teil sind diese schon seit Jahrzehnten gemachten Anstrengungen, die Noppenbildung — d. h. Zusammenschiebung von Fasertrümmern, die kein Verzugsorgan wieder verziehen kann — zu vermeiden, wohl darauf zurückzuführen, daß die englischen Kammstühle nicht so sauber kämmten wie die auf dem Kontinent verwandten, andererseits ist aber zuzugeben, daß es richtiger ist, von vornherein keine Noppen zu verursachen, als sie erst zu erzeugen, und sie später wieder zu beseitigen. Denn auch der beste Kammstuhl kann nicht alle Ansätze zu Noppenbildung auskämmen, und die Noppen entwerten nicht nur den Kammzug, sondern auch den Kämmling. Da die Neigung der einzelnen Wollsorten, Noppen zu bilden, verschieden stark ausgeprägt ist, bei einigen gar keine Gefahr besteht, bei anderen dieser Übelstand erschreckend groß ist, hat die zu verarbeitende Wollqualität den Ausschlag zu geben, ob die Rücksichtnahme auf die Noppengefahr, die das kontinentale Waschverfahren nimmt, ausreicht, oder ob das englische Verfahren vorzuziehen ist. Für die meisten Wollen dürfte das deutsche Waschprinzip — auf seinem heutigen Entwicklungsstand — auch im Hinblick auf die Noppenbekämpfung genügen. Diese Ansicht wird dadurch bekräftigt, daß dieses Waschverfahren auch in modernen englischen Anlagen zu finden ist.

Das englische Waschprinzip konnte in erster Linie die elliptische Gabelbewegung nicht verwenden, da diese ständig Wirbelbildungen in der Waschflotte verursacht und keine ruhige und gleichartige Führung der Wollflocken ermöglicht. Als Führungsorgan wurde deshalb ein Rahmenrechen gewählt, der über den gesamten Waschraum reicht, dessen Zinken nahezu die gesamte Höhe des Waschraums ausfüllen. Dieser Rahmenrechen schiebt sich annähernd horizontal nach vorn, wird dann rechtwinklig aus der Flotte gehoben, horizontal zurück-

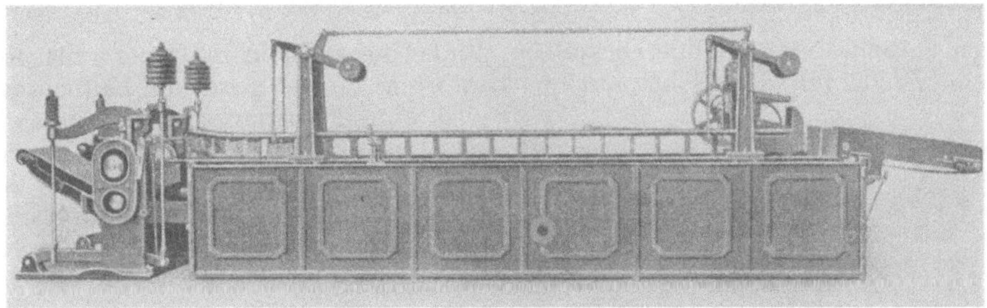

Abb. 6. Waschkufe mit Rahmenrechen.

geführt und wieder rechtwinklig eingesetzt. Der eigentliche Waschraum, in dem der Rechen geführt ist, nimmt nur einen Bruchteil des gesamten Kufeninhaltes ein und ist seitlich und unten durch Siebböden von der übrigen Flotte getrennt. Der Rechen schiebt sich in diesem Waschraum so langsam nach vorn, daß die Wollflocken sich im Wasser wohl öffnen, aber in keiner Weise mechanisch bearbeitet werden. Sie werden auch in ihrer natürlichen Form an die Pressen herangespült, so daß auch hier die Beanspruchung so gering wie möglich ist. In Abb. 6 ist eine solche Waschkufe der Firma Petrie-Mc Nought wiedergegeben.

Die Beseitigung aller schnellbewegten Organe in den Waschkufen gab in Zusammenhang mit der Verkleinerung des Waschraumes gegenüber dem gesamten Flotteninhalt die Möglichkeit, nicht nur die Bewegung der Wolle, sondern auch die der Waschflotte so zu verlangsamen, daß sich ein großer Teil der mechanischen Verunreinigungen noch innerhalb der Waschkufen wieder absetzen konnte. Auf diese Weise konnte die Verwendbarkeit des Waschwassers verlängert und der Wasserverbrauch verringert werden. Es mußte nur Vorsorge getroffen werden, daß sich die erdigen, absitzenden Bestandteile in den Kufen nicht derart anreicherten, daß sie Unterbrechungen des Waschens nötig machten. Die Beseitigung des absitzenden Schlammes mußte vielmehr so gelöst werden, daß keine Störung des Waschvorganges eintrat.

Ehe jedoch der Einbau eines mechanischen Werkzeuges zur Schlammbeseitigung möglich wurde, mußte die übliche Kufenform mit flachem Boden verlassen und eine Form gewählt werden, die den absitzenden Schlamm auf einen kleinen

Raum konzentrierte. Man baute deshalb Kufen mit schrägen Seitenwänden ohne
eigentliche Bodenfläche, so daß sich aller absitzende Schlamm in dem von den

Abb. 7. Schlammrinne mit Schnecke.

beiden Seitenwänden gebildeten spitzen Winkel ansammeln mußte. In die von
diesem Winkel gebildete Schlammrinne baute man in der gesamten Kufenlänge
eine Transportschraube ein, wie sie in Abb. 7 (Fabrikat Petrie-Mc Nought) wiedergegeben ist, und konnte nun ohne Betriebsunterbrechung den Schlamm ablassen.

Die Arbeitsweise dieser Entschlammungsvorrichtung ist derart, daß die mit Links- und Rechtsgewinde versehene Schlammschnecke ständig durch eine Kette langsam angetrieben wird und den Schmutz zu einem in der Mitte der Kufe befindlichen, automatisch arbeitenden Ventil führt. Dieses Ventil, dessen Betätigung regulierbar ist, öffnet sich vier- oder fünfmal stündlich für eine bestimmte Zeitspanne, so daß der Schmutz aus der Maschine befördert wird. Mit dem entweichenden Schlamm geht natürlich auch ein Teil der Waschflotte verloren, und zwar beträgt der Verlust bei jeder Ventilöffnung je nach der Einstellung 20 bis 40 Liter. Nach dem Prinzip der kommunizierenden Röhren wird

Abb. 8. Schlammkufe.

dieser Verlust jedoch aus der nachfolgenden Kufe sofort ergänzt, so daß die
Menge der Waschflotte konstant bleibt. Lediglich der Überlauf an der ersten
Kufe und damit deren Wassererneuerung wird durch die Entschlammung in den

nachfolgenden Kufen etwas vermindert. — Außerdem wird eine Regeneration des Waschwassers auch außerhalb der eigentlichen Waschkufe in einem seitlich angebauten tiefstehenden Trog vorgenommen. Und zwar läßt man hier das von den Quetschwalzen ablaufende Schmutzwasser absitzen und führt erst das geklärte Wasser wieder dem Waschprozeß zu. Diese Vorrichtung kann auch an Maschinen angebracht werden, die keine Entschlammung der Waschkufen gestatten. In vielen Fällen erhalten auch diese Seitenkufen Schlammschnecken in der oben beschriebenen Ausführung. Diese Anordnung ist in Abb. 8 veranschaulicht (Fabrikat Petrie-Mc Nought).

Nicht verdrängt durch die Kufen mit Schlammablaß während des Betriebes ist jedoch das eigentliche Mc Nought-System, das zwar keine mechanischen

Abb. 9. Waschkufendreiteilung.

Schlammbeförderungsorgane besitzt, aber durch eine sinnvolle Dreiteilung der Waschkufen auch eine Trennung sowohl der fetthaltigsten wie der erdhaltigsten Wasserschichten erreicht und nur das geklärte Wasser wieder für den Waschprozeß verwendet. In Abb. 9 ist dieser verbreitete Mc Nought-Waschmaschinentyp wiedergegeben.

d) Die Verbesserungen des Waschverfahrens in Frankreich.

Die Entwicklung der Wollwäscherei, die sich speziell in Frankreich vollzog, betrifft hauptsächlich die Behandlung der Waschwässer, nur mit dem Unterschied gegenüber den englischen Verbesserungen, daß man nicht bei rein mechanischen Verfahren stehengeblieben, sondern auch weiter in die chemisch-physikalische Natur des Waschprozesses eingedrungen ist. Die wesentlichsten Abweichungen von den üblichen Waschmethoden sind an den Namen Duhamel geknüpft. Das von ihm entwickelte patentierte Waschverfahren gründet sich auf folgende Erkenntnisse:

Je mehr die Waschflotte verunreinigt ist, um so mehr Seife wird von den Schmutzbestandteilchen absorbiert. Um Waschmittel zu sparen, ist es demnach vorteilhaft, den anfallenden Schmutz so schnell wie möglich, ehe er Seife bindet, aus der Flotte zu beseitigen. Die Beseitigung des Schmutzes ist aber bei kleiner Flotte leichter als bei großer. Deshalb ist es zweckmäßig, bei diesem Verfahren mit möglichst kleinem Waschraum zu waschen. Weiterhin sind Ersparnisse an Waschmittelzusätzen möglich durch Ausnutzung der Waschkraft der Wollschweißsalze. Im allgemeinen ist ihre systematische Verwendung im Waschprozeß mit großen Schwierigkeiten verbunden, da gleichzeitig mit ihnen ein wesentlicher Teil der erdigen Verunreinigungen der Wolle ins Waschwasser gelangt und so dessen Weiterverwendung als Waschmittel unmöglich macht. Erst die Beseitigung der erdigen Bestandteile aus dem Wasser gestattete es, die Schweißlauge in der Flotte zu belassen. Ihre Waschkraft ermöglicht es, von der Sodaverwendung gänzlich frei zu kommen, was nicht nur einen wirtschaftlichen Vorteil bedeutet, sondern gleichzeitig ein besonders mildes und schonendes Waschen gewährleistet.

Durchgeführt wird die Regeneration der Waschwässer durch Zentrifugieren. In erster Linie werden Schmutzzentrifugen, in zweiter Linie Fettzentrifugen verwendet. Die Reinigung der Ablaufwässer der einzelnen Kufen ist mit Hilfe dieser Methode so vollkommen, daß man in den ersten Kufen, von denen bei der üblichen Wäsche die Menge des Wasserverbrauches abhängt, theoretisch fast ohne Frischwasserzulauf beliebig lange Zeitspannen arbeiten könnte. Lediglich die letzten Kufen, die als Spülbäder verwendet werden, benötigen noch eine gewisse, ständige Wassererneuerung. Es wäre also auch möglich, ohne Kosten den übrigen Bädern mit Hilfe des Gegenstromprinzips die gleiche Wassererneuerung wie den Spülbädern zukommen zu lassen. Es ist hier jedoch mit dem uneingeschränkten Gegenstromprinzip gebrochen worden, da die Seife, sobald sie in das erste, am meisten Schmutz absetzende Bad gelangen würde, sofort von diesem Schmutz absorbiert würde, ohne daß diesem Verlust eine Waschwirkung gegenüberstünde. Man braucht daher die Seife in den eigentlichen Seifenbädern weitgehend auf und gibt, wo man in der ersten Kufe Flüssigkeit ergänzen muß, Frischwasser zu. Auf diese Weise ergibt sich, daß das zentrifugierte Wasser in die Kufe zurückgeleitet werden kann, der es entnommen ist bzw. von deren Quetschwalzen es abgelaufen ist.

Der minimale Wasserwechsel in der ersten Kufe bewirkt, daß bei allen normal schweißhaltigen Wollen mühelos eine Konzentration von 4^0 Bé, die zur Erzielung einer ausreichenden Waschwirkung benötigt wird, erlangt werden kann. Wollen, die besonders schweißhaltig sind, ergeben eine Anreicherung der Flotte bis zu 10^0 Bé und mehr. Solcher Überschuß an Lauge kann abgepumpt und zurückgehalten werden zur Verwendung bei Wollen, die nur wenig Schweißsalze enthalten. Es ist hierzu nur nötig, der Lauge Schutzmittel gegen Fäulnisbildung zuzusetzen, die so lange nicht gebraucht werden, als die Lauge im Waschprozeß arbeitet.

Eine weitere Verbesserung der Waschwirkung soll dadurch erreicht werden, daß Luft in die Waschflotten hineingedrückt und dadurch eine Änderung der Oberflächenspannung herbeigeführt wird.

In neuester Zeit hat Duhamel sogar Verfahren ausgearbeitet, die vollkommen auf Seifenzusatz verzichten und als Waschmittel nur die Wollschweißsalze verwenden, die auf einer regulären Entschweißmaschine gewonnen und dann einer gründlichen Reinigung auf einer Zentrifuge, besonders von allen erdigen Bestandteilen, unterzogen werden.

Die Waschmethoden von Duhamel haben sich bis heute jedoch nicht verbreiten können, so daß es nicht möglich ist, sie hinsichtlich einer qualitativen Verbesserung des Waschproduktes und einer Verbesserung der Wirtschaftlichkeit des Waschprozesses zu beurteilen.

3. Die Trocknung.

Fast noch einschneidender als hinsichtlich des Waschverfahrens waren die Umwälzungen, die die letzten Jahrzehnte für die Trocknung brachten. Allgemein wurde früher die Mehlsche Trockentrommel verwendet und hat sich trotz ihrer Unvollkommenheiten, der durch sie bedingten Schädigung des Wollhaares und ihrer Unwirtschaftlichkeit, lange behauptet. In Abb. 10 ist ihre übliche Bauart (Fabrikat Société Alsacienne) wiedergegeben.

Die innere Trommelwandung ist dicht mit hölzernen Stiften besetzt, die nicht vollkommen radial, sondern etwas in der Drehrichtung der Trommel geneigt,

Abb. 10. Trockentrommel.

angebracht sind. Die nasse Wolle, die auf einem Lattentuch in die Trommel befördert wird, fällt zunächst nach unten und bleibt an den Holzspitzen hängen. Durch die Trommeldrehung wird sie auf diesen nach oben geführt, bis sie abrutscht und wieder herunterfällt. Infolge der Schrägstellung der Trommel wandert die Wolle so bis zum andern Trommelende, während die zur Trocknung dienende Luft nach dem Trockentrommelprinzip in entgegengesetzter Richtung durch die Trommel gedrückt wird.

Dieser Arbeitsvorgang bedingt, daß das Fasermaterial, ganz im Gegensatz zu den in der Wäsche entwickelten Gesichtspunkten, außerordentlich stark bewegt und durcheinander gebracht wird, und verursacht damit ein Verwirren der Wollflocken, das sich steigert mit der Größe der zusammenhängenden Flocken, der Länge der Einzelfasern und der Länge der Trockentrommel. Es kann bis zur Bildung von Stricken führen, die nur durch Zerreißen der Wollfasern wieder aufzulösen sind. Aber auch im günstigsten Fall erhält man durch die Trommeltrocknung statt einer geöffneten Wollflocke, die im weiteren Produktionsverlauf leicht völlig auseinandergezogen werden kann, eine eng zusammengedrehte

und innig verschlungene Flocke, die kaum ohne Faserschädigungen zu zerziehen ist.

Weitere Fehler dieses Verfahrens, die teils zu Ungleichmäßigkeiten der Trocknung, teils zu Faserschädigungen führen, bestehen in der Art der Heranbringung
der Trockenluft an die Wolle. Selbst wenn man, was durchaus nicht in allen
Kämmereien der Fall war, Luft aus trockenen Räumen anwärmte und in die
Trockentrommeln drückte, wurde gleichzeitig soviel feuchte Raumluft angesaugt,
daß der Trocknungseffekt ganz erheblich von den Feuchtigkeitsschwankungen
der Raumluft abhängig war. An feuchten Tagen ging die Trocknungsleistung
der Maschine so weit zurück, daß häufig — da nasse Wolle nicht weiterverarbeitet
werden kann — ein Teil der Wolle zweimal getrocknet werden mußte, wodurch
sich die Leistung der Waschmaschine entsprechend verringerte. Die starke, nicht
zu vermeidende Ungleichmäßigkeit der Trocknung führte einesteils zu Rost-
bildungen an den Krempelbeschlägen und damit zu deren vorzeitiger Abnutzung,
andererseits wurde ein Teil des Fasergutes zu stark getrocknet, so daß er spröde

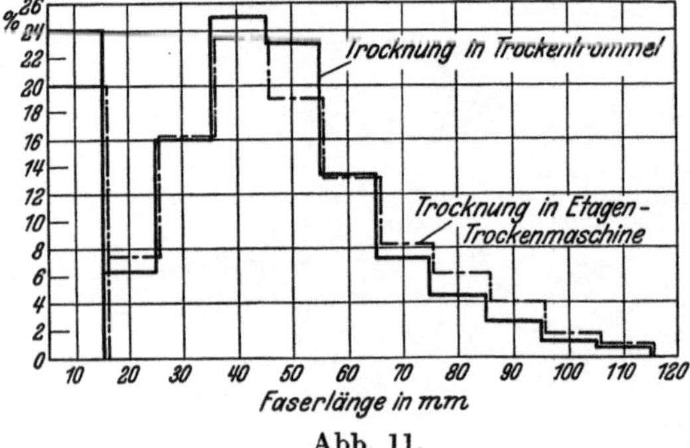

Abb. 11.

wurde und bei der Weiterverarbeitung riß.

Besonders häufig entstanden diese
Trocknungsschädigungen, wenn, wie
in vielen Fällen, die Heizkörper unter
der Trockentrommel angeordnet
waren und ihre direkt strahlende
Wärme in einer Temperatur die
Wolle traf, die sogar Vergilbungen
verursachte. Vor allem traten diese
ein, wenn Wolle infolge von Maschinenstillständen sich zu lange in
der Trockentrommel befand, und
wenn in der Waschbatterie nicht ge-
nügend gespült wurde, so daß die Fasern noch zu stark mit Alkali beladen waren.

Aber selbst dort, wo diese groben Fehler restlos vermieden wurden, waren
die im Arbeitsprinzip der Trockentrommel begründeten Faserschädigungen sehr
erheblich. In Abb. 11 ist das Ergebnis eines Parallelversuches wiedergegeben, in
dem eine gleichmäßig gewaschene und weiterverarbeitete Partie zur Hälfte über
eine Trockentrommel, zur Hälfte über eine moderne Trockenmaschine geleitet
wurde. Die im Querschnitt des Kammzugbandes beider Partiehälften enthaltenen
Faserlängen wurden ermittelt und in dem Diagramm die Gewichtsprozente jeder
Faserlänge inklusive des Kämmlings aufgetragen. Dabei ergab sich, daß mit der
neuen Trockenmaschine allein 4% weniger Kämmling anfielen als bei Verwendung der Trockentrommel. Von diesen 4% mit in den Kammzug gelangten Fasern
war der Hauptteil nur 20 bis 30 mm lang, so daß in diesem Bereich der Kammzug
der neuen Maschine keine Verbesserung aufweist. Dagegen enthält er wesentlich
weniger Fasern von 40 und 50 mm und dafür mehr von 70 bis 110 mm Länge.
Der außerordentlich große Unterschied zwischen den beiden Trocknungsmethoden
kann, da mit der neuen Maschine keine Verlängerung der Haare zu erreichen ist,
nur durch Zerreißen von Fasern der mit der Trommel getrockneten Wolle hervorgerufen worden sein.

Die Unwirtschaftlichkeit der Trockentrommel bestand hauptsächlich in der
schlechten Ausnutzung der Wärme, da nur ein geringer Teil der eingeführten
Warmluft mit der Wolle in Berührung kam und infolge der schlechten Isolation
der Hauptteil der Wärme an die Umgebung verlorenging, wodurch außerdem
der Aufenthalt in der Nähe der Trockentrommel kaum erträglich wurde.

Die Gesichtspunkte, die zur Umgestaltung dieses Trocknungsverfahrens führten, waren die gleichen, die bei der Durchbildung der heutigen Waschmethode entscheidend waren. In erster Linie erstrebte man eine möglichst vollkommene Durchbildung des Gegenstromprinzips und eine ruhige Bewegung des Fasermaterials. Beides wurde erreicht mit der Durchbildung der Etagen- oder Hordentrockenmaschine, deren Ansicht in Abb. 12 (Fabrikat Sächsische Textil-Maschinen-Fabrik) wiedergegeben ist.

An diesem verbreitetsten Typ der Trockenmaschine wird die Wolle nach dem Passieren der letzten Quetschwalzen durch ein benadeltes Lattentuch bis an den höchsten Punkt der Stirnseite der Maschine geführt, von wo sie auf ein langsamlaufendes Drahtgeflechtband fällt. Die Auflagehöhe des Trockengutes auf diesem Band wird durch einen Hacker geregelt und vergleichmäßigt, der am oberen Ende des Nadeltuches alle Anhäufungen abstreicht. Wenn die Wolle von der obersten Horde bis ans Ende der Maschine befördert ist, fällt sie auf das nächst tiefere Band und durchläuft im Zickzack meist in fünf Etagen die Trocken-

Abb. 12. Etagentrockenmaschinen.

maschine. Die Ausführung der endlosen Drahtgeflechtbänder ist in den meisten Fällen der in Abb. 13 wiedergegebenen ähnlich (Fabrikat Haas, Lennep).

Die Trocknungsluft tritt von unten in die Maschine ein, trifft so zuerst auf die am weitesten vorgetrocknete und zuletzt auf die nasse Wolle. Da die Luft an sämtlichen Horden von unten durch das Fasermaterial strömt, lockern und öffnen sich die Wollflocken von Horde zu Horde mehr. Die Stärke des Luftstromes muß nur in solchen Grenzen gehalten werden, daß die Wollflocken nicht aufgewirbelt und evtl. sogar fortgeblasen werden können. Es ist also keine Steigerung der Trocknungsleistung durch Erhöhung der Luftgeschwindigkeit möglich. Damit an den Öffnungen keine feuchte Saalluft in den Trockenraum gelangt, wird die Luft im allgemeinen in die Maschine gedrückt. Um zu erreichen, daß in dem ganzen Trockenraum eine möglichst gleiche Luftgeschwindigkeit herrscht, wird die Luft außerdem noch an mehreren Punkten oberhalb der obersten Horde abgesaugt. Jedoch darf im Interesse der Trocknungsleistung diese Absaugung nie so stark sein, daß der Überdruck in der Maschine verlorengeht und feuchte Luft eindringt. Die zugeführte Luft, die trockenen, staubfreien Räumen zu entnehmen ist, muß zur Vermeidung von Wirbelbildungen in weiten Kanälen in die Maschine eintreten und darf, wie schon bei der Besprechung der Trockentrommel erwähnt wurde, nicht erst unter der Trockenmaschine erwärmt werden. Leider wird diese Forderung nicht überall erfüllt, so daß durch die große Strahlungswärme der Heizkörper vor allem bei Maschinenstillständen, selbst wenn die Ventilatoren abgestellt sind, zum mindesten eine weitgehende Übertrocknung, wenn nicht sogar Faserschädigung eintritt. Sind dagegen die Heizregister außerhalb der Maschine angebracht, hat ein längerer Aufenthalt der Wolle im Trockenraum, was bei manchen Maschinenstillständen unvermeidlich ist, keine schädigenden Einflüsse.

Im normalen Arbeitsgang benötigt die Wolle etwa 20 Minuten, um die Trockenmaschine zu durchlaufen. Sie gelangt meist mit ungefähr 60 bis 80% Feuchtigkeit in die Maschine. Ein stärkeres Abquetschen wäre mit unverhältnismäßigem Kraftverbrauch verbunden und würde auch dem Fasermaterial nicht dienlich sein. Die Trocknung wird bis auf etwa 20% Feuchtigkeit gebracht, da in diesem Zustand die Geschmeidigkeit des Wollhaares für die anschließend vorzunehmende völlige Öffnung der Flocken am günstigsten ist.

Abb. 13. Bandführung in Trockenmaschine.

Die Leistung und damit die Größe der Maschine ist so zu bemessen, daß sie die Lieferung der Waschmaschine möglichst ohne wesentliche Überschreitung von 60° C Lufttemperatur zuverlässig trocknen kann.

Die Ausnutzung der Trocknungsluft ist bei dem beschriebenen Maschinensystem zwar unvergleichlich besser als in der Trockentrommel, aber die abgesaugte Luft ist noch weit vom Sättigungspunkt entfernt. Nach dem einmaligen Durchströmen der fünf Horden wäre die Luft noch zu weiterer Trocknungsarbeit verwendbar. Eine verbesserte Ausnutzung der Wärme durch Herabsetzung der Lufttemperatur ist nicht angängig, weil dadurch die Trocknungsleistung der Maschine herabgesetzt würde. Ebenso unmöglich ist es, zur Verringerung des Verlustes die Luftgeschwindigkeit zu verlangsamen, da auch hierdurch der Trocknungseffekt zurückgeht.

Ebenso ist der Trockenraum nicht vollständig ausnutzbar; es ist nicht möglich, zu erreichen, daß die Trocknungsluft in dem ganzen 6 bis 7 m langen Trockenraum gleichmäßig durch die Horden gedrückt wird. Mehr oder weniger findet die Luft Wege des geringsten Widerstandes, in denen sie nach oben strömt, während in anderen Teilen des Trockenraumes kaum eine Luftbewegung stattfindet. Es galt also, eine verbesserte Ausnutzung sowohl der Trocknungsluft als auch des Trockenraumes zu erreichen.

Die erhöhte Wärmeausnutzung erzielte man dadurch, daß man zum Umluftsystem überging, indem man von der Luft, die den Trockenraum bereits verlassen hatte, so viel der neu zugeführten Luft wieder beimischte, daß sie beim Verlassen der Maschine zwar nicht den Sättigungspunkt erreichte, aber doch zu wirksamer Trocknung nicht mehr verwendbar war. Den Prozentsatz der Umluftverwendung gestaltete man regelbar, damit man eine hohe Anpassungsfähigkeit der Maschine erreichte und jederzeit die Möglichkeit hatte, die Trocknungsleistung ohne Temperaturerhöhung, nur auf Kosten der Wärmeausnutzung, erheblich zu steigern.

Die Verbesserung der Raumausnutzung erreichte man zunächst dadurch, daß man die Gesamtlänge des Trockenraumes in drei Teile teilte. Man verkürzte die Horden entsprechend und ließ die Wolle vorerst im ersten Maschinendrittel von oben im Zickzack nach unten wandern. Am unteren Ende faßte man die Wolle zwischen zwei nahezu vertikal laufenden Drahtgeflechtbändern und führte sie auf die oberste Horde im zweiten Maschinendrittel. Erst nachdem sie dieses durchlaufen hatte, führte man sie in der gleichen Weise durch den letzten Teil des Trockenraumes. Die Luft führte man im dritten Maschinendrittel nach oben, im zweiten nach unten und im ersten wieder nach oben oder führte sie nach dem Durchströmen jedes Maschinendrittels durch Heizregister abwärts, so daß sie sämtliche Horden von unten nach oben durchströmte. Sie hatte also jetzt nicht mehr 5 sondern 15 Horden zu durchlaufen, und der Querschnitt des Strömungsraumes war auf ⅓ reduziert, wodurch bei Beibehaltung der bisherigen Strömungsgeschwindigkeit die Luft jetzt genötigt war, nahezu den gesamten Querschnitt auszunützen.

Die Maschine, die nach diesem Prinzip gebaut wurde, hatte gegenüber der einfachen Hordentrockenmaschine eine verbesserte Wärmeausnutzung und eine erhöhte Leistungsfähigkeit. Ein Nachteil war nur, wenn auch wenig Stillstände durch Materialstauungen oder Hordenreparaturen eintraten, die komplizierte Führung des Trockengutes. Man suchte deshalb weiter nach Verbesserungen. In England entwickelte sich eine Etagentrockenmaschine, die bei verhältnismäßiger Einfachheit die Forderung der guten Wärme- und Raumausnutzung erfüllte. Es ist dies die in Abb. 14 wiedergegebene Maschine von Petrie-Mc Nought.

Zunächst erfolgt die Zuführung der Wolle hier nicht mittels eines benadelten Lattentuches, sondern durch ein Luftgebläse nach dem Injektorprinzip. Von der letzten Quetschwalze fällt die Wolle in einen Trichter, der in den Hauptluftkanal mündet. Die Luft bläst die Wolle auf den obersten Tisch der Trockenmaschine, über welchem der Querschnitt des Luftkanals so erweitert ist, daß die Wolle in flockigem und außerordentlich gelockertem Zustand auf den Tisch fällt. Die Horden selbst sind nicht mehr als wandernde Tücher aus Drahtgeflecht ausgebildet, sondern sind feststehende Tische. Die Beförderung der Wolle erfolgt durch Stäbe mit horizontaler und vertikaler Bewegung, die die Wolle langsam bis zum Tischende schieben, wo sie auf die darunterliegende Etage herabfällt. Durch die veränderte Lage bietet sie dem warmen Luftstrom neue Flächen dar, was bei dieser Maschine besonders notwendig ist, da die Luft nicht durch die Horden hindurchgedrückt wird, sondern denselben Weg wie die Wolle laufen muß. Diese Konstruktion verzichtet dadurch allerdings bewußt auf das Gegenstromprinzip. Sie bringt die trockenste, wärmste Luft mit der nassesten Wolle in Berührung und will dadurch, daß die trockenste Wolle nur von der feuchten, bereits etwas abgekühlten Luft getroffen wird, die Gefahr der Übertrocknung beseitigen.

In Deutschland kam man zu anderen Lösungen, die das Gegenstromprinzip aufrecht erhielten und trotzdem die getrocknete Wolle nur mit wenig vorgewärmter Luft in Berührung brachten. Nachdem man einmal in der dreiteiligen

Abb. 14. Etagentrockenmaschine.

Trockenmaschine den Weg beschritten hatte, der Trocknungsluft einen bestimmten Zirkulationsverlauf vorzuschreiben, kam man zu der Erkenntnis, daß es einfacher ist, die Luft in bestimmten Kurvenbahnen zu führen als die Wolle, und daß sich damit der gleiche Trocknungseffekt erreichen läßt. So entstand der von der Firma Friedrich Haas, Lennep, entwickelte Einbandtrockner. Seine Ansicht ist in Abb. 15 wiedergegeben, seine Arbeitsweise in den Schnittzeichnungen Abb. 16 bis 19 kenntlich gemacht.

In ständigem Wechsel wird die Luft erst von unten nach oben (Abb. 16) und anschließend von oben nach unten (Abb. 17) durch die Wolle gedrückt. Die nasse Wolle wird von der letzten Quetschwalze

Abb. 15. Einbandtrockner.

der Waschmaschine kommend (Abb. 18) bei E auf ein endloses Drahtgeflechtband aufgelegt und durchläuft auf diesem ohne eine Lagenveränderung die gesamte Trockenmaschine, die sie bei A verläßt. Im Gegenstrom dazu strömt bei A die noch nicht vorgewärmte Frischluft ein in die erste sogenannte Trockenzone. Es wird ihr sofort eine kreisende Bewegung erteilt, indem sie durch die seitlich angebrachten Heizregister gesaugt wird und anschließend — zunächst schwach vorgewärmt — die Wolle in der Trockenzone durchströmt. Da vor der Saugseite des Ventilators einer jeden Zone ein Rohr liegt, welches in die nächste trockenere Zone hineinragt, muß durch das Vakuum ein Teil der Luft aus der vorhergehenden Zone in die folgende übertreten. Dieses Spiel wiederholt sich von einer Zone zur anderen, so daß ein Vortrieb von der trockensten Zone bis zur Naßzone entsteht. Dadurch bildet sich neben der kreisenden Luftbewegung gleichzeitig eine schraubenförmig

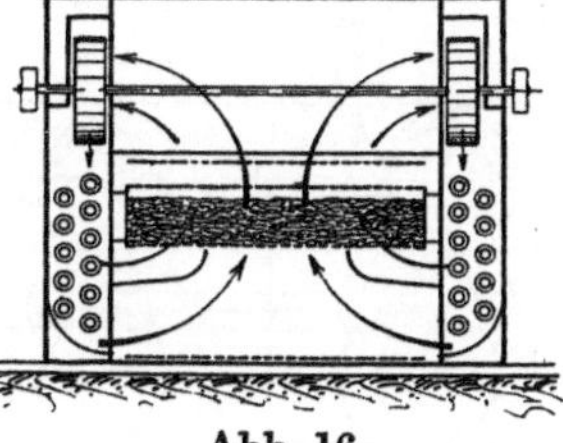

Abb. 16.

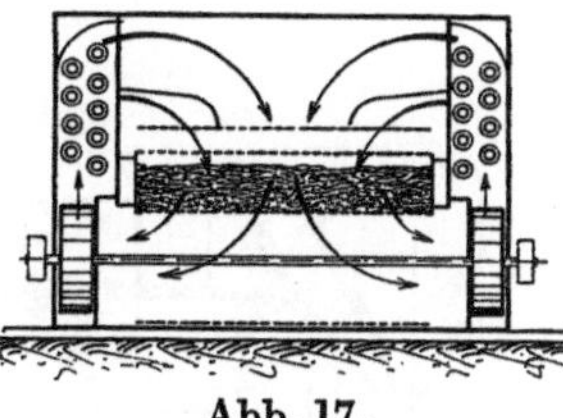

Abb. 17.

fortschreitende, und da die Luft während jedes Schraubenganges einmal durch ein Heizregister geführt wird, tritt eine allmähliche Zunahme der Trocknungstemperatur ein, so daß der nassesten Wolle die größte, der fast getrockneten die geringste Wärme zugeführt wird. Die mit der eintretenden Wolle in die Ma-

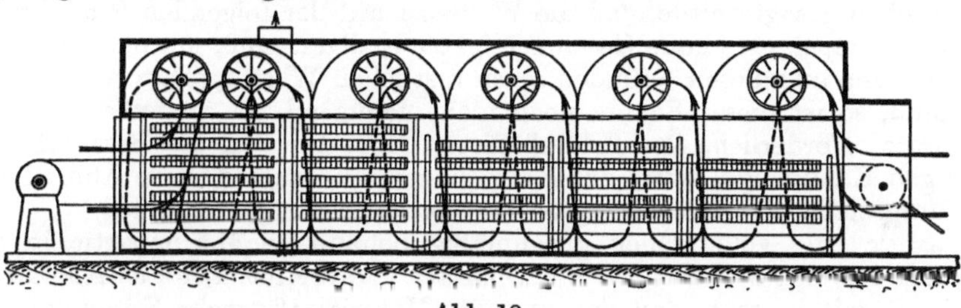

Abb. 18.

schine gelangende Frischluftmenge wird durch eine besondere Ausbildung der Einlauföffnung von der Saugwirkung der ersten Ventilatoren erfaßt und über die Heizbatterien mit in den Kreislauf geführt. Die Trocknungsluft verläßt die Maschine erst nach weitgehender Sättigung, so daß nicht nur die Raum-, sondern auch die Wärmeausnutzung dieses Einbandtrockners eine sehr hohe ist.

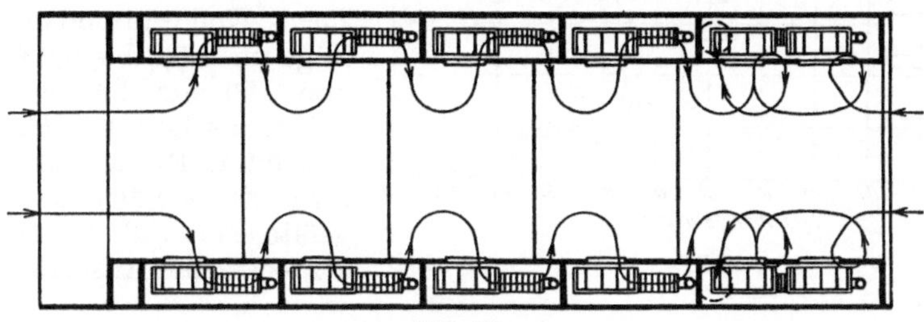

Abb. 19.

In neuester Zeit ist dieser Maschinentyp von Haas noch weiter vereinfacht worden, wie aus der Schnittzeichnung Abb. 20 hervorgeht.

Die Trockenleistung einer solchen Maschine von etwa 7 m Länge des eigentlichen Trockenraumes ist bei den oben angeführten Feuchtigkeitsprozentsätzen der Wolle etwa 240 kg stündlich. Dafür werden an Dampf etwa 180 bis 220 kg und an Kraft für die Ventilatoren ca. 10 PS verbraucht.

Mit der Durchbildung dieses Maschinentyps dürfte ein gewisser Entwicklungsabschluß in der Konstruktion der Trockenmaschinen erreicht sein, da dieses Trocknungsprinzip den besten theoretisch möglichen Wärmeübergang mit Einfachheit der Maschine und Schonung des Fasergutes vereint.

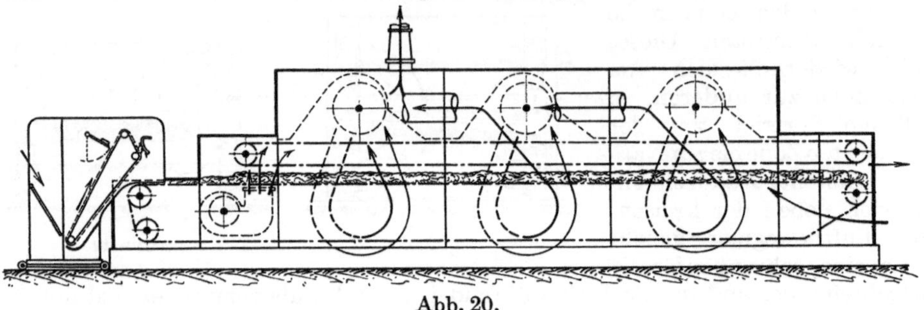

Abb. 20.

4. Das Ölen der Wolle.

Wenn oben gesagt wurde, daß die Wollfaser auf der folgenden Produktionsstufe, der Krempel, eine hohe Geschmeidigkeit besitzen muß, um nicht zerrissen zu werden, und aus diesen Gründen einen restlichen Wassergehalt von 20% behalten muß, so ist dieser Schutz noch nicht genügend. Es ist außerdem noch ein Ölzusatz erforderlich. Der Einfluß dieses Ölzusatzes auf die Beschaffenheit des fertigen Kammzuges sowie des Kämmlingsprozentsatzes ist in Abb. 21 graphisch dargestellt. (Untersuchungen der Leipziger Wollkämmerei.)

Es wurde eine vollkommen gleichmäßig behandelte Merinopartie in drei Teilen, ungeölt, mit 2% und mit 6% Ölzusatz verarbeitet. Das aus Abb. 21 ersichtliche Resultat ergab, daß das ungeölte Material 4% mehr Kämmling verursachte als das mit 2% Öl verarbeitete. Außerdem waren im Kammzug des ungeölten Partieteiles etwa 20% mehr Fasern von 20 bis 50 mm Länge enthalten als im geölten. Bei den langen Fasern war der Unterschied am ausschlag-

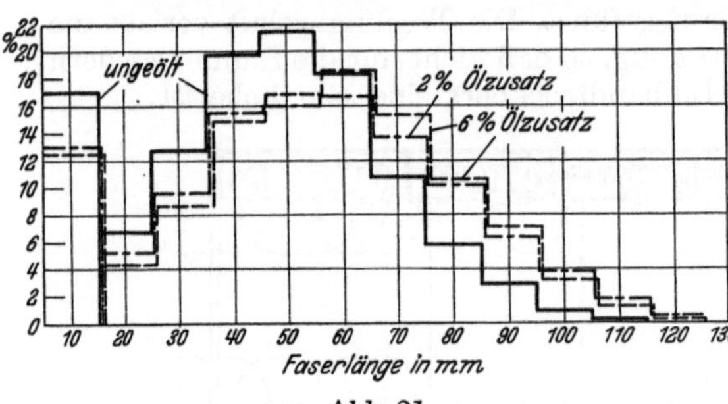

Abb. 21.

gebendsten. Von 80 mm Länge enthielt der ungeölte Zug nur 60%, von 90 mm nur 45%, von 100 mm nur 25% des geölten Zuges. Und während die geölten Züge noch 0,3 bis 0,6% Fasern von 120 mm Länge besaßen, waren die längsten Fasern der ungeölten Partie nur 110 mm lang. Es war demnach das ungeölte Material in einem erschreckenden Ausmaß zerrissen worden.

Andererseits zeigte der Versuch, daß bei einem 2%igen Ölzusatz diese Schädigungen bereits vermieden waren, denn die Unterschiede der Faserlängen zwischen 2% und 6% Ölzusatz waren ganz unerheblich. Die Mindestölmenge, die zur Vermeidung von Faserschädigungen zuzusetzen ist, schwankt je nach der Wollqualität zwischen 1 und 2%.

Die Beimischung des Öles zur Wolle, die beim Auslauf der Wolle aus der Trockenmaschine erfolgt, wird im allgemeinen ziemlich primitiv und ohne feine Verteilung vorgenommen, weil auf dem Transport zur Krempel und vor allem in den Speiseapparaten der Krempel eine außerordentlich innige Durchmischung der Wollflocken stattfindet. Man beschränkt sich daher in vielen Fällen auf Tropfvorrichtungen, deren mengenmäßige Abgabe zwar genau regulierbar ist, die aber das Öl in so großen Tropfen abgeben, daß einzelne Fasern völlig durchtränkt, andere dagegen gar nicht benetzt werden. Etwas verfeinert wird die Verteilung, wenn die Tropfvorrichtung ein Walzenpaar benetzt, durch das die Wolle geführt wird. In einzelnen Fällen hat man die völlige Durchtränkung einzelner Fasern dadurch ganz vermieden, daß man das Öl durch Druckluft zerstäubt und dadurch in so feiner Verteilung auf die Wolle auftreffen läßt, daß nahezu sämtliche Fasern einen gleichmäßigen Ölzusatz erhalten.

II. Das Krempeln.

1. Aufgabe und Arbeitsweise der Krempel.

Die Aufgabe der Krempel ist, die von der Wäsche gelieferten Faserflocken aufzulösen und in Form eines gleichmäßig verteilten lockeren Flores zu überführen, in dem keine Faserbündel mehr zusammenhaften. Außerdem hat die Kammwollkrempel die pflanzlichen Verunreinigungen, die an der Wolle haften und die die Wäsche nicht beseitigen kann, entweder auszuscheiden oder in einen Zustand zu bringen, in dem den nachfolgenden Maschinengruppen die Beseitigung ermöglicht wird. Die letzte Aufgabe hat in neuerer Zeit immer mehr an Bedeutung gewonnen, da ihre einwandfreie Lösung es erst erlaubt, stark klettige Wollen der Kammgarnspinnerei, die im Interesse der Qualität keine Karbonisation kennt, zuzuführen.

Das Prinzip, mit dem man die erste Aufgabe löst, ist das Zerziehen der Wollflocken zwischen Kratzenbeschlägen. Die Beschläge bestehen aus Stahldrahthäkchen, die mit Hilfe eines Knies federn können und in U-Form in feste Stoffbänder, die evtl. noch eine Gummieinlage besitzen, eingesetzt sind.

Diese Häkchen können entweder in der Weise arbeiten, daß die Spitzen zweier Beschläge gegeneinander gerichtet sind. Dann wird, wenn in einem der Beschläge sich Wolle befindet und die Beschläge in der Richtung der Spitzen einander entgegenlaufen, ein Teil der Wollflocken, und zwar der, der ungelöst oben auf dem Beschlag sitzt, vom anderen Beschlag übernommen, und die Flocken werden dabei aufgezogen. Der Grad der Auflösung ist abhängig zunächst von der Geschwindigkeit, mit der beide Beschläge gegeneinander laufen, und ist über eine gewisse Grenze nicht zu steigern, da sonst ein Zerreißen der Fasern eintritt. Hat deshalb der Beschlag, der die Wolle mit sich führt, eine große Geschwindigkeit, so ist man gezwungen, den abnehmenden Beschlag in der gleichen Richtung, nur langsamer, laufen zu lassen, und kann dadurch die „Auflösungsgeschwindigkeit" in unschädlichen Grenzen halten. Dieser Arbeitsvorgang wiederholt sich auf der heutigen Kammwollkrempel im allgemeinen 10- bis 12 mal.

Dieses verhältnismäßig einfache Arbeitsprinzip erfordert jedoch eine ziemlich komplizierte Maschine, da die Auflockerung und vollständige Öffnung der Wollflocken nur ganz allmählich vorgenommen werden kann, wenn man nicht ein Zerreißen der Fasern, evtl. in stärkstem Ausmaß, verursachen will. Ebenso wie die Auflösungsgeschwindigkeit und der Verzug ist die Feinheit der Kratzenbeschläge an bestimmte Grenzen gebunden. Je feiner der Beschlag, um so fester werden die Wollhaare gehalten, um so intensiver ist also die Auflösung, was bis zum Zerreißen von langen Fasern gesteigert werden kann. Von noch größerer Bedeutung ist der Abstand, in welchem man die Kratzen zueinander einstellt. Je kleiner dieser Abstand ist, um so kräftiger erfolgt die Auflösungsarbeit der

Kratzen. Die Einstellung kann um so enger gewählt werden, je weiter die Auflösung der Flocken fortgeschritten ist. Geht man dagegen mit zu enger Einstellung an noch ungelöste Flocken heran, so erreicht man zwar eine schnelle Auflösung, aber auf Kosten der Faserlänge. Dieser Fehler ist früher allgemein begangen worden. Man erreichte damit, daß man kurze, einfache und billige Maschinen verwenden konnte, war sich aber nicht bewußt, welche Mehrkosten man durch die Wertminderung des entstehenden Kammzuges in Kauf nahm. In Abb. 22 ist das Ergebnis eines Vergleichsversuches wiedergegeben, in dem eine einheitliche, vollkommen gleichmäßig verarbeitete Partie teils auf einer Krempel mit enger Beschlageinstellung, teils mit weiter Einstellung geöffnet wurde. (Untersuchungen der Leipziger Wollkämmerei.)

Wie aus dem Diagramm hervorgeht, ergab die Untersuchung der Faserlängen, daß von dem mit enger Einstellung gearbeiteten Material 2% mehr Kämmling ausgekämmt wurden und im fertigen Kammzug 63% aller Fasern kürzer als 70 mm waren, während der mit weiter Einstellung gearbeitete Zug nur 51% Fasern unter 70 mm besaß. Dieser Versuch wurde mit den größten Vorsichtsmaßnahmen gegen Faserschädigungen durchgeführt. In vielen Fällen sind die Schäden durch zu enge Einstellung der Arbeiter weitaus krasser. Da man auf kurzen Krempeln keine weite Einstellung vornehmen konnte, um nicht ein unvollkommen aufgelöstes Material zu erhalten, das in der Weiterverarbeitung noch mehr Verluste zeitigte, führte die Erkenntnis dieser Schäden dazu, daß man heute fast allgemein Doppelkrempeln verwendet, die eine allmähliche Bearbeitung der Wollflocken gestatten[1].

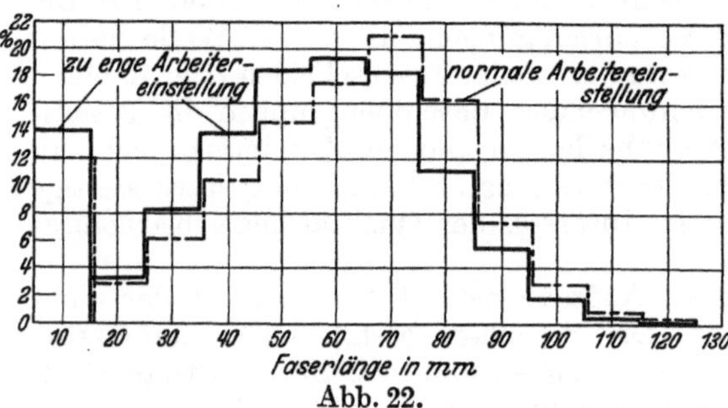

Abb. 22.

Ist das Prinzip dieser ersten Aufgabe der Kammwollkrempel mehr oder weniger verwandt dem der Streichwollkrempel, so bringt das Problem der Entklettung gänzlich abweichende Gesichtspunkte, die den Bau der Kammwollkrempel vor allem in neuerer Zeit stark umgestaltet haben.

Als erstes versucht man, möglichst viele der pflanzlichen Verunreinigungen im ganzen zu entfernen, und drückt zu diesem Zweck die Wolle mit Hilfe einer Bürstwalze in einen sehr engen Sägezahnbeschlag einer „Briseurwalze" hinein, der wohl die Wollfasern aufnehmen kann, nicht aber die gröberen Verunreinigungen. Über dem Briseur bringt man eine hochtourige Messerwalze, den „Klettenschläger" an, die die vorstehenden Kletten wegschlägt.

Zunächst hatte man diese Klettenschläger unmittelbar nach den Speisewalzen angeordnet. Das ergab die Notwendigkeit, den Briseurbeschlag verhältnismäßig grob zu wählen, da große ungelockerte Wollflocken hineingedrückt werden mußten. Auch konnte man wegen der großen ungelösten Flocken die Schlägerwalze nicht sehr dicht anstellen. Die Folge war, daß nur die gröbsten Verunreinigungen, im wesentlichen nur die Steinkletten, entfernt wurden.

Der Gedanke, diesen Arbeitsvorgang zur Beseitigung auch der Ringelkletten zu wiederholen an einer Stelle, an der die Flocken schon weitgehend gelöst sind, und deshalb in einen ganz engen Briseurbeschlag, der auch kleine Verunreinigungen zurückhält, eingedrückt werden können, wurde lange Zeit verworfen,

---

[1] Arbeitsweise der Krempel siehe „Streichgarnspinnerei" dieses Handb. VIII/2 A.

weil die Ringelkletten sich zum großen Teil schon an den ersten Arbeitern aufzogen und dann mit keinem Klettenschläger mehr gefaßt werden konnten.

Erst Offermann begann die Arbeit der Vorkrempel so zu mildern, daß er die Ringelkletten in einem wesentlichen Prozentsatz ungelöst über die Vorkrempel brachte, und nun mit Erfolg einen zweiten, engen Briseur mit Klettenschläger anwenden konnte.

An anderer Stelle hat man, um das Aufziehen der Ringelkletten zu verhüten, andere Wege beschritten, indem man die Vorkrempel vollkommen umgestaltete, sie nicht mehr mit Arbeitern und Wendern besetzte, sondern lediglich mit ganz grob benadelten Hechelwalzen arbeitete, die eine kämmende Wirkung ausüben, oder man hat für besonders klettenhaltige Wollen eine selbständige Entklettungsmaschine mit Sägezahndrahtgarnituren der Krempel vorgeschaltet.

Bei allen Methoden zieht sich jedoch trotz vorsichtiger Behandlung ein gewisser Prozentsatz der Ringelkletten auf und kann dann von keinem Schlagwerkzeug mehr beseitigt werden. Da die Länge dieser aufgezogenen Ringelkletten wesentlich größer ist als die derjenigen Fasern, die auf dem Kammstuhl ausgekämmt werden, besteht auf den nachfolgenden Verarbeitungsstufen keine

Abb. 23. Kammwollkrempel.

Möglichkeit mehr, diese Kletten zu beseitigen. Das einzige Mittel, dem Kammstuhl die Möglichkeit zur Beseitigung der aufgezogenen Ringelkletten aus dem Kammzug zu geben, ist deshalb eine Zertrümmerung dieser Kletten in Einzelteile, die kleiner sind als die kürzesten im Kammzug verbleibenden Fasern.

Man versucht, diese Klettenzerstückelung nach zwei Methoden zu erreichen, entweder durch Zerbrechen oder durch Zerschneiden. Beim Zerbrechen der Kletten benutzt man die elastischen Eigenschaften des Wollhaares, das sich jeder Formänderung ohne Beschädigung anpaßt, während die Klette bei Knickbeanspruchung brechen muß. Beim Zerschneiden dagegen geht man von der Tatsache aus, daß die zwischen den Fasern liegende Klette ein Vielfaches der Stärke des Faserquerschnittes besitzt. Wenn man deshalb Fasern und Kletten in dünner Schicht zwischen eng gestellten Messerwalzen hindurchführt, werden nur die Kletten zerschnitten, die Fasern werden entweder gar nicht oder nur auf Knickung beansprucht, was ebenfalls keine Schädigung hervorruft.

2. Die konstruktive Durchbildung der Krempel.

Führte schon die Forderung einer vorsichtigen, allmählichen Auflösung der aus langen Wollhaaren bestehenden Flocken der Kammwollen zu einer Verlängerung der Maschine gegenüber den sonst gebräuchlichen Krempelkonstruktionen, so wurde durch die Aufgabe der Klettenbeseitigung die Maschine noch vergrößert, da beide Aufgaben nicht mit den gleichen Werkzeugen gelöst werden konnten. Es entstand so die Kammwollkrempel, wie sie in Abb. 23 (Sächsische Textil-Maschinen-Fabrik, Chemnitz) gezeigt ist.

Für die Auflockerung der Faserflocken verwendet man heute 10 bis 13 Arbeiterwalzen, während man früher mit 5 bis 7 auszukommen suchte. Da man mit der fortschreitenden Auflösung nicht nur zu einer engeren Einstellung der gegeneinander arbeitenden Beschläge übergehen, sondern, je feiner die zu haltenden Flöckchen sind, auch feinere Beschläge verwenden muß, ergibt sich die Notwendigkeit, diese Arbeiter an mehreren Tambourwalzen unterzubringen.

Je nach dem Grad der Auflockerung, den man auf der Vorkrempel erreichen will, wendet man auf dem Vortambour, der noch sehr groben Beschlag hat, 2 bis 3 Arbeiterwalzen an. Die Hauptkrempel, die man früher mit einem Tambour ausstattete, hat heute allgemein zwei Tambourwalzen mit unterschiedlicher Feinheit des Beschlages. Je nach der Zahl der Arbeitsstellen, die man anwenden will, werden beide gleich groß mit 4 bis 5 Arbeitern ausgeführt, oder man bringt am ersten Tambour nur 3, am zweiten 4 bis 5 Arbeitsstellen an.

Bei der Verarbeitung von Merinowollen wählt man ziemlich einheitlich am ersten Haupttambour und seinen Arbeitern die Beschlagnummern 24 bis 26 (Gänge je Zoll), am zweiten 28 bis 30, dagegen werden am Vortambour, je nach dem Auflösungsgrad, den man hier erreichen will, sehr unterschiedliche Beschläge verwendet, die von Nummer 10 bis 22 variieren.

Nach den gleichen Gesichtspunkten ist die Einstellungsdichte der gegeneinander arbeitenden Walzen zu entscheiden. Nur hat man hier stärkere Abstufungsmöglichkeiten, da man an einem Tambour, der gleichmäßigen Beschlag hat, im Anfang der Verarbeitung, also an den ersten Arbeitern, einen größeren Abstand wählen kann als gegen Ende. So beginnt man am Vortambour — je nach dem zu verarbeitenden Material — etwa mit einem Abstand von 3 mm und verringert ihn bis auf 2 bis 1 mm. Am ersten Tambour der Hauptkrempel würde man in diesem Fall wieder mit 2 bis 1 mm Abstand beginnen und ihn bis zum letzten Arbeiter des zweiten Tambours auf 0,5 mm reduzieren.

Den dritten Faktor, der die Leistung der Krempel bestimmt, bildet die Umfangsgeschwindigkeit der einzelnen Walzen. Von ihr abhängig ist die Auflösungsgeschwindigkeit an den Arbeitern und der Verzug, den das Fasermaterial an jedem Übergang von Walze zu Walze erleidet. Die modernen Krempelkonstruktionen weichen in dieser Beziehung wesentlich voneinander ab, weshalb im folgenden für drei verschiedene Krempeln sämtliche Walzenumfangsgeschwindigkeiten einander gegenübergestellt sind. Da die Verschiedenheit der Arbeitsweise jedoch teilweise durch die unterschiedliche Inangriffnahme der Klettenbeseitigung bedingt ist, soll die Erörterung der zweiten von der Krempel zu erfüllenden Aufgabe dieser Gegenüberstellung vorangestellt werden.

Die Entfernung der Steinkletten wird an den meisten Krempeln einheitlich nach dem oben beschriebenen Klettenschlägerprinzip durchgeführt. Man muß die Steinkletten unter allen Umständen, schon ehe man Beschläge aus Drahthäkchen verwendet, beseitigen, weil diese durch die Steinkletten schwer beschädigt würden. Der oben beschriebene Briseur, eine mit Sägezahndraht bewickelte Walze, auf der die Steinkletten im Gegensatz zur Wolle außen haften bleiben, muß deshalb bereits vor dem Vortambour eingebaut werden. Andererseits müssen die gröbsten Wollflocken schon aufgezogen sein, wenn sie den Briseur erreichen, damit alle Wolle wirklich zwischen den Sägezahndrahtbeschlag eingedrückt werden kann. Zur Erreichung dieses Öffnungsgrades ist es notwendig, daß der Briseur etwa die 30fache Umfangsgeschwindigkeit des ersten Speisewalzenpaares hat. In den meisten Fällen können die Steinkletten restlos an einem Briseur mit einer Klettenschlägermesserwalze beseitigt werden, nur bei außerordentlich klettenreichen Wollen ist die Anwendung von zwei hintereinanderliegenden Briseuren mit Klettenschlägern in Erwägung zu ziehen.

Weitaus schwieriger ist dagegen der Kampf gegen die Ringelkletten. Das Offermannsche Prinzip ihrer Beseitigung mit Klettenschlägern wurde bereits erörtert. Hierbei muß die Wolle schon weitgehend vorgeöffnet sein, damit man sie restlos zwischen sehr engen Sägezahnbeschlag eindrücken kann, um dem Klettenschläger durch dichtes Anstellen die Möglichkeit geben zu können, die flachen Ringelkletten zu fassen.

Um bei dieser Voröffnung der Wolle das gefährliche Aufziehen der Ringelkletten zu vermeiden, muß man auf der Vorkrempel die Verzüge wesentlich gegenüber der normalen Arbeitsweise reduzieren und außerdem weite Beschläge und große Abstände der Arbeiterwalzen in Anwendung bringen. Erst mit Hilfe dieser Vorsichtsmaßnahmen ist es möglich, durch Einbau eines Feinbriseurs mit Klettenschläger zwischen Vor- und Hauptkrempel auch Ringelkletten zu beseitigen.

Die Bedeutung, die diese Beseitigung der Ringelkletten auf die Arbeitsweise des Kammstuhles und damit auf das wirtschaftliche Kämmereiergebnis hat, ist in der folgenden Gegenüberstellung zweier Versuchsresultate (Leipziger Wollkämmerei) gezeigt, von denen — bei im übrigen vollkommen gleicher Verarbeitung — das erste ohne, das zweite mit Entklettungsvorrichtungen auf der Krempel erzielt wurde.

Kammzug . . .	30,74% ⎫ 38,85%	34,32% ⎫ 40,25%	
Kämmling . . .	8,11% ⎭	5,93% ⎭	
Kammstaub . .	0,59%	0,91%	
Flug	1,80%	1,78%	
Graupen	6,80%	7,24%	
Verlust	51,96%	49,73%	

Sollen die mit den Entklettungsvorrichtungen nicht erfaßten, aufgezogenen Kletten auf der Krempel zerkleinert werden, so verwendet man entweder Harmelwalzen oder Klettenschneider. Die Harmelwalzen, die die Kletten zerbrechen sollen, baut man zwischen den ersten und zweiten Tambour der Hauptkrempel ein. Man führt die Wolle als dünnen Flor in voller Breite der Krempel über eine geriffelte Walze, an die man zwei schwache Walzen andrückt. Dieser Druck bewirkt in Verbindung mit der Riffelung der Auflagefläche ein Brechen der Kletten.

Will man die Zerkleinerung der Kletten mit Klettenschneidern erreichen, so muß man diesen Arbeitsvorgang ans Ende der Krempel verlegen, damit man die Sicherheit hat, daß alle Wollflocken vollkommen gleichmäßig gelöst sind, weil bei der engen Einstellung der Messerwalzen jede ungelöste Wollflocke zerschnitten würde. Man bringt deshalb die Klettenschneider in unmittelbarer Verbindung mit den Abzugswalzen an, wo der Flor bereits zu Bandbreite zusammengezogen ist. Die Einstellung dieser Messerwalzen muß außerordentlich genau vorgenommen werden, da bereits eine minimale Verstellung sie unwirksam machen oder zum Zerschneiden von Wollfasern führen kann. Bei gewissenhafter Wartung ist ihre Wirkungsweise jedoch zufriedenstellend.

Eine Krempel, die die beschriebenen Entklettungsvorrichtungen enthält, ist in Abb. 24 in einer Ausführungsform der Firma C. E. Schwalbe, Werdau, im Schnitt gezeigt.

Unter Berücksichtigung der verschiedenen Entklettungsvorrichtungen ist es nunmehr möglich, die folgende Gegenüberstellung der Arbeitsgeschwindigkeiten von drei verschiedenen Krempelkonstruktionen zu bewerten (s. Tabelle S. 27).

Die zuerst gegebene Aufstellung der Geschwindigkeiten einer Plattschen Krempel ist vor allem gekennzeichnet durch die geringsten Verzüge an den Arbeitern beider Haupttamboure. Die Tamboure selbst laufen mit so hohen Dreh-

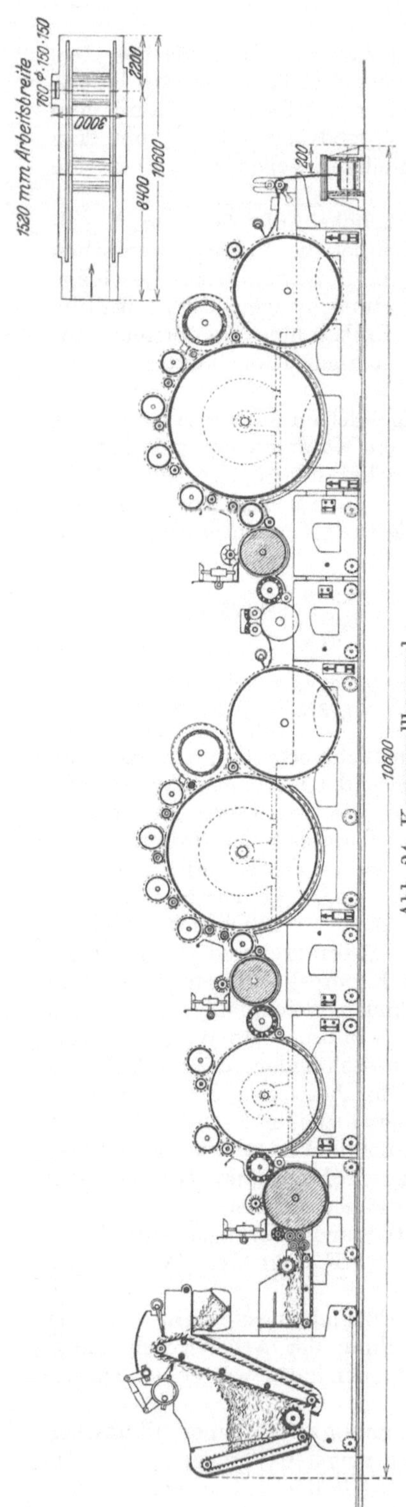

Abb. 24. Kammwollkrempel.

zahlen, daß die Auflösungsgeschwindigkeit trotz der geringen Verzüge im obersten Bereich des bei normalen Einstellungen Zulässigen liegt. Bei Auflösungsgeschwindigkeiten über 500 m je Minute beginnen bereits Faserschädigungen. Im Gegensatz zu den Haupttambouren bewegen sich die Verzüge auf dem Vortambour in normaler Größenordnung, wenn auch hier die Auflösegeschwindigkeit außerordentlich niedrig ist.

Obgleich die Maschine zwischen Vor- und Hauptkrempel einen Feinbriseur zur Ringelklettenbeseitigung besitzt, beansprucht sie das Material auf der Vorkrempel bereits ziemlich kräftig auf Verzug. Vor allem arbeitet der erste Briseur bereits mit 24fachem Verzug, weshalb ein Teil der Ringelkletten nicht unaufgezogen an den Feinbriseur gelangen wird.

Die Hartmannsche Maschine ist die größte Krempel in dieser Gegenüberstellung. Sowohl die Vorkrempel ist verstärkt, als auch beide Haupttamboure besitzen fünf statt vier Arbeiter. Diese Erhöhung der Arbeitsstellen gibt die Möglichkeit, an der Maschine die Beanspruchung an den einzelnen Arbeitsstellen herabzusetzen. Davon ist jedoch nur an der Vorkrempel Gebrauch gemacht. Die Tamboure laufen mit niedrigen Drehzahlen. Dadurch ist die Auflösungsgeschwindigkeit reduziert, während die Verzüge gegenüber der Plattschen Krempel durch niedrige Arbeiterdrehzahlen sogar noch gesteigert werden konnten.

Die Leistung der Vorkrempel ist trotz der Größe der Maschine gegenüber der Plattschen Krempel noch wesentlich erhöht. Zunächst sind vor dem Vortambour zwei Briseure eingebaut, was Vorteile nur bei sehr stark mit Steinkletten verunreinigten Wollen gewährt. Für Ringelkletten ist dagegen nachteilig, daß der erste Briseur mit einem 71fachen Verzug läuft, ohne daß dadurch eine höhere Geschwindigkeit erreicht wird als an der Plattschen Krempel. Ebenso enthält der Vortambour drei Arbeitsstellen mit relativ hohen Verzügen, wodurch sich weiterhin ein Teil der Ringelkletten aufziehen wird.

Die Schwalbesche Krempel ist dadurch gekennzeichnet, daß die Vorkrempel außerordentlich schonend arbeitet, während die Hauptkrempel auf beiden Tambouren bei zu-

	Platt			Hartmann			Schwalbe		
	Lieferung m/min	Auflösegeschw. m/min	Verzug	Lieferung m/min	Auflösegeschw. m/min	Verzug	Lieferung m/min	Auflösegeschw. m/min	Verzug
Auflegetisch	0,316	—	—	0,113	—	—	0,306	—	—
1. Speisewalzenpaar	0,330	—	1,05	0,113	—	1,00	0,324	—	1,06
2. Speisewalzenpaar	0,436	—	1,32	0,14	—	1,24	0,958	—	2,94
Briseur I	10,71	—	24,50	10,0	—	71,50	8,87	—	9,30
Schläger I	290,00	—	—	314,0	—	—	155,0	—	—
Übertragungswalze .	20,49	—	1,90	18,5	—	1,85	27,60	—	3,15
Briseur II	—	—	—	35,75	—	2,02	—	—	—
Schläger II	—	—	—	314,0	—	—	—	—	—
Übertragungswalze .	—	—	—	59,8	—	1,67	—	—	—
Vortambour	35,38	—	1,74	79,0	—	1,32	73,4	—	2,66
1. Arbeiter	2,08	33,30	17,0	3,84	75,16	20,5	5,07	68,33	14,50
1. Wender	8,20	—	—	20,8	—	—	21,8	—	—
2. Arbeiter	2,08	33,30	17,0	3,84	75,16	20,5	4,8	68,60	15,30
2. Wender	8,20	—	—	20,8	—	—	21,8	—	—
3. Arbeiter	2,08	33,30	17,0	3,84	75,16	20,5	—	—	—
3. Wender	8,20	—	—	20,8	—	—	—	—	—
Übertragungswalze .	60,24	—	1,71	134,0	—	1,70	138,0	—	1,88
Briseur III (II) . .	115,30	—	1,90	178,0	—	1,32	148,0	—	1,07
Schläger III (II) .	350,0	—	—	248,0	—	—	373,0	—	—
Übertragungswalze .	236,0	—	2,04	270,0	—	1,52	258,0	—	1,75
Tambour I	477,0	—	2,02	402,5	—	1,50	486,0	—	1,87
1. Arbeiter	12,66	465,24	37,8	8,57	393,93	47,0	7,18	478,82	68,0
1. Wender	137,70	—	—	123,0	—	—	147,50	—	—
2. Arbeiter	12,66	465,24	37,8	8,57	393,93	47,0	6,73	479,27	72,0
2. Wender	137,70	—	—	115,0	—	—	147,50	—	—
3. Arbeiter	12,66	465,24	37,8	8,57	393,93	47,0	6,40	479,60	76,0
3. Wender	137,70	—	—	115,0	—	—	147,50	—	—
4. Arbeiter	12,66	465,24	37,8	8,57	393,93	47,0	6,05	479,95	80,0
4. Wender	137,70	—	—	115,0	—	—	147,50	—	—
5. Arbeiter	—	—	—	8,57	393,93	47,0	—	—	—
5. Wender	—	—	—	115,0	—	—	—	—	—
Volant I	644,25	—	—	580,0	—	—	650,0	—	—
Peigneur I	25,34	—	19,0	18,2	—	22,0	20,5	—	23,7
Hacker I	—	—	—	—	—	—	—	—	—
Harmelwalze . . .	—	—	—	—	—	—	20,5	—	—
Übertragungswalze .	—	—	—	—	—	—	107,0	—	5,2
Feinbriseur	—	—	—	—	—	—	148,0	—	1,38
Klettenschläger . .	—	—	—	—	—	—	373,0	—	—
Übertragungswalze .	175,50	—	6,90	140,0	—	7,7	258,0	—	1,75
Tambour II . . .	477,90	—	2,70	402,5	—	2,88	486,0	—	1,88
1. Arbeiter	12,66	465,24	37,8	8,57	393,93	47,0	7,18	478,82	68,0
1. Wender	137,70	—	—	115,0	—	—	147,5	—	—
2. Arbeiter	12,66	465,24	37,8	8,57	393,93	47,0	6,73	479,27	72,0
2. Wender	137,70	—	—	115,0	—	—	147,5	—	—
3. Arbeiter	12,66	465,24	37,8	8,57	393,93	47,0	6,40	479,60	76,0
3. Wender	137,70	—	—	115,0	—	—	147,5	—	—
4. Arbeiter	12,66	465,24	37,8	8,57	393,93	47,0	6,05	479,95	80,0
4. Wender	137,70	—	—	115,0	—	—	147,5	—	—
5. Arbeiter	—	—	—	8,57	393,93	47,0	—	—	—
5. Wender	—	—	—	115,0	—	—	—	—	—
Volant II	644,25	—	—	580,0	—	—	650,0	—	—
Peigneur II	25,34	—	19,0	18,2	—	22,0	20,5	—	23,7
Hacker II	—	—	—	—	—	—	—	—	—
Abzugswalze	28,40	—	1,12	22,2	—	1,22	23,5	—	1,15

nehmender Verfeinerung mit zunehmenden Verzügen intensiver arbeitet als die beiden beschriebenen Systeme.

Dadurch, daß der Verzug schon kräftig in den Speisewalzen einsetzt, wo er sehr schonend ist, wird erreicht, daß am ersten Briseur mit nur 9,3fachem Verzug nahezu die gleiche Umfangsgeschwindigkeit wie an der Plattschen Maschine und eine genügend feine Auflage vorhanden ist. Auf dem Vortambour sind nur zwei Arbeitsstellen angeordnet, die außerdem die niedrigsten Verzüge der drei gegeneinander gestellten Maschinentypen besitzen. Auf diese Weise wird ein wesentlicher Prozentsatz der Ringelkletten unaufgezogen bis an den der Vorkrempel folgenden Briseur gelangen.

Auf der Hauptkrempel sind bei etwa der gleichen Tambourgeschwindigkeit wie an der Plattschen Krempel annähernd die doppelten Verzugshöhen dadurch erreicht, daß die Arbeiter außerordentlich langsam laufen, wodurch die Auflösungsgeschwindigkeit sich gegenüber Platt kaum verändert, aber die Leistung erheblich erhöht wird. Durch Abstufung der Arbeitergeschwindigkeit ist die Faserbeanspruchung, die normalerweise an den ersten Arbeitsstellen höher ist, ausgeglichen worden.

Die Maschine ist weiterhin im Gegensatz zu den beiden übrigen mit Harmelwalzen ausgerüstet (siehe auch Abb. 24) und besitzt im Anschluß daran nochmals einen Feinbriseur mit Klettenschläger, der allerdings nur wenig Wirkung besitzen dürfte.

Entgegen der in dieser Gegenüberstellung gezeigten üblichen Entklettungsmethoden bei Kammwollen bringt die Sächsische Textil-Maschinen-Fabrik für die Entklettung sehr stark klettiger Wollen eine besondere Entklettungskrempel, die unabhängig von gewöhnlichen Krempeln, die keine Entklettungsvorrichtungen besitzen, betrieben werden kann. Die Maschine ist in Abb. 25 im Schnitt wiedergegeben.

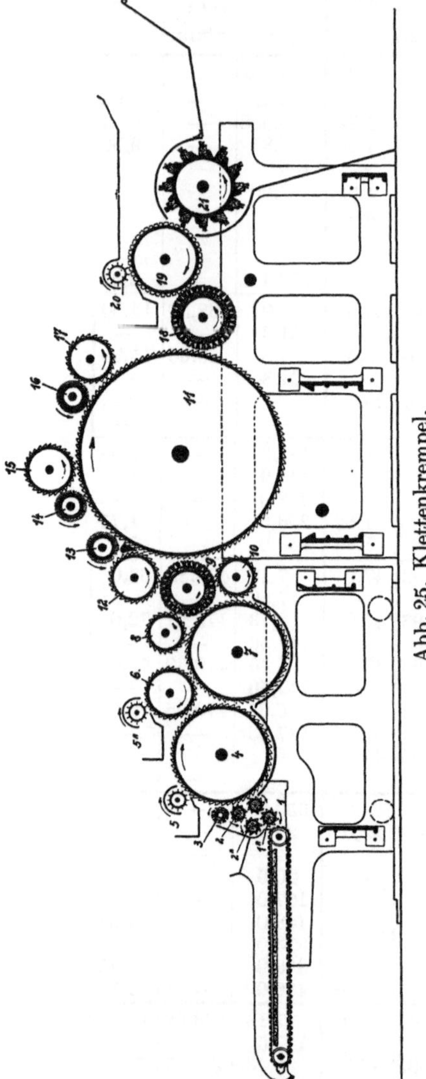

Abb. 25. Klettenkrempel.

Sie arbeitet nur mit Sägezahngarnituren und mit so geringen Verzügen, daß ein Aufziehen der Ringelkletten weitgehend verhütet wird. Die Steinkletten werden von den ersten beiden Briseuren, die Ringelkletten vom letzten Briseur abgeschlagen.

Die Maschine hat vor allem dort Bedeutung, wo nur selten klettige Wollen verarbeitet und die normalen Krempelsätze deshalb zweckmäßig ohne Entklettungsvorrichtungen verwendet werden.

Für die Weiterverarbeitung des Krempelbandes hat nicht nur die völlige Lösung der Wollflocken und die Klettenfreiheit Bedeutung, sondern auch die Gleichmäßigkeit des Bandquerschnittes. Eine Ausschaltung der gröbsten Schwankungen im Bandquerschnitt wurde bereits dadurch erreicht, daß man die Lieferung einer Anzahl Krempeln zu einem Band zusammenfaßte. Man leitete die Bänder in einen Kanal, wo sie auf einem endlosen Band bis zu einem Wickelbock geführt wurden.

Eine weitgehende Garantie für eine wirkliche Gleichmäßigkeit nicht nur des Krempelbandes, sondern auch der Arbeitsweise der Krempel, erhielt man erst, als man die Speisung der Krempel mechanisierte.

Die Arbeitsweise dieser Speisevorrichtung geht aus Abb. 24 hervor. Aus einem Vorratsbehälter hebt ein Nadeltuch ein bereits durch einen Hacker vergleichmäßigtes und auch gelockertes Wollquantum in eine Waagschale, die nach Füllung die weitere Zuführung abstellt und in bestimmten Zeitabschnitten die Wolle auf den Zuführtisch ausschüttet.

Außer der vollkommen gleichmäßigen Krempelbeschickung wird durch diese Speiseapparate noch erreicht, daß die Bedienung der Krempel sich durch Wegfall des Auflegens der Wolle von Hand auf einen Bruchteil reduziert.

III. Das Vorstrecken.

Da die im Krempelband befindlichen Wollfasern wirr durcheinander liegen und die Einzelhaare infolge der Bearbeitung mit Kratzenbeschlägen sowie durch die vorherige Trocknung vielfach gekrümmt sind, würde ein Kämmen dieses Bandes ein äußerst unwirtschaftliches Ergebnis zeigen. Nach Untersuchung von Dr. Wolf[1], Cossmannsdorf, über diese „Krümmungen" der Wollfasern, gibt ein solches Band etwa 25% Kämmling gegenüber 8% bei regulärer Verkämmung.

Um dem Kammstuhl Bänder mit parallel liegenden und gestreckten Fasern, die nur noch ihre natürliche Kräuselung enthalten, vorlegen zu können, läßt man das Krempelband zunächst über zwei bis vier Nadelstabstrecken laufen. Das Prinzip dieser Strecken beruht darauf, daß das Band von einem langsam laufenden Einführungszylinderpaar zugeführt und mit einer um ein Mehrfaches schnelleren Geschwindigkeit abgezogen wird. Es findet also ein Verfeinern, ein Verziehen des Bandes statt, wobei sich alle schräg im Band liegenden Fasern immer mehr der Längslage nähern und durch den Zug der Abzugszylinder einen Teil der wilden Krümmungen verlieren. Die mehrmalige Wiederholung dieses Vorganges ist erforderlich, da aus konstruktiven Gründen in einem Arbeitsgang nicht über 6- bis 8fach verzogen werden kann und eine genügende Parallellage der Fasern hierbei noch nicht erreicht wird.

Früher verwendete man an dieser Stelle allgemein einfache Nadelstabstrecken, bei denen das Band zwischen den beiden Zylinderpaaren lediglich durch von unten einstechende Nadeln, die angenähert mit der Geschwindigkeit der Einführungszylinder liefen, gehalten wurde. In Abb. 26 ist diese Maschine (Fabrikat Schlumberger) im Schnitt wiedergegeben.

Heute ist man für alle feineren Wollen auch bei diesen Vorstrecken zur Doppelnadelstabstrecke übergegangen, bei der die die Fasern führenden Nadelstäbe auch von oben einstechen, und so eine absolut sichere und gleichmäßige Führung der Bänder gewährleisten, indem es ausgeschlossen ist, daß einzelne Fasern, die von den Abzugszylindern bereits gefaßt sind, andere, die zufällig nicht im Grunde der Nadelstäbe liegen, mit sich reißen.

Da diese Maschinentypen die gleichen sind, die in der Vorspinnerei gebraucht werden, soll die Einzelbesprechung erst dort erfolgen. An dieser Stelle ist lediglich die Berechtigung des Überganges von der einfachen zur doppelten Nadel-

---

[1] Wolf: Über die geschichtliche Entwicklung der Wollkämmaschine. VDI-Verlag.

stabstrecke in diesem Verarbeitungsstadium, in dem die Gleichmäßigkeit der Bänder noch keine ausschlaggebende Rolle spielt, zu begründen. Es soll dies an Hand eines Versuchsergebnisses erfolgen, das in dem Diagramm, Abb. 27, gezeigt ist.

Es wurde in diesem Versuch eine im übrigen gleichmäßig verarbeitete Wollpartie teils auf vier einfachen, teils auf drei doppelten Nadelstab-

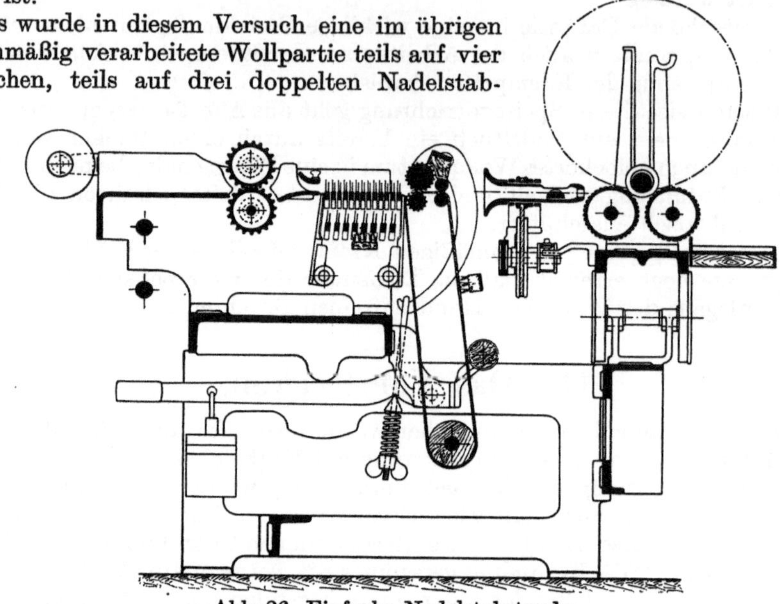

Abb. 26. Einfache Nadelstabstrecke.

strecken vorgestreckt. Dabei war anzunehmen, daß das auf den Doppelnadelstabstrecken verarbeitete Material eine gleichmäßigere Bandstärke und infolge der besseren Parallellegung auch weniger Abfall auf dem Kammstuhl ergab. Wie aus dem Diagramm hervorgeht, ist aber außerdem auf den einfachen Nadelstabstrecken, wo das Verziehen des Bandes in zusammengepreßtem Zu-

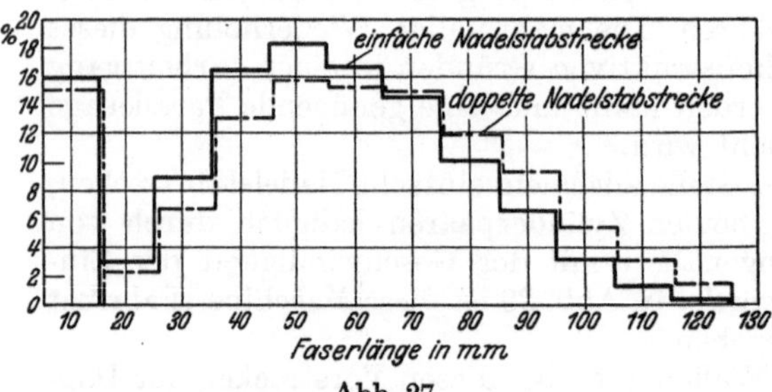

Abb. 27.

stand auf dem Grunde des Nadelfeldes erfolgt, ein Zerreißen von langen Fasern eingetreten. Im Mittel dieser Versuchsreihe ergab sich, daß das auf vier einfachen Nadelstabpassagen vorgestreckte Material etwa 10% mehr Fasern unter 60 mm Länge und dementsprechend weniger lange Fasern enthielt. Und während die Doppelnadelstabvorbereitung 15% Kämmling brachte, ergab das auf den einfachen Strecken vorbereitete Material 16%.

Auf Grund dieser Erfahrungen überwiegt heute beim Vorstrecken von Merinowollen bereits die Doppelnadelstabstrecke, während bei der Verarbeitung von Crossbredwollen, bei denen infolge der größeren Widerstandsfähigkeit keine Schädigungsgefahr besteht, die einfachen Nadelstabstrecken nach wie vor allgemein angewandt werden.

IV. Das Kämmen.

Mehr oder weniger sind das Krempeln und Vorstrecken nur als Vorarbeiten für das Kämmen anzusehen, das — in Verbindung mit der Vorspinnerei — hauptsächlich für den typischen Charakter des Kammgarnes bestimmend ist. Speziell in Abhängigkeit vom Kämmen steht die glatte Oberflächenbeschaffenheit, die Festigkeit und die Gleichmäßigkeit, die vom Kammgarnfaden gefordert werden. Die Glätte ist — abgesehen von der Art des Vorspinnens — etwa proportional der Zahl der Faserenden, die der Faden enthält, da die Fasern beim Spinnprozeß nicht restlos der Drahtgebung folgen und vielfach die freien Faserenden vom Faden abstehen. Je größer also die durchschnittliche Faserlänge ist, bzw. je weniger kurze Fasern ein Faden enthält, um so glatter ist er. Ebenso ist die Gleichmäßigkeit eines Fadens von der Länge seiner Einzelfasern abhängig, da es im Spinnprozeß technisch außerordentlich schwer durchführbar ist, zugleich mit langen auch die kurzen Fasern vollkommen gleichmäßig auf alle Fadenquerschnitte zu verteilen. Sehr kurze Fasern häufen sich leicht an einzelnen Stellen und geben so Veranlassung zu Ungleichheiten des Fadens. Hand in Hand damit gehen die Festigkeitseigenschaften. Es ergibt sich daher als an den Kammstuhl zu stellende Forderung, daß er alle Fasern, die kürzer sind als eine von Fall zu Fall zu bestimmende Länge, vollständig aus dem Band herauskämmt.

Die kürzeste Faserlänge, die das Produkt des Kammstuhles, das Kammzugband, enthalten darf, schwankt mit der Wollqualität und dem Verwendungszweck. Bei Merinowollen kämmt man im Mittel etwa alle Fasern mit weniger als 20 mm Länge heraus, die als Kämmling in der Streichgarnspinnerei, Filzfabrikation usw. Verwendung finden.

Der Prozentsatz dieser kurzen Fasern ist je nach der Schafzüchtung und dem Körperteil des Schafes, dem die Wolle entstammt, ein sehr unterschiedlicher und schwankt bei Merinowollen etwa zwischen 3 und 25%. In Crossbredkammzügen ist die Grenze der kleinsten zulässigen Faserlänge entsprechend der größeren durchschnittlichen Haarlänge höher zu legen, trotzdem ist hier der auszukämmende Prozentsatz im allgemeinen niedriger.

Das Kämmen wird heute fast allgemein nach dem Flachkämmprinzip durchgeführt. Nur in der englischen Kämmerei behauptet sich für grobe Qualitäten nach wie vor der Noblesche Rundkammstuhl, der in Abb. 28 (Fabrikat Prince Smith) wiedergegeben ist.

In diesem Stuhl hat sich das Kämmprinzip mit zwei tangierenden Kammringen lebendig erhalten, die im Berührungspunkte gespeist werden. Dadurch, daß sich die Ringe in gleicher Richtung drehen, stehen nach Entfernung vom Berührungspunkt der Ringe alle Fasern, die beide Kammringe berührten, aus einem der Kammringe vor, so daß sie an einem Punkt abgezogen werden können. Da jedoch auch kurze Fasern aus den Kammringen vorstehen und hierbei mit in den Zug gelangen müssen, ist das Anwendungsgebiet dieser Maschine auch in England auf lange Wollen beschränkt geblieben.

Das auf dem Kontinent allgemein übliche Flachkämmprinzip ist heute auch in England im Vordringen. Es arbeitet nach folgendem Prinzip: Eine Speisevorrichtung, die als Zange ausgebildet ist, führt absatzweise das Band in den Kammstuhl ein. Das aus der Speisevorrichtung vorstehende Ende des Bandes wird von einer rotierenden Kammwalze ausgekämmt und dann von einer Abzugsvorrichtung gefaßt, die, während die Speisevorrichtung sich öffnet, den ausgekämmten Faserbart wegzieht. Da hierbei aber auch der bisher in der Speisevorrichtung befindliche — also noch nicht ausgekämmte — Teil des Faserbartes mit weggezogen wird, sticht, ehe die Abzugswalzen den Faserbart gefaßt haben,

ein fein benadelter Kamm in diesen ein, so daß beim Abziehen die im letzten Teil
des Faserbartes befindlichen kurzen Fasern hängen bleiben.

Die wesentlichen Arbeitsmechanismen dieses Kammstuhles sind also Speisevorrichtung, Zirkularkamm, der den Hauptteil des Faserbartes auskämmt, Abzugswalzen und Fixkamm, der das Ende auskämmt.

Die prinzipielle Durchbildung des Arbeitsvorganges stammt von Heilmann.
Die Weiterentwicklung der Maschine beschränkte sich zunächst auf die Art der
Zueinanderführung dieser vier Arbeitsmechanismen, von denen drei schwingende
Bewegungen ausführen müssen.

Da die minutliche Schlagzahl bis auf 100 gesteigert ist, spielt die Reduzierung
der schwingenden Massen eine wichtige Rolle im Hinblick auf ruhigen Lauf und
einwandfreies Arbeiten der Maschine. In den neueren Kammstuhlkonstruktionen

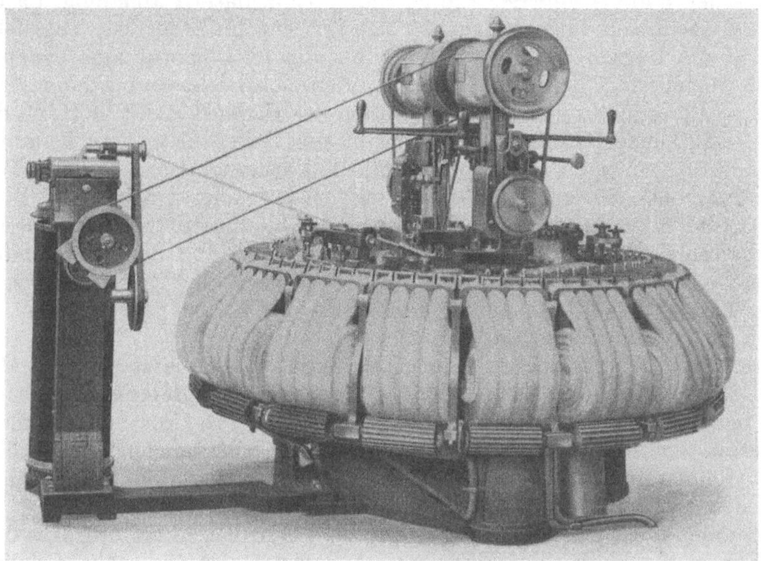

Abb. 28. Noblekammstuhl.

ist deshalb allgemein der Zirkularkamm, der die größte Masse darstellt, feststehend, lediglich als rotierender Körper ausgebildet, während die Speisevorrichtung, der Fixkamm und die Abzugswalzen meist schwingend angeordnet sind.

Die konstruktive Entwicklung des Kammstuhles, ausgehend vom Hand-
kämmen und bis zu der heute allgemein verbreiteten PLB-Maschine führend,
ist in erschöpfender Weise in der bereits zitierten Arbeit von Wolf[1] dargestellt.

Die PLB-Maschine, die heute mit geringen Abweichungen von den meisten
Textilmaschinenfabriken gebaut wird und alle übrigen Flachkämmer verdrängt
hat, ist in Abb. 29 im Schnitt (Fabrikat Schlumberger) und Abb. 30 in der Ansicht (Fabrikat Deutsche Spinnerei-Maschinenbau A. G.) gezeigt.

Die Wirkungsweise der Arbeitsorgane dieser Maschine ist folgende:

1. Die Zange ist geschlossen. Der hervorstehende Faserbart wird vom Zirkularkamm ausgekämmt. Die Speisevorrichtung öffnet sich, schiebt sich um den Betrag der festgesetzten Speisungslänge zurück und schließt sich wieder.

---

[1] Wolf: Über die geschichtliche Entwicklung der Wollkämmaschine und ihre technologische Arbeitsweise.

2. **Die Zange öffnet sich.** Der Fixkamm sticht in der Nähe des Abzugszylinders in den ausgekämmten Bart ein. Der Abzugszylinder faßt den Bart und zieht alle erfaßten Fasern vollständig aus der Vorlage heraus. Die wenigen von diesen Fasern mitgezogenen kurzen Haare bleiben im Fixkamm hängen. Die Speise-

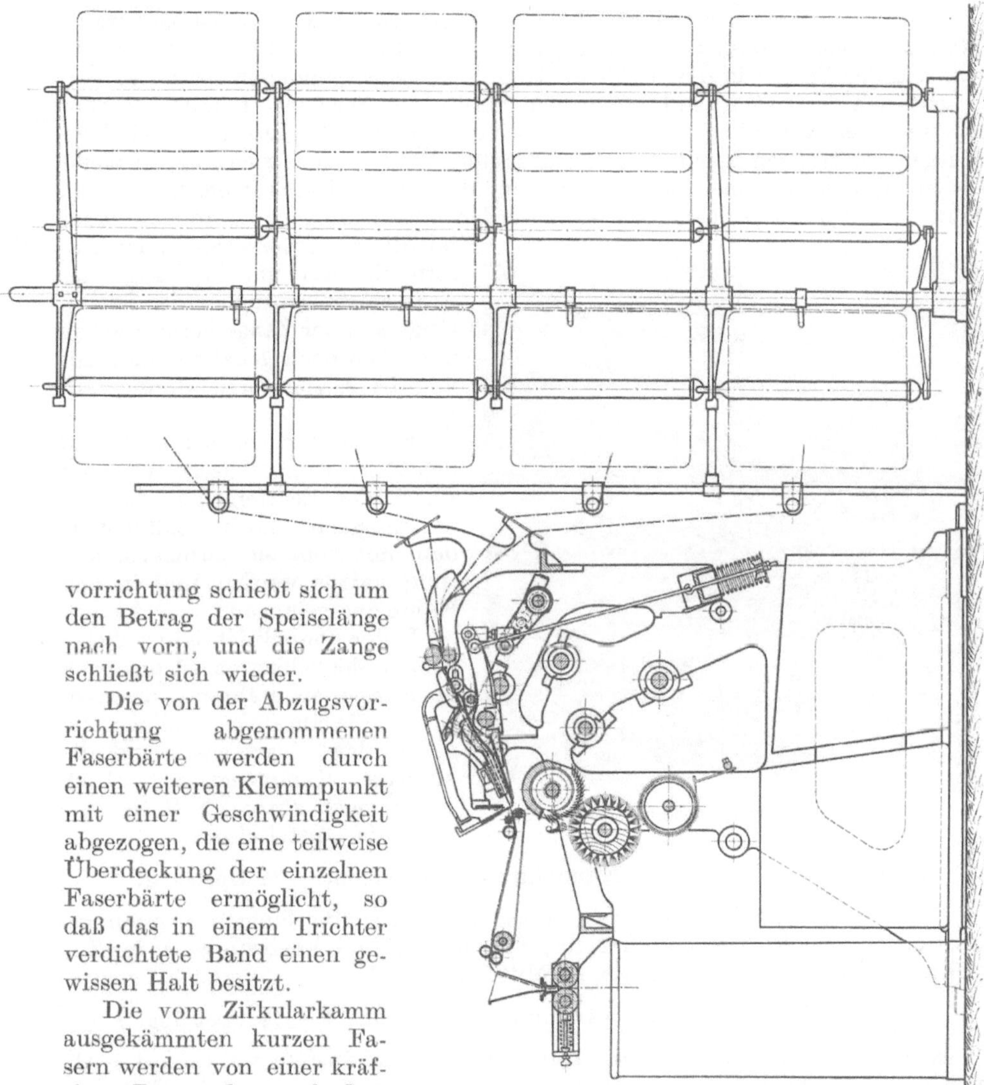

vorrichtung schiebt sich um den Betrag der Speiselänge nach vorn, und die Zange schließt sich wieder.

Die von der Abzugsvorrichtung abgenommenen Faserbärte werden durch einen weiteren Klemmpunkt mit einer Geschwindigkeit abgezogen, die eine teilweise Überdeckung der einzelnen Faserbärte ermöglicht, so daß das in einem Trichter verdichtete Band einen gewissen Halt besitzt.

Die vom Zirkularkamm ausgekämmten kurzen Fasern werden von einer kräftigen Bürstwalze nach dem an der Krempel üblichen Übertragungssystem übernommen, so daß die Kämme des Zirkularkamms stets sauber bleiben. Die von der Bürstwalze abfallenden Fasertrümmer und Verunreinigungen werden als Kammstaub aufgefangen. Im übrigen wird der Faserflor der Bürstwalze — der Kämmling — nach dem Peigneurprinzip auf eine langsam laufende Kratzenwalze übertragen und durch einen Hacker abgenommen.

Der Prozentsatz dieser ausgekämmten Fasern, also die Länge, bis zu welcher die Fasern in den Kämmling gelangen, ist abhängig zunächst von der Entfernung des Abzugszylinderklemmpunktes von der Speisevorrichtung bzw. der Zangenöffnung. Diese Entfernung wird als Abrißstellung oder Ecartement bezeichnet. Je weiter der Abzugszylinder von der Zange entfernt ist, um so länger ist der aus der Zange heraushängende freie Faserbart, um so längere Fasern werden deshalb herausgekämmt.

Außer von der Abrißstellung ist diese Länge des frei aus der Zange heraushängenden Faserbartes noch abhängig von der Speisung. Erfolgt das Nachschieben der Fasern in die geöffnete Zange erst nach beendetem Abriß, so verlängert sich der freie Faserbart um den Betrag der Speisung. Demnach erhöht sich auch der Kämmlingsprozentsatz mit Vergrößerung der Speiselänge. Erfolgt dagegen das Speisen bereits vor Inkrafttreten der Abzugsvorrichtung, so bleibt als freier, auszukämmender Faserbart nur die Länge des Ecartements stehen, denn alle länger vorstehenden Fasern werden mit abgezogen. Es können daher bei dieser Arbeitsweise auch Fasern, die nur um die Länge des Ecartements abzüglich der Speiselänge aus der Zange herausreichen und eben noch gehalten sind, mit von der Abzugsvorrichtung gefaßt werden.

Ebenso können bei nachträglicher Speisung Fasern von der Länge des Ecartements, die von der Zange eben noch gehalten wurden, mit von der Abzugsvorrichtung gefaßt werden und in den Kammzug gelangen.

Unter Berücksichtigung dieser beiden Möglichkeiten ist demnach beim Speisen während des Abziehens die längste Kämmlingsfaser gleich dem Ecartement und die kürzeste Kammzugsfaser gleich Ecartement abzüglich Speisungslänge, im Mittel also

Abb. 30. Kammstuhl.

$$\text{kürzester Zug} = \text{längster Kämmling} = \text{Ecartement} - \tfrac{1}{2}\ \text{Speisung}.$$

Beim Speisen nach vollzogenem Abriß dagegen ist die längste Kämmlingsfaser gleich dem Ecartement zuzüglich Speisung und die kürzeste Faser im Zug gleich der Länge des Ecartements, im Mittel also

$$\text{kürzester Zug} = \text{längster Kämmling} = \text{Ecartement} + \tfrac{1}{2}\ \text{Speisung}.$$

Allgemein ist an den heutigen Kammstühlen das Speisen während des Abziehens gebräuchlich. Vorbedingung für diese Arbeitsweise ist, daß der Fixkamm an der Bewegung der Speisevorrichtung teilnimmt, da sonst die zu Beginn der Speisung noch nicht vom Abzugszylinder gefaßten Fasern sich vor dem Fixkamm stauen würden.

Es nimmt also der Kämmlingsprozentsatz bei dieser Arbeitsweise mit zunehmender Speisungslänge ab, während er mit Zunahme des Ecartements in jedem Falle wächst.

Da die Produktion des Kammstuhles von der Länge der Speisung abhängig ist, empfiehlt es sich, diese so groß zu wählen, wie es die zu verarbeitende Partie erlaubt. Man ist jedoch an verhältnismäßig enge Grenzen gebunden, da mit der Länge der Speisung auch die Überschneidung der kürzesten Zug- und der längsten Kämmlingsfaser sich erhöht.

Noch nachteiliger als eine zu große Erhöhung der Speisung wirkt sich eine zu kurze Einstellung des Ecartements auf den Zug aus, da bei dieser Verkürzung die Überdeckung des vom Zirkularkamm vorgekämmten und des vom Fixkamm nachzukämmenden Teiles immer kleiner wird und eventuell die Sauberkeit des Kämmens beeinträchtigt.

Wie stark sich vor allem bei kürzeren Wollen mit einer Änderung des Ecartements der Kämmlingsprozentsatz verändert, ist im nebenstehenden an einigen Versuchsergebnissen gezeigt.

Versuch	Qualität	Ecartement	Kämmling
1	Merino	23	21,5
		21	18,5
		19	15,0
2	Merino	24	23,0
		22	18,0
		20	13,2
3	Crossbred	30	7,0
		23	4,0

Die Produktion eines Kammstuhles beträgt je nach den zu verarbeitenden Wollen 6 bis 16 kg Kammzug je Stunde.

Während beim PLB-Stuhl 20 bis 24 Bänder gleichzeitig der Speisevorrichtung zugeführt werden, ist neuerdings ein Kammstuhl der Société Alsacienne auf den Markt gebracht worden, der 32 Bänder Zuführung erhält und eine entsprechend größere Produktion hat. Auch in konstruktiver Hinsicht weicht die Maschine teilweise vom PLB-Stuhl ab und greift auf frühere Anordnungen zurück. Insbesondere ist die Abzugsvorrichtung nicht schwingend, sondern feststehend.

V. Das Nachstrecken.

Der Zweck des Nachstreckens ist, das Kammzugband, das durch den Kammstuhl in einzelne, sich teilweise überdeckende Faserbärte zerlegt ist, wieder in einen gleichmäßigen Zustand zu überführen, in dem in jedem Bandquerschnitt annähernd die gleiche Faserzahl enthalten und soweit verdichtet ist, daß das Band schwachen Zugbeanspruchungen gegenüber widerstandsfähig ist.

Erreicht wird diese Absicht durch ein Parallellegen (Doublieren) und gleichmäßiges Verziehen einer Anzahl Bänder, wofür die gleichen Maschinentypen wie beim Vorstrecken Verwendung finden. Da die Doublier- und Verzugsfähigkeit dieser Nadelstabstrecken begrenzt ist, kann in einem Arbeitsgang eine vollständige Vergleichmäßigung der vom Kammstuhl zerlegten Bänder nicht erreicht werden, und es müssen — wie beim Vorstrecken — mehrere sich folgende Passagen angewandt werden.

Da die Arbeitsweise der Nadelstabstrecken eingehend in ihrem Hauptverwendungsgebiet, der Vorspinnerei, zu erörtern ist, sollen hier nur die Besonderheiten der Maschine in dieser Produktionsstufe erwähnt werden. Wie an den Vorstrecken ist man auch hier weitgehend von der einfachen zur doppelten Nadelstabstrecke übergegangen. Lediglich in der Verarbeitung sehr langer und kräftiger Wollen behauptet sich noch die einfache Nadelstabstrecke, auch hier jedoch meist in einer abgewandelten Ausführungsform, die die an dieser Stelle bereits erforderliche gleichmäßige Bandstärke sicherstellt und ein Hinwegziehen von Fasergruppen über die Nadelspitzen verhindert. Diese verbesserte Nadelstabstrecke ist von Offermann und Prince Smith durchgebildet und als OPS-Gill bekannt. In Abb. 31 ist die Arbeitsweise dieser Maschine gezeigt.

Der wesentlichste Unterschied gegenüber der einfachen Nadelstabstrecke besteht darin, daß eine Nadelreihe in jedem Stab erheblich verlängert ist. Dadurch wird nicht nur während der Vor-

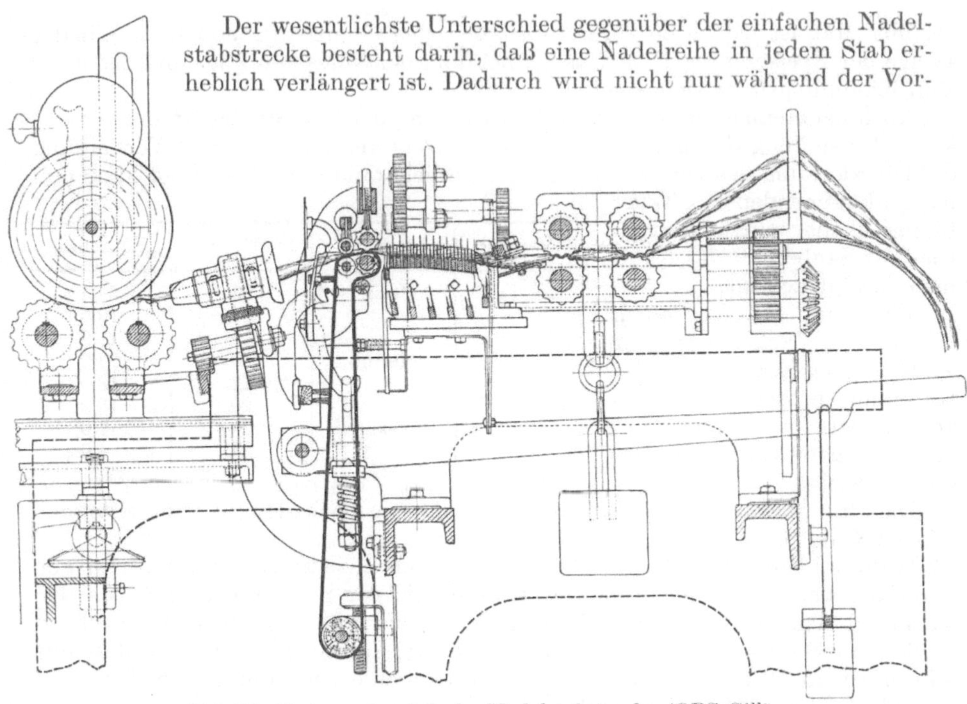

Abb. 31. Verbesserte einfache Nadelstabstrecke (OPS-Gill).

wärtsbewegung der Nadelstäbe die Sicherheit der Führung verbessert, sondern
auch beim Austritt der Nadeln aus dem Band ist auf diese Weise die Faserführung

Abb. 32. Doppelte Nadelstabstrecke (Topfstrecke).

näher an den Zylinderklemmpunkt herangebracht als bei den gewöhnlichen Konstruktionen, wodurch besonders die Gleichmäßigkeit des Bandes verbessert wird.

Eine gewisse Schwierigkeit besteht an der ersten Passage im Anschluß an die Kammstühle darin, das haltlose, zerlegte Band aus den Töpfen, in denen es vom Kammstuhl geliefert wird (siehe Abb. 30), dem Streckwerk der Maschine zuzuführen. Hier ist es zur Vermeidung von häufigen Bandbrüchen erforderlich, das Band über angetriebene Leitrollen zu führen, die vor allem verhindern müssen, daß das Band über die Topfränder gezogen wird. Aus Abb. 32 ist diese Anordnung der Leitrollen ersichtlich.

Die Maschine stellt eine im Anschluß an die Kammstühle zu verwendende Doppelnadelstabstrecke der Société Alsacienne dar. Diese erste Passage der Nachstrecken wird, da sie stets aus Töpfen gespeist wird, allgemein als Topfstrecke bezeichnet.

Die letzte, meist die dritte der Nachstreckpassagen bildet die letzte Bearbeitungsstufe des Kammzugbandes in der Kämmerei und wird deshalb als Finisseur bezeichnet. An dieser Stelle ist nicht nur die von Partie zu Partie einzuhaltende Gleichmäßigkeit der Bandstärke von Bedeutung, sondern auch die Länge des auf jeder Spule aufgewundenen Bandes. Da bei allen späteren Mischungen die Spule die kleinste und auch die handlichste Einheit bildet, ist es direkt Vorbedingung für die Exaktheit der nachfolgenden Mischungen, daß mit gleichmäßigen Spulengewichten gearbeitet werden kann. Die Finisseure sind deshalb mit Zählern ausgerüstet, die nach Aufwindung bestimmter Bandlängen die Maschine selbsttätig abstellen.

VI. Das Lissieren.

1. Zweck des Lissierens und Prinzip der Durchführung.

Anläßlich der Besprechung des Vorstreckens wurde dargelegt, daß das Wollhaar, das von den Krempeln kommt, nicht nur seine natürliche Kräuselung enthält, sondern bereits im Rohzustand, verstärkt infolge des Trocknungsprozesses, der auf die Lage des Wollhaares keine Rücksicht nehmen konnte, Krümmungen aufweist, die einer Verspinnung hinderlich sind. Alle den Krempeln folgenden Bearbeitungsstufen üben eine streckende Wirkung auf das Wollhaar aus, sei es, daß das Band zwischen zwei Zylinderpaaren verzogen wird, oder daß der Faserbart ausgekämmt wird. Das Wollhaar besitzt jedoch unter normalen Umständen in so hohem Maße Elastizität und Lebendigkeit, daß es sich allen Formänderungen gegenüber sehr ungefügig zeigt, und, wenn auch nicht vollkommen und nicht augenblicklich, nach allen Streckversuchen die alte Lage wieder annimmt, so doch die Tendenz zur Rückbildung in die gewohnte Lage weitgehend in sich behält. Diese Neigung des Haares kann man abschwächen und schließlich auch beseitigen durch lange Lagerung der Fasern in einem gespannten, gestreckten Zustand, wie er in der aufgewickelten Spule vorhanden ist. Zu einer wirkungsvollen Bekämpfung dieser Eigenschaft sind aber außerordentlich lange Zeiten erforderlich, und alle Fasern, die im Band nicht wirklich unter Spannung liegen, verlieren auch in größten Zeiträumen nicht ihre Krümmungstendenz.

Dagegen können alle diese Spannungen des Wollhaares in nassem Zustand leicht beseitigt und ungekrümmte Fasern gewonnen werden, die der Verspinnung keinen Widerstand entgegenstellen, wenn man ihnen beim Trocknungsprozeß die gewünschte Lage vorschreibt.

Aus diesem Grunde schaltet man — meist zwischen den Nachstrecken — ein nochmaliges Waschen und Trocknen des Kammzugbandes ein. Bei diesem Waschen ist die Säuberung des Wollhaares von untergeordneter Bedeutung, Hauptzweck ist eine gute Durchnetzung jedes einzelnen Haares, damit bei dem nachfolgenden Trocknen unter Spannung das Haar vollständig bildsam ist. Wird das Trocknen bei hoher Temperatur und großer Faserspannung durchgeführt, kann man hierbei nicht nur die zufälligen Krümmungen des Wollhaares, sondern bis zu einem gewissen Grade auch die natürliche Kräuselung, die das Wollhaar nach jeder Trocknung wieder anzunehmen bestrebt ist, beseitigen. Man erreicht dadurch zwar eine scheinbare Erhöhung der Faserlänge des betreffenden Kammzuges, verringert aber die Spinnfähigkeit, die in Abhängigkeit von dieser feinen Kräuselung steht, ganz abgesehen davon, daß man bei Anwendung zu hoher Trocknungstemperaturen auch dem Wollhaar schaden kann.

Eine Verschlechterung der Spinnfähigkeit tritt jedoch nicht ein, wenn die natürliche Kräuselung nur leicht gestreckt wird, vor allem nicht bei feinen Merinowollen, die eine überreiche Kräuselung besitzen. Hier wirkt sich diese leichte Streckung im Gegenteil günstig im Spinnprozeß aus, weshalb man mit der Trocknung einen „Plätteffekt" hervorruft. Die Maschine wird deshalb als Plätte oder Lisseuse bezeichnet.

Abb. 33. Lisseuse.

2. Die technologische Durchführung des Lissierens.

Der Waschprozeß wird an allen Lisseusenkonstruktionen in gleichmäßiger Weise durchgeführt. Es soll neben der Netzung der Fasern vor allem der wegen des Krempelprozesses erteilte Ölzusatz ausgewaschen werden. Die Kammzugbänder werden durch zwei bis drei kurze Waschbäder und nach jedem Bad durch Pressen geleitet.

Die Durchbildung des Trocknungsprozesses, der sich aus dem Plättvorgang bildete, erfolgte zunächst einheitlich nach dem Prinzip der Oberflächentrocknung. Man leitete die Kammzugbänder in gestrafftem Zustand über eine Anzahl mit Dampf beheizter, langsam rotierender Zylinder.

Um gleichzeitig eine möglichst große Anzahl Bänder nebeneinander verarbeiten zu können, kombinierte man die Lisseuse mit einer Nadelstabstrecke, deren hohe Verzugsfähigkeit eine bequeme Ablieferung von zwanzig und mehr Bändern in drei bis vier Spulen ermöglicht. Die Maschine, die sich so ergab, ist in Abb. 33 (Société Alsacienne) gezeigt.

Die in dieser Weise durchgeführte Oberflächentrocknung weist jedoch eine Anzahl Nachteile auf. Zunächst ist die Trocknung des Bandes und damit die Plättwirkung nicht für alle Teile des Kammzugbandes gleichmäßig. Die Fasern, die an den Außenseiten des Bandes liegen, werden stärker getrocknet als der Kern des Bandes.

Dabei werden die äußeren Fasern unter Umständen nicht nur übertrocknet, sondern sind auch der Gefahr einer Schädigung ausgesetzt, da sie in direkte Berührung mit den mit Dampf geheizten Zylindern kommen. In diesen äußeren Wollhaaren, die mit Temperaturen von mindestens 100° C in Berührung kommen, wird die Kräuselung weiter als zweckmäßig gestreckt, evtl. sogar „totgeplättet". Vor allem aber bilden die unvermeidlichen Stillstandzeiten der Maschine eine Gefährdung des Fasermaterials. Selbst bei kurzfristigem Stillsetzen der Maschine, was in keinem Arbeitsprozeß vermeidbar ist, erhöht sich die Auflagezeit der Fasern auf den heißen Zylindern um ein Vielfaches und hat Vergilbung und Elastizitätsverlust der betreffenden Wollhaare zur Folge. Die Schädigungen sind noch schwerwiegender, wenn die Bänder in den Pausen, die die Arbeitszeit der meisten Betriebe aufweist, auf den beheizten Zylindern bleiben. Selbst wenn die Dampfventile vor Beginn der Pausen geschlossen werden und gut abdichten, sind diese Schädigungen unvermeidlich, da die Temperatur der Zylinderoberflächen nur ganz allmählich sinkt. Die Kammzugbänder müssen deshalb vor allen Betriebsstillständen von der Maschine ablaufen, was den Wirkungsgrad dieses un-

Abb. 34. Lisseuse.

wirtschaftlichen Trocknungsvorganges weiter verschlechtert und keine Gewähr gibt, daß Schädigungen wirklich vermieden werden.

Man ging deshalb dazu über, die Trocknungstemperatur zu erniedrigen, und durch Vergrößerung der Heizfläche den Trocknungseffekt und damit die Arbeitsgeschwindigkeit der Maschine aufrechtzuerhalten bzw. noch zu verbessern.

Die Erniedrigung der Trocknungstemperatur erreichte man durch Ummantelung der Heizrohre. Die Maschine, die so entstand, ist in Abb. 34 (Société Alsacienne) wiedergegeben.

Die Schädigungsgefahr für die Fasern ist auf diese Weise verringert, aber nicht beseitigt. Bestehen geblieben ist die Ungleichmäßigkeit der Trocknung innerhalb der Bandquerschnitte. Ebenso ist die strahlende Wärme dieser Maschine eine starke Belästigung der Umgebung, und der Dampfverbrauch ist bei dieser Oberflächentrocknung nach wie vor außerordentlich groß. Die beiden letzten Übelstände suchte man dadurch zu bessern, daß man die Heizwalzen in ein Gehäuse einbaute, aus dem die Luft abgesaugt wird. Damit ist die Wärmebelästigung der Umgebung vermieden, und der Dampfverbrauch für die Trocknung wird verringert, da der Wärmeübergang verbessert ist. In gewissem Sinne weicht diese Maschine schon vom Prinzip der Oberflächentrocknung ab, da Luft zwischen den Heizwalzen hindurchgesaugt wird und zur Trocknung der Wolle beiträgt.

Da auch diese Maschine die Schädigungsmöglichkeiten der Fasersubstanz noch nicht völlig ausschaltet, versuchte man die Oberflächentrocknung vollkommen zu verlassen und zum Prinzip der Lufttrocknung überzugehen. Eine derartige Konstruktion ist in den Abb. 35 und 36 in Schnitt und Ansicht wiedergegeben (Schlumberger).

Die Kammzugbänder werden hier ebenso in gespanntem Zustand über rotierende Zylinder geleitet, die aber per-

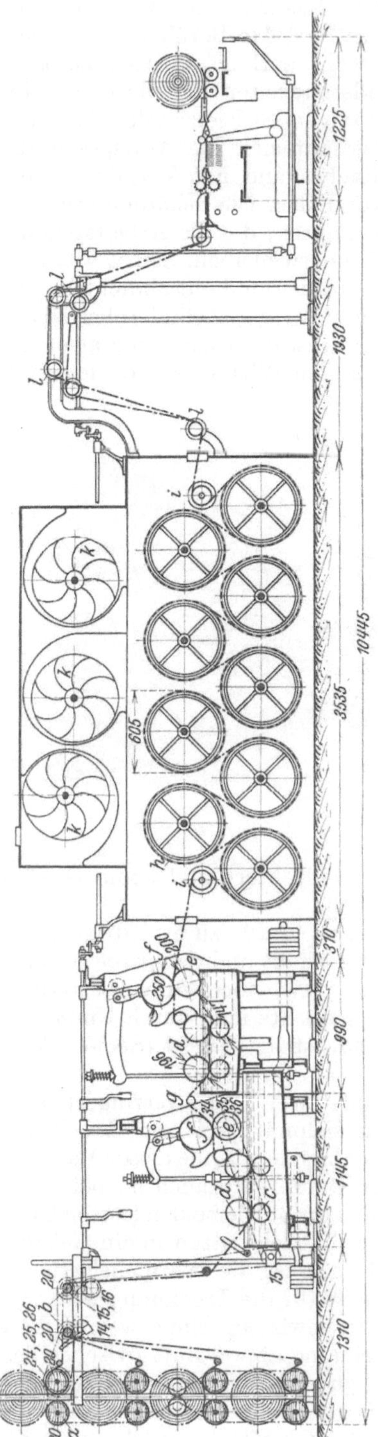

Abb. 35. Lufttrockenmaschine.

Abb. 36. Lufttrockenmaschine.

foriert sind und nicht mit Dampf, sondern mit Warmluft beheizt werden. Die Luft wird durch die Kammzugbänder hindurchgedrückt und bis zu einem wirtschaftlich bedingten Sättigungsgrad im Kreislauf geführt.

Die Maschine vermeidet alle Schädigungsmöglichkeiten der normalen Lisseuse und arbeitet wirtschaftlicher als diese. Sie hat jedoch den Nachteil, daß der eigentliche Plätteffekt nicht in dem Maße erzielt werden kann wie bei der Oberflächentrocknung. Die Führung des Luftstromes bewirkt, daß die natürliche Kräuselung sich vollständig wieder bildet und nur die zufälligen Krümmungen der Fasern beseitigt werden. Die Maschine besitzt deshalb dort, wo man bestrebt ist, der Faser die Kräuselung zu erhalten, ihren Hauptwert, während sie sich vor allem bei der Verarbeitung von feinsten Merinowollen mit starker Kräuselung gegenüber der Lisseuse mit Oberflächentrocknung und indirekt beheizten Trockenflächen, infolge des von dieser Maschine erreichten besseren Plätteffektes, nicht hat durchsetzen können.

Spinnerei.

I. Vorspinnerei.

Stellten schon das Kämmen, das Strecken und Lissieren Arbeitsvorgänge dar, die lediglich die Kammgarnherstellung benötigt, so gilt das in gleichem Maße von den gesamten Arbeitsprozessen der Vorspinnerei. Die Kosten dieser vor der eigentlichen Spinnerei eingeschalteten Arbeitsstufe sind jedoch — auf ein Kilo Garn bezogen — noch erheblich höher als die des Kämmens, da für eine Einheit der Vorspinnerei 7 bis 11 Maschinen erforderlich sind, und der Arbeitsprozeß, je nach den zu verarbeitenden Qualitäten, 4 bis 6 Tage benötigt.

Dieses große Opfer an Investierungs- und Produktionskosten muß in der Kammgarnspinnerei gebracht werden wegen der hohen Anforderungen an die Gleichmäßigkeit, Glätte und Festigkeit des Gespinstes. Diese Eigenschaften sind nicht zu erreichen mit Hilfe von Zerteilungen des Kammzugbandes oder eines Krempelflores, wie das in der Streichgarnspinnerei möglich ist, sondern erfordern das Prinzip des Verziehens und Doublierens, das bereits auf den Kämmereistrecken angewendet wird. Mit Hilfe dieses Verfahrens ist das Kammzugband allmählich in eine Feinheit überzuführen, die ein Aufstecken auf die Spinnmaschine ermöglicht.

Durch das Verziehen könnte man die gewünschte Feinheit in 2 bis 3 Arbeitsprozessen erzielen. Es ist jedoch noch die Aufgabe zu erfüllen, alle Ungleichheiten im Zugband auszugleichen, die dadurch entstehen, daß selbst in modernen Kämmereien die Nummerhaltung des Zugbandes schon infolge von Feuchtigkeitsdifferenzen nicht den Anforderungen genügen kann, die an die Gleichmäßigkeit des fertigen Fadens gestellt werden. Außerdem — und das ist der wichtigste Faktor — werden in der Kammgarnspinnerei die Standardqualitäten durch Mischung verschiedener Kammzüge hergestellt. Lediglich einzelne Zuglose zu verarbeiten, ist in den meisten Fällen unmöglich, da der Charakter der meisten Garne nur durch Mischung von Zügen verschiedener Provenienz oder Feinheit gewonnen werden kann. Und da in jedem Wollzuchtgebiet schon infolge der Witterungsschwankungen die einzelnen Schuren nicht restlos identisch sind, muß diese Mischung der einzelnen Kammzuglose in hohem Maße anpassungsfähig sein. Die Schurschwankungen dürfen sich auf die Garnqualitäten nicht übertragen. Das hat zur Folge, daß — wenn auch nur zu Korrekturzwecken — Züge verschiedener Kämmereien miteinander gemischt werden müssen. Abgesehen davon, daß diese Bänder von verschiedenen Kämmereien hinsichtlich ihrer Stärke noch mehr differieren als Bänder der gleichen Kämmerei, erfüllt diese Mischung, die den Charakter der Standardqualität gewährleisten soll, nur dann ihren Zweck, wenn sie absolut vollkommen ist, das heißt, wenn sie in jedem Fadenquerschnitt das gleiche Mischungsverhältnis der Fasern aufweist, das die Gesamtmischung theoretisch ergibt.

Dieser Anspruch an die qualitative Homogenität des Kammgarnfadens zwingt zu der Maßnahme, eine ganz außerordentlich hohe Doublierung in der Vorspinnerei zu verwenden. Bei feinen Qualitäten doubliert man 10 bis 20000fach. Da nun aber die Hauptaufgabe der Vorspinnerei die Verfeinerung des Kammzugbandes ist, muß man in jedem Arbeitsvorgang etwas mehr verziehen als man doubliert. Dem Verzug sind auf jeder Strecke Grenzen gesetzt, die von der Güte der Führung aller kurzen Fasern abhängen. Überschreitet man diese Verzugsgrenzen, so erhält man ein stelliges Band, und der Zweck dieses Arbeitsvorganges ist verfehlt. Es ergibt sich somit aus dieser technischen Gebundenheit die obenerwähnte Tatsache, daß der Effekt der Vorspinnerei sich nur in 7 bis 11 Einzelstufen erreichen läßt.

Diesen die Vorspinnerei verteuernden Mischungsprozeß in eine vorhergehende Produktionsstufe zu verlegen, in der diese Mischungen ohnehin vorgenommen werden müssen, ist nicht nur deshalb unmöglich, weil in den meisten Fällen erst der Kammzug das den Spinnereien zur Verfügung stehende Ausgangsmaterial ist, sondern schon dadurch, daß sich aus keiner der vorhergehenden Produktionsstufen — gewaschene Wolle, Krempelband usw. — exakt die Beschaffenheit des Kammzugbandes und demzufolge das Mischungsverhältnis vorher bestimmen läßt.

Es ist daher allgemein die Aufgabe der Vorspinnerei geblieben, außer der Verfeinerung des Kammzugbandes eine möglichst große Durchmischung zu erzielen.

Zur Lösung dieser Aufgabe haben sich mit dem Beginn der maschinellen Kammgarnspinnerei verschiedene Methoden entwickelt. Die Durchbildung dieser Vorspinnsysteme ist zwar territorial verschieden erfolgt, aber unabhängig von geographischen Begriffen muß man das französische, englische oder deutsche Verfahren wählen, je nach der Wollqualität, die man zu verarbeiten beabsichtigt.

Bei allen Wollen, deren Kräuselung dem Band in jeder Verarbeitungsstufe der Vorspinnerei so viel Halt gibt, daß es die Spule beim Ablauf ziehen kann, ohne an Gleichmäßigkeit einzubüßen oder gar zu reißen, wird man das französische Verfahren wählen, das darauf verzichtet, dem Band Drehung zu geben, sondern sich mit „falschem Draht" zur Erhöhung der Haltbarkeit des Bandes begnügt.

Bei den gröbsten Wollen dagegen, die gar keine oder nur minimale Faserkräuselung besitzen, ist es nötig, dem Band, damit es die ablaufende Spule ziehen kann, wirkliche Drehung zu geben. Diese Drehung wird mittels des später zu erörternden Prinzips der Flügelspinnerei erteilt. Das Band erhält dabei durch angetriebene Flügelspindeln Drehung und hat dann die Festigkeit, die lose auf der Spindelachse sitzende, zu bewickelnde Spule nachzuziehen.

Beide Methoden sind jedoch nicht anwendbar für gewisse mittlere Cheviotqualitäten. Hier genügt zwar auf den meisten Passagen der falsche Draht, jedoch gegen das Ende der Verfeinerung ist die Kräuselung nicht mehr ausreichend, um einen einwandfreien Spulenablauf zu gewährleisten. Andererseits ist auch das zweite Vorspinnverfahren gerade in den Endpassagen nicht anwendbar, da hier trotz der Drehung, die wegen der Weiterverarbeitung nicht über gewisse Grenzen gesteigert werden kann, das bei diesen Qualitäten auf feinere Nummern ausgesponnene Band nicht die Festigkeit besitzt, die zu bewickelnde Spule, ohne an Gleichmäßigkeit einzubüßen, nachzuziehen. Man muß bei solchen Qualitäten dieser Spule einen gesonderten Antrieb geben. Dieser Antrieb war, da die Wickelgeschwindigkeit bei kleinem und großem Durchmesser gleich bleiben muß, als

Differentialantrieb durchzubilden. Dieses dritte Vorspinnverfahren, das in Deutschland entwickelt wurde, ist demzufolge eine Kombination aus dem zuerst genannten französischen und dem zweiten englischen Verfahren, dessen Prinzip in den Endpassagen verwendet wird, allerdings mit einer aus ihm weiterentwickelten Maschine.

A. Das französische Vorspinnverfahren.

Wie oben bereits angedeutet, ist es dadurch gekennzeichnet, daß es auf eine Drehungsgebung verzichtet und dem Band lediglich durch falschen Draht eine Verbesserung seiner von der gegenseitigen Reibung der gekräuselten Fasern herrührenden Festigkeit gibt.

Durchgeführt wird der Arbeitsvorgang des Verziehens und Doublierens auf zwei Maschinentypen, den Nadelstab- und Nadelwalzenstrecken, die ihre Benennung nach dem Organ erhalten haben, das innerhalb des Streckwerkes die Führung der Fasern übernimmt.

Die Nadelstabstrecken sind prinzipiell die gleichen Maschinen, die in der Kämmerei verwendet werden. In der Vorspinnerei werden sie heute allgemein als Doppelnadelstabstrecken gebaut, das heißt zwischen den langsam laufenden Einführungs- und den schnell laufenden, den Verzug bewirkenden Lieferzylindern, ist das Band nahezu auf der gesamten Länge von durch von oben und von unten einstechende Nadeln geführt, die sich etwa mit der Geschwindigkeit, mit der die Hinterzylinder das Band einziehen, vorwärts bewegen.

Bei den Nadelwalzenstrecken dagegen erfolgt diese Führung nur an einer einzigen Stelle — in der Nähe der Lieferzylinder —, indem dort das Band über eine benadelte Walze läuft, die jede Einzelfaser so lange führen soll, bis sie vom Klemmpunkt der Lieferzylinder gefaßt ist.

Aus diesem rein prinzipiellen Vergleich der beiden Führungsorgane geht schon hervor, daß die Führung des Bandes durch ein Nadelstabfeld eine viel vollkommenere sein muß als durch eine Nadelwalze. Besonders muß dieser Unterschied in Erscheinung treten, solange die zu verziehenden Bänder noch annähernd die Stärke des Kammzugbandes haben. Bei so starken Bändern kann die Nadelwalze nicht die Gewähr für ein vollkommenes Erfassen aller Fasern geben. Es wird sich hierbei stets ein Teil des Bandes ihrem Eingriff entziehen. Bei schwachen Bändern dagegen werden sich die Fasern besser in die Nadelwalze einlegen, wodurch bereits die Verwendungsbereiche der beiden Maschinengruppen umrissen sind. Da die Nadelwalzenstrecke die einfachere und billigere Maschine ist, suchte man früher ihr Anwendungsgebiet möglichst auch auf die Anfangspassagen auszudehnen und benutzte nur 1 bis 2 Nadelstabstrecken als erste Maschinen. Heute hat man dagegen mehr und mehr erkannt, daß nicht nur die qualitative Leistung der Nadelstabstrecke, sondern auch ihr rein wirtschaftlicher Effekt günstiger ist, da sie höhere Verzüge und Doublierungen gestattet. Infolgedessen ist sie mehr und mehr auch als dritte und sogar vierte Passage in die Vorspinnsortimente eingedrungen.

Im einzelnen gestaltet sich die Arbeitsweise der beiden Maschinentypen wie folgt.

1. Die Arbeitsweise der Nadelstabstrecken.

a) Das Verziehen.

Die Erörterung dieses Arbeitsvorganges kann wie gesagt auf die Doppelnadelstabstrecken beschränkt werden. Während das Nadelfeld nur zur Führung der Fasern dient, wird der eigentliche Verzug wie bei allen Streckwerken durch zwei

Zylinderpaare bewirkt, die mit verschiedener Umfangsgeschwindigkeit laufen und durch deren Klemmpunkte die Faserbänder geführt werden.

Von der Durchbildung dieser Klemmpunkte hinsichtlich Druck und Oberflächenbeschaffenheit ist — abgesehen von dem gegenseitigen Abstand — die Exaktheit des Verzuges in erster Linie abhängig. Die Anforderungen an diese Klemmpunkte sind verschieden, je nach der Stärke des zu verziehenden Bandes, nach der Schnelligkeit der Arbeitsweise und nach dem Verwendungszweck als Einführungs- oder als Verzugszylinder.

Die Wirkungsweise der Einführungszylinder ist schon infolge ihrer niedrigeren Umfangsgeschwindigkeit — bei 4- bis 8fachen Verzügen $^1/_4$ bis $^1/_8$ der Geschwindigkeit der Lieferzylinder — leichter einwandfrei zu gestalten als die der Verzugszylinder. Die von ihnen zu erfüllende Forderung ist lediglich ein vollkommenes Festhalten aller im Klemmpunktsquerschnitt befindlichen Fasern.

Je größer die Faserzahl ist, um so höherer Druck ist im Klemmpunkt anzuwenden. Eine Überschreitung der erforderlichen Größenordnung dieses Druckes ist, so lange sie in mäßigen Grenzen bleibt, unbedenklich. Erst ganz wesentliche Überdrücke führen zu Zerschneidungen des Bandes. Man kann deshalb in allen Fällen einen Druck wählen, der reichlich ist für das stärkste zu verarbeitende Faserband.

Ein einwandfreies Festhalten aller Fasern im Klemmpunkt wäre jedoch im französischen Vorspinnverfahren selbst bei Anwendung von außerordentlich hohen Drucken nicht zu erreichen, wenn man glatte Eisenzylinder verwenden würde. Die Oberflächenbeschaffenheit der Zylinder muß die Wirkung des Druckes unterstützen. Und zwar genügt es, die Hinterzylinder mit einer — je nach dem Verwendungszweck hinsichtlich Bandstärke und Faserfeinheit — gröberen oder feineren Riffelung zu versehen.

An dem Vorderzylinder ist zwar infolge des Verzuges der Querschnitt des Faserbandes schwächer, somit der zum Festhalten benötigte Druck geringer, aber es handelt sich hier nicht um ein einfaches Festklemmen des gesamten Faserpaketes, sondern jede einzelne Faser, deren Spitze in den Klemmpunkt gelangt, muß aus der Masse der übrigen Fasern, mit der sie in vielen Kräuselungen innig verschlungen ist, herausgezogen werden. Daher ist dieser Klemmpunkt nach anderen Gesichtspunkten durchzubilden als der der Hinterzylinder. Erschwert wird sein einwandfreies Arbeiten noch dadurch, daß das Führungsorgan, das die kurzen Fasern davor bewahrt, vorzeitig zwischen die Abzugszylinder gezogen zu werden, möglichst dicht bis an den Klemmpunkt herangebracht werden muß. Der Durchmesser der Verzugszylinder muß deshalb aufs äußerste beschränkt werden. Dieser Beschränkung stehen besondere Schwierigkeiten dadurch entgegen, daß die Höhe der Belastung, die zur Erzielung eines einwandfreien Verzuges anzuwenden ist, im allgemeinen über 150 Kilo pro Zylinder beträgt. Da das Eigengewicht der Oberzylinder nur einen geringen Bruchteil dieses Druckes betragen kann, ist es nötig, sie mit Gewichtsbelastung auszurüsten. Die Belastungsgewichte werden durch Anwendung großer einseitiger Hebelarme in erträglichen Grenzen gehalten.

Um das Gesamtgewicht lediglich auf den Klemmpunkt wirken zu lassen, werden die Lager der Oberzylinder, die infolge der hohen Geschwindigkeiten konstruktiv gut durchgebildet sein müssen, in vertikalen Schlitzen geführt.

Die größte Schwierigkeit stellt die Erlangung der richtigen Oberflächenbeschaffenheit der Zylinder dar. Zunächst genügt keine gewöhnliche Riffelung mehr, sie muß, um ein gleichmäßiges Erfassen aller Faserspitzen über den gesamten Querschnitt des Bandes zu erreichen, schwach schraubenförmig geführt werden. Die Schraubenlinie der Riffelung bringt außerdem den Vorteil, daß die Arbeit der Zylinder nicht ruckweise erfolgen kann.

Aber selbst diese Durchbildung der Riffelung gewährleistet noch kein exaktes Erfassen aller Faserspitzen, die in den Klemmpunkt gelangen. Es ist nötig, diesen Klemmpunkt elastisch auszubilden. Zu diesem Zwecke legt man durch ihn ein endloses Laufleder, das im allgemeinen den Unterzylinder umschließt. Die Fasern werden dann vom Oberzylinder an das Leder gedrückt, das sich den Riffelungen anschmiegt. Erst mit diesen Hilfsmitteln wird ein einwandfreies Abziehen der Fasern erreicht.

Würde man an Stelle des Laufleders einen belederten Zylinder verwenden, so würde die Elastizität und damit die Griffigkeit des Klemmpunktes nicht den zu stellenden Anforderungen genügen.

Die Verwendung eines großen, um den Unterzylinder rotierenden Laufleders bringt außerdem den Vorteil, daß keine Wickel am Unterzylinder entstehen können. Fasern, die in die Zylinderriffelungen hineingedrückt werden, neigen sehr dazu, vor allem, wenn die Zylinder mit einem Hauch von Fett oder Feuchtigkeit überzogen sind, an diesen haften zu bleiben, weitere Fasern nach sich zu ziehen und sich um den Zylinder zu wickeln. An den Lieferzylindern des Streckwerks müssen sich diese Wickelbildungen besonders unangenehm auswirken, weil die Zylinder verhältnismäßig schnell laufen und in wenigen Augenblicken sich Wickel von großer Stärke bilden können, was besonders gefährlich ist, da — wie oben dargelegt — die Nadelstäbe bis dicht an die Zylinder herangeführt werden müssen. Es würden also an den Nadelstabstrecken Wickelbildungen an den Lieferzylindern außerordentlich viel Stillstand und Reparaturen zur Folge haben. Der große Umfang des Laufleders schwächt nun den Durchmesser des Wickels, der sich in der Zeiteinheit bilden kann, ganz erheblich ab. Außerdem können an das Leder Putzbürsten angedrückt werden, die es ständig von mitgeführten Fasern befreien und ein Umlaufen von Wickeln um das Leder im allgemeinen verhüten. Nur verlangen diese Abstreichbürsten gute Sauberhaltung, da größere Faseranhäufungen sich von Zeit zu Zeit durch die Bürste hindurcharbeiten und dann auf dem Leder wieder an den Vorderzylinderklemmpunkt und so als Verunreinigung in das Band gelangen können. Infolge dieses Nachteils verbindet man die Abstreichbürsten häufig mit Putzwalzen, die an das Leder angedrückt und von diesem angetrieben werden. Diese Putzwalzen greifen zwar nicht so gut wie Abstreichbürsten, haben aber den Vorteil, daß sich alle von ihnen ergriffenen Fasern als ein Flor um sie wickeln und nicht wieder in das Fasergut gelangen können.

Außer diesen Ansprüchen an die Sauberhaltung stellt die Verwendung von Laufledern noch einige Forderungen hinsichtlich der Wartung an die Bedienung. Vor allem muß das Leder gleichmäßig gespannt sein. Sobald die untere Leitrolle des Leders, die verstellbar ist, ungleichmäßig angespannt ist, sucht sich das Leder seitlich zu verschieben, wodurch es sich an den Rändern beschädigt. Die Lebensdauer der Leder, die im allgemeinen ein halbes Jahr beträgt, kann dadurch und durch unsachgemäßes Anspannen wesentlich beeinträchtigt werden.

Den Oberzylinder, der schon dadurch weniger den Wickelbildungen ausgesetzt ist, daß die Fasern leichter am Leder als am Metall haften bleiben, sucht man weiterhin noch zu schützen, indem man knapp hinter dem Klemmpunkt einen Führungszylinder anbringt, der das Band auf das Leder niederdrückt. Außerdem werden auf den Oberzylinder belastete Bürsten aufgedrückt, die alle Ansätze zu Wickelbildungen beseitigen. Eine Anordnung, die die Vorderzylinder besonders gut gegen Wickelbildungen zu schützen sucht, ist in Abb. 37 wiedergegeben, die den Schnitt durch eine Nadelstabstrecke von Schlumberger darstellt.

Verwendet man die Nadelstabstrecke zur Verarbeitung schwächerer Bänder, etwa als vierte Passage, so sind an den Klemmpunkt der Verzugszylinder nicht

mehr die enorm hohen Forderungen zu stellen wie bei der Verarbeitung der
starken Anfangsbänder. Infolgedessen leisten einige Konstruktionen auf die
Laufleder Verzicht und begnügen sich mit der Elastizität, die ein mit Filz und
Pergamentpapier überzogener Oberzylinder erteilt. Zur Verbesserung der Griffigkeit des Klemmpunkts legt man jedoch in diesen Fällen zwei Unterzylinder unter
den befilzten Zylinder. Man erreicht damit, daß man den ersten Unterzylinder
im Durchmesser sehr schwach halten und nahe an das Nadelfeld heranbringen
kann. Trotzdem ist dieser doppelte Unterzylinder nur ein Notbehelf, da das Band
nur dann absolut gleichmäßig werden kann, wenn der erste Klemmpunkt die gesamte Arbeit leistet. Und wenn er das tut, ist der zweite überflüssig.

Es ist diese Bauart in Abb. 38 (Fabrikat Schlumberger) veranschaulicht.

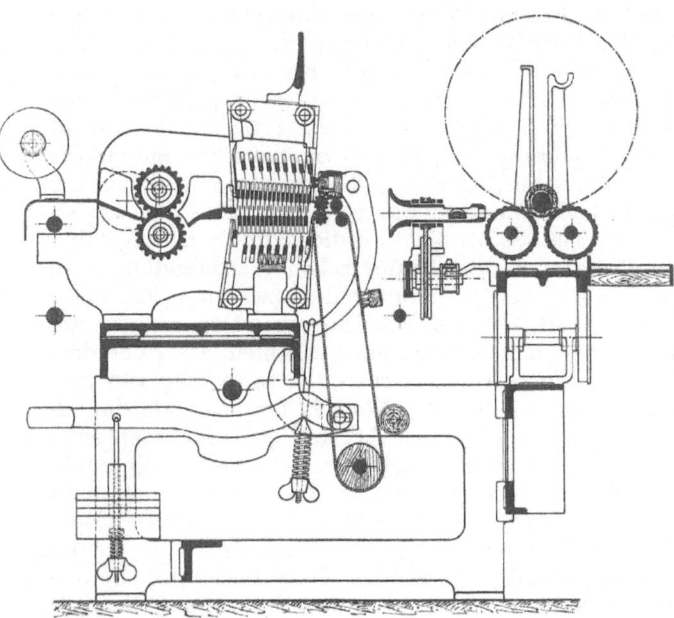

Abb. 37. Doppelnadelstabstrecke.

Außer den beiden
den Verzug bewirken-
den Zylinderpaaren ist
an einigen Doppelnadel-
stabstrecken noch ein
Führungszylinderpaar
zwischen Hinterzylin-
dern und Nadelfeld an-
gebracht, dessen Um-
laufgeschwindigkeit nur
so viel gegenüber den
Hinterzylindern erhöht
ist, daß keine Anstau-
ung des Bandes zwischen
beiden Zylinderpaaren
eintreten kann. Man ver-
wendet diese Führungs-
zylinder einesteils dann,
wenn man sehr starke
Bandquerschnitte den
Maschinen vorlegt — in
diesem Falle bringt man
zwischen den beiden Zy-
linderpaaren einen be-
sonderen Führungstisch an —, vor allem jedoch bei Streckwerkskonstruk-
tionen, in denen das obere Nadelfeld kürzer ist als das untere. In diesen Fällen
kann man ein Ausweichen kurzer Fasern nach oben dadurch verhüten, daß man
die schwachen Führungszylinder sehr nahe an den Einstichpunkt des unteren
Nadelfeldes heranbringt und den Klemmpunkt der Führungszylinder etwas
tiefer als den Grund der Nadelstäbe legt.

Das Nadelfeld selbst bewegt sich wie gesagt mit annähernd der Geschwindigkeit der Hinterzylinderlieferung vorwärts. Sie darf jedoch nicht ganz erreicht
werden, damit der Einstich der Nadeln nicht in ein gestrafftes, sondern in ein
gelockertes Band erfolgt, dessen Fasern den Nadeln seitlich ausweichen können
und einen Einstich bis auf den Grund der Nadelstäbe ermöglichen.

Die Bewegung der unteren und oberen Nadelstäbe wird durch doppelgängige
Schrauben kommandiert, in denen die Stäbe beiderseitig laufen. Am Ende der
Schrauben befinden sich hammerartige Ansätze, die die unteren Stäbe nach
unten, die oberen nach oben schlagen, wo sie durch Federdruck in rückläufige
Schrauben hineingedrückt und durch diese zurückgeführt werden, um an deren
Ende wieder durch eine Schlagbewegung in das Kammzugband eingestochen

und gleichzeitig in die vorlaufenden Schrauben gedrückt zu werden. Damit in diesem Kreislauf der Nadelstäbe nicht nur 50% der Stäbe gleichzeitig arbeiten, was der Fall wäre, wenn die vor- und die rückläufigen Schrauben die gleiche Schraubenhöhe hätten, verwendet man für die rückläufigen Schrauben ein steileres Gewinde. Auf diese Weise können ständig etwa ⅔ aller Nadelstäbe arbeiten. Dieser komplizierte Bewegungsmechanismus legt der Arbeit der Nadelstabstrecken gewisse Begrenzungen hinsichtlich der Geschwindigkeit auf. Die Zahl der Nadelstabschläge läßt sich im Dauerbetrieb kaum über 600 je Minute steigern, ohne die Maschinenstillstände unverhältnismäßig zu erhöhen.

Die einwandfreie Wirkungsweise der Nadelfelder hängt in hohem Maße davon ab, daß die Nadeldichte richtig gewählt ist. Generell kann man sagen, daß die Nadeldichte um so größer sein muß, je schwächer man die Nadelfelder mit Wolle belegt. Verwendet man für ein dickes Band sehr enge Benadelung, so wird man dem Verzug zu großen Widerstand entgegensetzen, und ein Teil der vom Vorderzylinder erfaßten Fasern wird zerrissen werden. Andererseits wird ein sehr feines Band durch eine weite Nadelstellung zu wenig Halt finden, es werden kurze Fasern von langen mit durch das Nadelfeld gezogen werden und somit stellige Bänder entstehen. Man muß also bei der

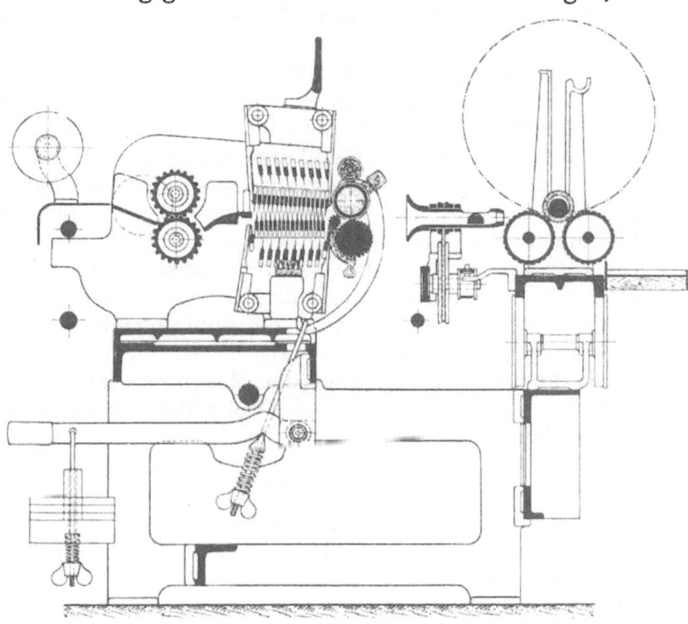

Abb. 38. Doppelnadelstabstrecke.

Benadelung Rücksicht darauf nehmen, an welcher Stelle man die Maschine verwenden will. In den ersten Passagen der französischen Vorbereitung schwankt die Nadeldichte etwa von 3 bis 5 Nadeln je 1 cm Stablänge.

Unabhängig von der eingeführten Bandstärke ist jedoch in jedem Streckwerk in der Nähe des schnellaufenden Vorderzylinders, der die Fasern aus der Lunte herauszieht, der Querschnitt des Faserbandes geringer als in der Nähe der Einführungszylinder. Diese Abnahme, die am Ende des Verzugsfeldes eine verstärkte Führung der Fasern, einen besseren Halt gegen das Mitgerissenwerden verlangt, läßt sich konstruktiv nicht einfach durch Verwendung verschiedener Benadelung korrigieren. Um in diesem letzten, wichtigsten Teil des Streckfeldes jedoch den Fasern den gleichen Halt wie im Anfang zu geben, läßt man in verschiedenen Konstruktionen die Nadeln am Anfang nur wenig und nach dem Vorderzylinder zu immer tiefer in das Faserband einstechen, indem man die Führungsschienen der Nadelstäbe nicht parallel, sondern gegeneinander geneigt ausführt (siehe Abb. 37 und 38). Außerdem läßt man, wie oben schon angedeutet, wenn man ein Nadelfeld sehr stark mit Wolle belegen will, zweckmäßig die oberen Nadeln erst später als die unteren in das Band einstechen, führt also das obere Nadelfeld kürzer als das untere aus. Die Wirksamkeit der Führung leidet hierunter nicht. Ausschlaggebend für diese Wirksamkeit ist dagegen, wie oben anläßlich der Erörterung der gebräuchlichen Verzugszylinderdurchmesser dargelegt wurde, der Abstand des Nadelfeldes vom Vorderzylinderklemmpunkt. Dieser wird, abgesehen von der äußersten Beschränkung der Zylinderdurchmesser, weiterhin noch dadurch verringert, daß die Benadelung innerhalb des Stabprofiles weitgehendst nach vorn — also nach den Lieferzylindern — verlegt wird. Auf diese Weise wird es erreicht, daß die Entfernung vom Nadelfeld zum effektiven Vorderzylinderklemmpunkt praktisch nur etwa 15 mm beträgt, also im allgemeinen kleiner ist als die kürzesten auf dem Kammstuhl im Zug belassenen Fasern. Es können sich demnach der Führung des Nadelfeldes nur die wenigen kurzen Fasertrümmer entziehen, die dem Kammstuhl entgangen sind oder nachträglich erst entstanden.

Dieser minimale Abstand von Nadelstäben und Zylindern bzw. Laufleder bedeutet allerdings auch eine Gefahr für die Betriebssicherheit der Maschine. Selbst kleinste Wickel an dieser Stelle können bereits zu Verklemmungen von Stäben und eventuell zu Beschädigung der Nadeln führen. Um diese Gefahr herabzumindern, versieht man die Nadelfeldantriebe mit sehr schwachen Sicherungsstiften, so daß bei kleinen Widerständen, bereits ehe Bruchschäden auftreten können, der gesamte Kopf stillgesetzt wird.

Die gute Faserführung im Nadelfeld gestattet ein außerordentlich intensives Arbeiten der Verzugszylinder. Trotz Verwendung starker Bandquerschnitte kann mit 8- bis 10fachem Verzug noch ein völlig gleichmäßiges Band erzielt werden. Da das Nadelfeld sich nur etwa mit der Hinterzylindergeschwindigkeit bewegt, läßt sich die Leistungsfähigkeit der Maschine direkt proportional dem Verzug steigern. Es empfiehlt sich also, die hohe Verzugsfähigkeit der Nadelstabstrecke in vollem Maße auszunutzen.

b) Das Doublieren.

Die Höhe der Doublierung, die man anzuwenden beabsichtigt, ist maßgebend für die Teilung der Maschine, da die Stärke der Bandauflage in den Nadelfeldern begrenzt ist.

Die erste Hauptaufgabe der Doublierung, das Ausgleichen der Bandgewichte, kann erfolgreich nur gelöst werden, wenn schwache und starke Bänder systematisch zusammengebracht werden. Hierzu ist es nötig, das Bandgewicht je Meter an allen Spulen wenigstens einer Maschine festzustellen. Um diese Arbeit zu vereinfachen, stattet man diese Maschine mit Zähler und selbsttätiger Abstellvorrichtung aus, so daß sich auf sämtlichen Spulen die gleiche Bandlänge befindet und die Spulen lediglich gewogen und dann im richtigen Verhältnis aufgesteckt werden müssen. Im allgemeinen benützt man die zweite Passage als „Abwiegestrecke", da auf der ersten Passage infolge der Mischungserfordernisse häufig noch zu viel Ungleichheiten bestehen.

Das Aufstecken von 8 bis 10 Kammzugspulen je Kopf macht selbst bei engster Maschinenteilung keine Schwierigkeiten, da man gesonderte Aufsteckständer verwendet. Man bildet diese Aufsteckständer zweckmäßig als Abrollrahmen aus, da von der einwandfreien Führung und Behandlung der Bänder in starkem Maße das Produkt der Vorspinnerei abhängig ist. Wenn man Kammzugspulen, die keine Hülse enthalten, auf Aufsteckspindeln steckt, sind häufige Bandbeschädigungen nicht zu vermeiden. Ein Abrollrahmen dagegen ermöglicht einen fehlerfreien Ablauf bis ans Spulenende, eine gleichmäßige Führung der Bänder und eine gute Zugänglichkeit der Maschine. Abb. 39 zeigt die übliche Anordnung der Abrollrahmen in einer Ausführung von Schlumberger.

Unbedingt empfiehlt es sich, Abrollrahmen zu verwenden bei Verarbeitung von Wollqualitäten mit wenig Kräuselung. Hier würde das ungedrehte Kammzugband, wenn es die auf eine primitive Aufsteckspindel gesteckte Spule nachziehen müßte, leicht schnittige Stellen erhalten, während bei Verwendung von Abrollrahmen die Geschwindigkeit des Abrollens so eingestellt werden kann, daß das Band zwischen Spule und Hinterzylinder keiner Zugbeanspruchung ausgesetzt ist. Es hat lediglich sein Eigengewicht zu tragen, das man durch genügend Führungsrollen in regulierbaren Größen halten kann.

Beeinflußt wird der Spulenablauf weiterhin durch die Art der Aufwindung der Spule auf der vorhergehenden Passage. Und hierbei kommen wir zum generellen Kennzeichen der französischen Vorbereitung, zum „falschen Draht".

c) Die Bildung des falschen Drahtes.

Ein Band, dessen Fasern nur parallel nebeneinander liegen, wird zwar durch die Faserkräuselung einen gewissen Halt gegen Zerreißen haben, der jedoch bedeutungslos werden kann, wenn das Band auf der Spule an anderen Windungsschichten anliegt und die Fasern infolge der Kräuselung ebenso bestrebt sind, an diesen haften zu bleiben. Es wird demzufolge bei vollkommen offenen Bändern beim Ablauf von der Spule häufig ein „Splittern" eintreten. Und zwar wird dieses Splittern um so leichter in Erscheinung treten, je weniger das Band vorher rein mechanisch zusammengedrückt wurde. Es haben also an den feinsten

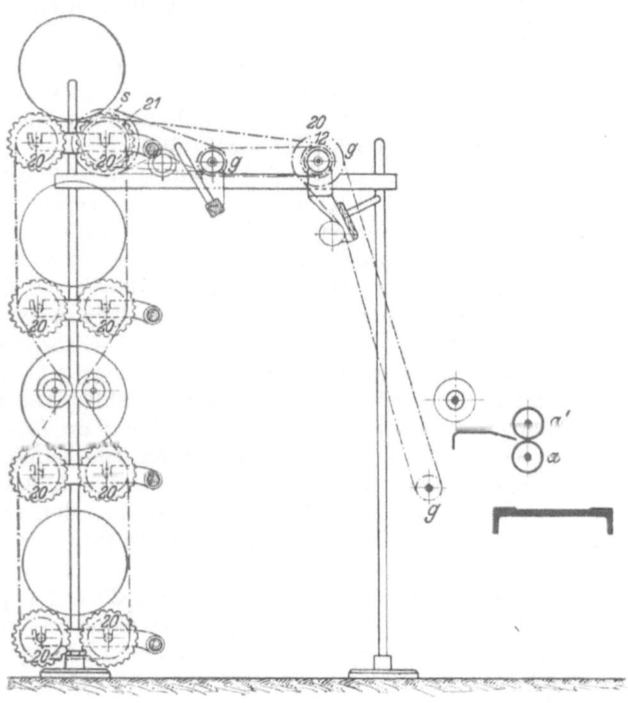

Abb. 39. Abrollrahmen.

Passagen mit dem niedrigsten Druck die Schutzmaßnahmen gegen diesen Fehler die größte Bedeutung. Trotzdem ist man bereits an den ersten Nadelstabpassagen gezwungen, in irgendeiner Form die Geschlossenheit des Bandes durch falschen Draht zu erhöhen. Im allgemeinen verwendet man hierzu Drehtrichter, d. h. enge, profilierte Bandführungen, die abwechselnd nach rechts und links rotieren und so dem Band Rechts- und Linksdrehung erteilen. Da man diese Drehtrichter unmittelbar vor der zu bewickelnden Spule anbringt, bleibt diese wechselweise Drehung dem aufgewickelten Band erhalten. Es hat nahezu die Geschlossenheit eines losen Gespinstes. Die gegenläufige Drehung löst sich erst auf, wenn das Band längere Strecken, als einseitig Drehung gegeben wurde, frei hängt. Das ist der Fall vor dem Einlauf ins Streckwerk der nachfolgenden Maschine. An dieser Stelle muß die Drehung unbedingt beseitigt sein, da im Streckwerk eine innige Durchmischung mit den Fasern der übrigen Bänder stattfinden muß und außerdem die Drehung dem Verzug zu großen Widerstand entgegensetzen würde.

Man darf demzufolge die Drehtrichter nur so lange in der gleichen Richtung laufen lassen, daß ein Aufdrehen der Bänder vor dem Einlauf ins Streckwerk der nachfolgenden Passage mit Sicherheit gewährleistet ist.

d) Das Aufwinden der Spule.

Außer der Drehungserteilung beeinflußt den Spulenablauf die Art der Aufwindung der Spule. Die Aufwindung erfolgt auf eine zylindrische Holz- oder Preßspanspule. Diese wird mit Hilfe einer durchgesteckten Eisenspindel und zusätzlicher Gewichtsbelastung auf eine oder zwei geriffelte Wickelwalzen gedrückt und durch diese mit gleichbleibender Umfangsgeschwindigkeit mitgenommen und bewickelt. Die Wickelgeschwindigkeit muß die Liefergeschwindigkeit des Streckwerks um Bruchteile von Prozenten übertreffen, damit das Band unter Spannung auf die Spule gelangt. Wickelt man lose, ist die Spule außerordentlich empfindlich gegen Beschädigungen, und die Neigung der Bänder, aneinander zu haften, wird begünstigt. Dieser minimale Verzug ist jedoch nicht einheitlich festzulegen, sondern ist abhängig von der Qualität, insonderheit der Kräuselung der zu verarbeitenden Wolle.

Um dem Aneinanderhaften der Bänder weiterhin entgegen zu wirken, werden die Spulen allgemein in Kreuzwindung aufgewunden. Da das Band vor der Mitte des Nadelfeldes zusammengezogen werden muß und nicht seitlich bewegt werden kann, ist hierzu erforderlich, die Wickelvorrichtung, den Spulenwagen, seitlich hin und her zu führen. Die Größe dieser Bewegung, d. h. die Spulenlänge, ergibt sich aus der Teilung der Maschine bzw. der Breite der Nadelfelder. Die Bewegung selbst muß ungleichförmig sein, da eine gleichförmige Bewegung gerade an den Umkehrpunkten, an denen das Band besonderen Gefährdungen ausgesetzt wird, lose Aufwindung geben würde. Diesen Fehler hat man allgemein durch Verwendung zweier exzentrisch sitzender Räder im Antrieb des Spulenwagens ausgeglichen. Die Wickelgeschwindigkeit an den Umkehrpunkten ist dadurch erhöht und eine feste Aufwindung auch an diesen Stellen gewährleistet. Vielfach hat man mit dem Antrieb des Spulenwagens den der Drehtrichter verbunden, da auf diese Weise für die Umkehr der Drehtrichterbewegung keine gesonderte Konstruktion nötig ist. Weil jedoch hierbei der Umkehrpunkt der Kreuzwindung und der Drehtrichter der gleiche ist, hat diese Verquickung den Nachteil, daß gerade an den Umkehrpunkten der Kreuzwindung, die die beanspruchten Ober- und Unterseiten der Spule ergeben, keine Drehung im Band ist. Es ist deshalb zu empfehlen, einen gesonderten Drehtrichterantrieb zu verwenden, der die losen Umkehrpunkte der Drehrichtung in das Innere der Spule verlegt.

e) Das Schmelzen.

Für die als erste Passage laufende Nadelstabstrecke ist als Besonderheit noch der Einbau der Schmelzvorrichtung anzuführen. Es ist notwendig, wie es bereits auf der Krempel der Fall war, die Fasern für die häufige Verzugsbeanspruchung geschmeidig zu machen. Wie vor der Krempel, wo überschüssige Feuchtigkeit und Öl der Wolle als Schutzmittel gegen die hohe mechanische Beanspruchung zugesetzt wurden, ist auch am Beginn der Vorspinnerei eine Erhöhung des inzwischen auf den Lisseusen verringerten Fettgehaltes sowie der Feuchtigkeit erforderlich. Die Erhöhung der Feuchtigkeit gilt noch einem weiteren Zweck: der Ableitung der in der Wollfaser durch die Reibung entstehenden Spitzenelektrizität, durch deren Wirkung die sich abstoßenden Faserenden dem Band einen rauhen, borstigen, der Verspinnung feindlichen Charakter geben.

Der Zugabe beider Hilfsmittel sind Grenzen gezogen durch die Neigung feuchter oder stark fettiger Fasern, sich um die Zylinder zu wickeln. Ebenso ist es infolge der häufigen innigen Berührungspunkte mit Metallflächen nur möglich, einen Bruchteil des Fettzusatzes der Faser zu geben, mit dem die Streichgarnspinnerei arbeiten kann. Der Fettzusatz liegt im allgemeinen unter einem Prozent des Wollgewichtes. Auch ist es in der Vorspinnerei nicht möglich, das Fett in grober Tropfenform dem Fasermaterial beizugeben, wie es an den Trockenmaschinen der Wäscherei ohne Schwierigkeit gehandhabt werden kann. Die von solchen Öltropfen getroffenen Fasern würden, wozu auf der Krempel keine Möglichkeit besteht, in der Vorspinnerei sofort die Bildung von Wickeln einleiten. Um das Öl in feinster Verteilung dem Fasermaterial zusetzen zu können. führt man es im allgemeinen in eine wässerige Emulsion über, so daß man gleichzeitig mit dem Fettgehalt den Wassergehalt der Fasern erhöht. Zur Herstellung dieser „Schmelze" verwendet man im Interesse ihrer Auswaschbarkeit keine mineralischen, sondern feine vegetabilische Öle. Ferner ist wichtig, für die Erhaltung der Emulsion keine die Wolle angreifenden Alkalikonzentrationen zuzusetzen, sondern diesen Zusatz so unschädlich wie nur möglich — am besten durch Verwendung von Ammoniak — zu bemessen.

Die Konstruktionen, die die Schmelze auf die Wolle übertragen, müssen ein Absitzen der Emulsionen verhüten und eine weitgehende Verteilung ermöglichen. Das Absitzen der Emulsion wird mittels primitiver Rührwerke in den über der Maschine angeordneten Schmelzbehältern verhindert. Die Verteilung auf das Fasermaterial wird meist durch einfache rotierende Walzen, die in die Schmelzbehälter eintauchen, bewirkt. An diese leicht mit Schmelze überzogenen Walzen drückt man vielfach Abstreichbleche an, die in feine Spitzen auslaufen, von denen die Schmelze auf das Band tropfen kann, oder man verwendet Bürstwalzen, von denen man die Emulsion durch Abstreichen auf das Faserband spritzen läßt.

Damit diese Tröpfchen, ehe sie von den Fasern aufgesogen sind, im Streckwerk nicht zu Wickelbildungen führen, bringt man die Schmelze erst nach dem Verlassen des Streckwerkes, sofort nach dem Verlassen des Lieferzylinderklemmpunktes, auf das Faserband. An dieser Stelle hat man außerdem den Vorteil, daß die Fasern noch nicht wieder zu einem engen Band zusammengeführt, sondern noch auf die Arbeitsbreite des Nadelfeldes verteilt sind. Die Schmelze gelangt auf diese Weise sofort in das Innere des sich wieder schließenden Bandes.

Wichtig ist fernerhin, daß bei Stillsetzung der Maschine das Abtropfen der Schmelze sofort selbsttätig unterbleibt. Nur so ist es möglich, den Prozentsatz der Schmelze im Band, wenn auch nur annähernd, konstant zu halten. Je nach dem Mischungsverhältnis der Emulsion bringt man im allgemeinen in das Kammzugband etwa 3 bis 5% Schmelze, deren Wasseranteil bereits innerhalb der Vorspinnereipassagen annähernd quantitativ wieder verloren wird. Der letzte Rest und darüber hinaus ein Teil der ursprünglich im Kammzugband enthaltenen Feuchtigkeit geht später im Spinnprozeß verloren, worauf an anderer Stelle noch einzugehen ist.

f) Konstruktive Besonderheiten.

Da das Nadelfeld mit seinen Bewegungsmechanismen der komplizierteste und der am meisten zu Betriebsstörungen Veranlassung gebende Teil der Maschine ist, hat man seiner Zugänglichkeit in neuerer Zeit besondere Aufmerksamkeit geschenkt.

Zunächst haben heute alle Konstruktionen die Köpfe als einzeln abstellbar durchgebildet, wodurch bei Reparaturen nicht mehr Stillstände der ganzen Maschine hervorgerufen werden. Treten Verklemmungen oder andere Störungen im Bewegungsmechanismus der Nadelstäbe auf, so ist deren Beseitigung an

Maschinen älteren Systems äußerst zeitraubend. Das untere Nadelfeld kann hier nur zugängig gemacht werden durch Herausnahme der Stäbe des oberen Feldes, was bei Verklemmungen häufig nur durch Abbau des gesamten Oberteiles möglich ist. Aus diesem Grunde haben sämtliche Konstruktionen heute Lösungen gesucht, die eine bequeme Zugängig-

Abb. 40. Kopf der Doppelnadelstabstrecke geschlossen.

Abb. 41. Kopf der Doppelnadelstabstrecke geöffnet.

keit beider Nadelfelder gestatten. Eine gewisse Vereinfachung bedeutete schon die z. B. von der Société Alsacienne gebaute Verkürzung des oberen Nadelfeldes. Dadurch ergab sich die Möglichkeit, die Stäbe des unteren Feldes unabhängig vom oberen herauszunehmen. Jedoch bei vielen Betriebsstörungen war auch hiermit nicht geholfen. So ging man dazu über, das obere Nadelfeld entweder schwenkbar oder parallel zum unteren abhebbar anzuordnen. Abb. 40 und 41 zeigen die Köpfe der Nadelstabstrecke von Schlumberger in geschlossenem und geöffnetem Zustand. Aus Abb. 40 ist auch die Überführung der Nadelstäbe durch Hämmer in die rückläufigen Schrauben besonders gut ersichtlich. Während bei diesen Konstruktionen die Nadelfelder im geöffneten Zustand nur einzeln mit Handrad bewegt und

Abb. 42. Kopf der Doppelnadelstabstrecke geöffnet.

nur bei einer ganz bestimmten Stellung der unteren und oberen Hämmer geschlossen werden können, gingen einzelne Hersteller so weit, die Verbindung des Antriebes von unterem und oberem Nadelfeld auch bei geöffnetem Kopf bestehen zu lassen, so daß auch der offene Kopf maschinell angetrieben laufen kann, und beim Schließen keine Einregulierung der Hammerstellung erforderlich ist. In Abb. 42 ist eine derartige von Krupp durchgebildete Konstruktion, die in den Maschinen der Deutschen Spinnereimaschinenbaugesellschaft eingebaut ist, wiedergegeben.

Um die Arbeitsweise aller Verzugsorgane möglichst frei von ruckhaften Bewegungen zu halten, ist man heute fast allgemein zur Verwendung geschnittener Antriebsräder evtl. sogar mit Schrägverzahnung übergegangen.

2. Die Arbeitsweise der Nadelwalzenstrecken.

a) Das Verziehen.

Aus der eingangs gegebenen Darlegung des Arbeitsprinzips der Nadelwalzenstrecke ergab sich bereits, daß die durch sie gewährleistete Führung des Faserbandes der der Nadelstabstrecke nicht gleichwertig ist. Die schwersten Nachteile des Nadelwalzenstreckwerkes sind folgende:

1. Die kurzen Fasern können im Streckwerk nach Verlassen des Klemmpunktes der Eingangszylinder so unregelmäßig, wie es der Zufall ergibt, von langen, bereits vom Lieferzylinder erfaßten Fasern mitgerissen werden, bis sie an die Nadelwalze gelangen. Erst dort wird das „Schwimmen" beendet.

2. Während mit Hilfe von Nadelstäben die Faserführung bis dicht an den Lieferzylinder erfolgen kann, vergrößert sich bei Verwendung von Nadelwalzen der schädliche Abstand etwa um die Länge des Walzenradius.

3. Die Gefahr, daß sich Fasern dem Eingriff der Nadeln entziehen und über ihre Spitzen hinweggleiten, ist selbst durch die Anordnung eines Führungszylinderpaares dicht vor der Nadelwalze nicht restlos zu beheben und ist um so größer, je stärker die Belegung der Nadelwalze mit Wolle ist.

4. Die Fasern, die sich in den Grund der Walzenbenadelung einlegen, werden mit geringerer Geschwindigkeit geführt als die oberen, da innen und außen die Umfangsgeschwindigkeit unterschiedlich ist. Dieses ungleichmäßige Heranbringen der Lunte an den Verzugszylinderklemmpunkt muß sich um so schwerwiegender auswirken, je länger die Nadeln sind, der Fehler ist also bei der Verarbeitung starker Bänder am größten.

5. Während es bei den Nadelstabstrecken leicht war, Einstich und Austritt der Nadeln aus dem Band rechtwinklig zur Faserlage erfolgen zu lassen, ist es bei Verwendung einer Walze nur möglich, entweder den Einstich oder den Austritt in den richtigen Winkel zu bringen. Da es am wichtigsten ist, daß beim Austritt der Nadeln die Fasern nicht von ihnen mitgezogen werden, hat man die Nadeln nicht radial auf die Walzen gesetzt, sondern so weit — etwa 30° — der Drehrichtung entgegen geneigt, daß sie beim Verlassen des Faserbandes keine störenden Wirkungen auf die Fasern ausüben. Diese Neigung der Nadeln hat jedoch zur Folge, daß die Nadeln nahezu parallel zur Faserlage an das Band herankommen und sich erst im Band selbst aufrichten. Hängen nun die Fasern des Bandes durch die Kräuselung und infolge der Zugbeanspruchung innig zusammen, so begünstigt diese Nadelbewegung die Neigung der Fasern, über die Nadelspitzen hinweg zu gleiten.

6. Trotz des senkrechten Austrittes der Nadeln aus dem Band haben kurze Fasern, da dieser Austritt nicht schlagartig wie beim Nadelstab erfolgt, die Tendenz, an der Nadelwalze hängen zu bleiben. Da nun die Faserführung nur auf die Länge von wenigen Zentimetern erfolgt, kann bereits eine schwache Verschmutzung der Walze, die das Nadelfeld an einer Stelle füllt, ihre Wirkung illusorisch machen. Besonders gefährlich sind diese Verschmutzungen, da die Walze durch den Lieferzylinder gegen Einsicht nahezu vollständig gedeckt ist.

Diese Schwächen der Nadelwalzenstrecken haben bewirkt, daß sie in den Anfangspassagen mehr und mehr — teilweise schon bis zur 4. Passage — von der Nadelstabstrecke verdrängt wurden. Daß sie sich weiterhin behauptet hat, liegt an der Einfachheit und damit der relativen Billigkeit der Maschine. Diese ließen es in Kauf nehmen, nur etwa die Hälfte des Verzuges, den die Nadelstabstrecke ermöglicht, diesem Streckwerk zumuten zu können. Außer dieser schwachen Verzugsleistung ist auch die Liefergeschwindigkeit der Maschine bei etwa ⅔ der Leistung der Nadelstabstrecke begrenzt.

Außer der Herabsetzung der Beanspruchung sucht man die qualitativen Schwächen dieser Faserführung noch dadurch zu vermindern, daß man zwischen Hinterzylinder und Nadelwalze ein oder zwei Paar Führungszylinder einlegt. Die Belastung dieser Klemmpunkte gestaltet man so, daß sie den Durchzug der vom Lieferzylinder erfaßten Fasern leicht gestatten, jedoch „schwimmende" Fasern weitgehend zurückhalten.

Die durch die Nadelwalze bedingte Vergrößerung des schädlichen Abstandes zwischen Faserführung und Lieferzylinderklemmpunkt sucht man durch schwache Dimensionierung von Walze und Unterzylinder zu verringern. Das gelingt am besten bei den Endpassagen, die nur noch dünne Faserlunten verarbeiten und demzufolge nur wenig Druckbelastung an den Klemmpunkten benötigen. Hier lassen sich die Durchmesser so schwach halten, daß sie bei mittellangen Merinowollen mit einigermaßen ausgeglichenem Stapel keine stelligen Bänder verursachen.

Ebenso gilt von den übrigen Fehlern der Nadelwalze, der ungleichen Führung innen und außen, dem mangelnden Schutz gegen Ausweichen der Fasern und der Störung der Bänder durch den schrägen Nadeleintritt, daß sie auf den Endpassagen — bei Verarbeitung ganz schwacher Bänder — ziemlich bedeutungslos werden, daß dagegen auf den mittleren Passagen bei starken Walzendurchmessern und starken Bändern keine Möglichkeiten bestehen, ihre Auswirkungen zu beseitigen.

Als Folge hiervon ergibt sich, daß die Gleichmäßigkeit des Faserbandes, die nach dem Verlassen der Nadelstabstrecken sehr gut ist, auf den ersten Nadelwalzenstrecken abnimmt und sich erst auf den letzten Passagen wieder bessert.

Die Verschmutzungsgefahren der Nadelwalze sucht man auf allen Passagen gleichmäßig dadurch zu verringern, daß scharf greifende Bürstwalzen von unten gegen die Nadelwalzen gedrückt werden. Außerdem muß ihre Sauberkeit ständig von Nadelwalzenputzerinnen überwacht werden.

Eine besondere Schwierigkeit bildet der Antrieb der Nadelwalzen. Die vom Verzugszylinder erfaßten Fasern suchen, solange sie von der Nadelwalze gehalten werden, diese mitzuziehen. Das kann, besonders bei den dünnen Walzen der Endpassagen, zu Zuckungen der Nadelwalzen führen und somit schnittige Bänder verursachen. Es haben sich demzufolge eine Reihe Konstruktionen des Nadelwalzenantriebs entwickelt, die teils mit Belastung, teils mit Friktion dieser Neigung entgegenwirken.

Die Ausführung der Nadelwalzen selbst hinsichtlich Nadellänge, -stärke und -dichte richtet sich nach der Stärke und Faserfeinheit des zu verarbeitenden Bandes. Die Anzahl der Nadeln je qcm z. B. für ein Merinosortiment nimmt von etwa 10 an der gröbsten Strecke zu bis etwa 50 an den Endpassagen.

Die eigentlichen Verzugsorgane im Nadelwalzenstreckwerk sind wesensgleich denen der Nadelstabstrecke. Dem sich verfeinernden Faserband entsprechend kann ihre Dimensionierung von Passage zu Passage verringert werden. So genügt am Hinterzylinderklemmpunkt das Eigengewicht eines glatten eisernen Oberzylinders, der auf einem fein geriffelten Unterzylinder läuft. Den Vorderzylinderklemmpunkt muß man wie auch bei den Nadelstabstrecken elastisch durchbilden. Man erreicht die Elastizität durch Verwendung befilzter und mit

Pergamentpapier bewickelter Oberzylinder. Das Pergamentpapier erfüllt dabei lediglich den Zweck, eine glatte Oberfläche herzustellen, an der keine Fasern haften können.

Die Sicherheit der Fasermitnahme sucht man bei den ersten Nadelwalzenpassagen, den Grobstrecken, dadurch zu erhöhen, daß man unter dem Oberzylinder zwei Unterzylinder anordnet. Diese Konstruktion wurde bereits anläßlich der Besprechung der feinsten Nadelstabstrecken, die sie übernommen haben, als ein Notbehelf bezeichnet. Es muß vom ersten Klemmpunkt verlangt werden, daß er die gesamte Verzugsarbeit leistet. Der zweite darf nicht mehr verziehen, sondern nur durch die zwangsläufige Weiterleitung der Fasern dem ersten die Arbeit erleichtern. Die Verdoppelung des Unterzylinders gibt die Möglichkeit, den ersten auch an diesen groben Passagen so schwach zu halten, daß der schädliche Abstand auf ein erträgliches Maß reduziert wird. Der in den Klemmpunkten erforderliche Druck wird durch die gleiche Gewichtsbelastung mit Hebelübertragung wie an den Nadelstabstrecken erzeugt. Da der Klemmpunkt hinsichtlich Griffigkeit nicht an einen mit zwischengelegtem Laufleder heranreicht, ist der Druck entsprechend höher zu halten. Für die Grobstrecken ergibt sich auf diese Weise die Notwendigkeit, bis zu 300 kg Druck je Kopf anzuwenden. Dieser Druck kann mit der abnehmenden Bandstärke reduziert werden, so daß auf den Endpassagen ein Kopf noch etwa mit 40 kg zu belasten ist.

Wie die Nadelwalzen so verlangen auch die Vorderzylinder dieses Streckwerks eine besonders sorgfältige Sauberhaltung. Die Gefahr der Wickelbildung ist durch den Wegfall des Laufleders wesentlich vergrößert. Aus diesem Grunde werden an die Unterzylinder mittels Hebelbelastung griffige Bürsten angedrückt. Ebenso hält man die Oberzylinder durch Bürsten sauber, hat hier jedoch räumlich die Möglichkeit, mit den Bürsten Putzwalzen zu kombinieren, die alle von den Bürsten sich losreißenden Faseranhäufungen aufnehmen können.

b) Das Doublieren.

Durch die Begrenzung der Verzugsfähigkeit der Nadelwalzenstrecken ist gleichfalls die Doublierungsmöglichkeit begrenzt. Bei dem 4fachen Verzug kann man, da eine Verfeinerung der Bänder erreicht werden muß, eine 2- bis 3fache Doublierung nicht überschreiten. Infolge dieser schwachen Doublierung ist die Unterbringung der aufzusteckenden Spulen auf einem direkt mit der Maschine verbundenen Aufsteckgatter möglich. Die Spulen werden durch den Zug des Einzugszylinders abgewickelt. Ihr Lauf ist deshalb möglichst reibungslos zu gestalten. Besonders bei den feineren Passagen ist es erforderlich, dem Spulenablauf Beachtung zu schenken, damit kein Verzug der Bänder vor Eintritt in das Streckwerk stattfindet. Man läßt zu diesem Zweck die Aufsteckspindeln in kleinen Porzellanpfannen laufen.

Die Wirksamkeit der Doublierung wird noch dadurch erhöht, daß man die Bewickelung der Spulen in Form von Doppelbändern durchführt und die einzelnen Bänder beim Einlauf in das Streckwerk systematisch kreuzt.

c) Die Erteilung des falschen Drahtes.

Schwieriger als an den Nadelstabstrecken gestaltet sich bei der Verarbeitung der mehr und mehr verfeinerten Bänder die Erzielung einer zum Spulenablauf genügenden Bandfestigkeit. Die Wirksamkeit von Drehtrichtern ist bei schwachen Bändern unzureichend. Das flach und breit aus dem Streckwerk kommende Faserband muß in einen runden und so stark verdichteten Querschnitt überführt werden, daß jede Faser bei Zugbeanspruchung an der Kräuselung der Nachbarfasern einen kräftigen Halt findet. Einen solchen Bandquerschnitt kann man, nachdem die Fasern durch eine Führungsplatte auf einen schmalen Bandquerschnitt zusammengezogen sind, durch eine „frottierende" Bewegung er-

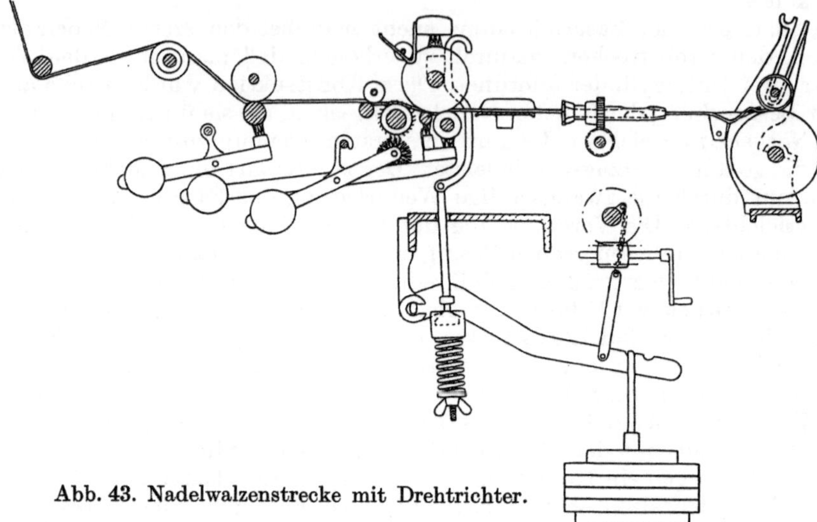

Abb. 43. Nadelwalzenstrecke mit Drehtrichter.

reichen, in der Weise, wie man ein Band durch Reiben zwischen den Händen in einen verdichteten und runden Querschnitt überführen kann.

Da jedoch das Band nicht nur derartig gerieben, sondern auch mit der Liefergeschwindigkeit der Verzugszylinder weitergeleitet werden muß, verwendet man

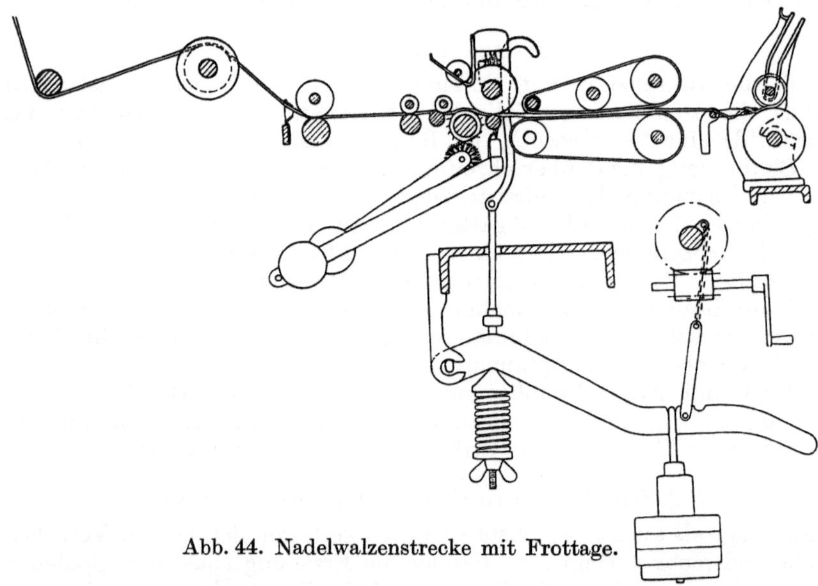

Abb. 44. Nadelwalzenstrecke mit Frottage.

Nitschelwerke, die beide Bewegungen ausführen, d. h. man läßt besonders gerauhte und evtl. geriffelte Lauflederpaare, die zwischen Streckwerk und Aufwindemechanismus eingeschaltet sind, etwa mit der Geschwindigkeit der Streckwerkslieferung rotieren und gleichzeitig eine rasch hin und her gehende Bewegung ausführen, wodurch dem zwischen ihnen laufenden Band Führung, Verdichtung und Rundung erteilt wird.

Eine Gegenüberstellung von Drehtrichterverwendung und Nitschelung ist in Abb. 43 und 44 (Fabrikat Deutsche Spinnereimaschinenbaugesellschaft) gegeben, die gleichzeitig die gesamte Arbeitsweise der Nadelwalzenstrecken veranschaulichen.

Die Drehtrichterverdichtung (Abb. 43) genügt im allgemeinen bei den ersten Passagen nach den Nadelstabstrecken. Der schädliche Abstand ist hierbei durch doppelten Unterzylinder verkleinert. Zwischen Einführungszylinder und Nadelwalze genügt 1 Führungszylinderpaar, das in unmittelbarer Nähe der Nadelwalze angeordnet ist, um ein Ausweichen des Bandes zu verhindern.

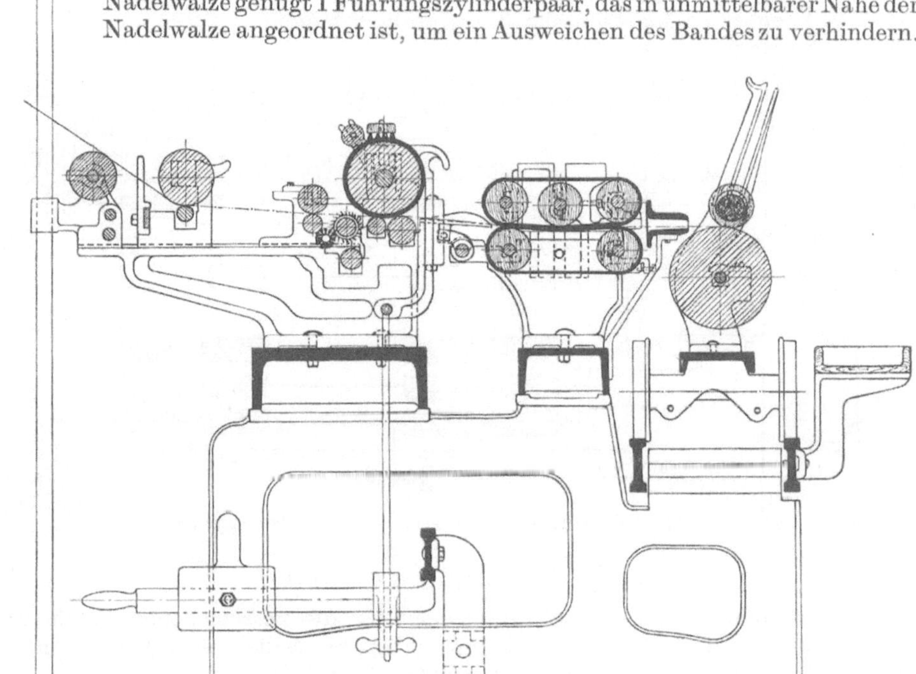

Abb. 45. Nadelwalzenstrecke mit Frottage und Drehtrichtern.

Außerdem gibt die Skizze ein Bild von der Anordnung und der außerordentlichen Höhe der Belastung des Vorderzylinderklemmpunktes. Dieses große Gewicht macht eine Entlastung der Auflageflächen bei längeren Maschinenstillständen nötig, wenn nicht eine frühzeitige Zerstörung der elastischen Oberfläche der Oberzylinder erfolgen soll. Die übliche Anordnung der Entlastungsvorrichtung geht ebenfalls aus der Zeichnung hervor.

Abb. 44 dagegen gibt das Schema der Arbeitsweise einer Nadelwalzenstrecke mit Nitschelwerk. Daß es sich hier um eine Verarbeitungsstufe mit bereits weiter verfeinertem Band handelt, ist aus der Anordnung des Vorderzylinderklemmpunktes ersichtlich, wo nur ein Unterzylinder mit verhältnismäßig kleinem Durchmesser verwendet ist.

In vielen Fällen, wenn Wollen verarbeitet werden, für die die Verdichtung des Drehtrichters nicht genügt, ist es erforderlich, bereits auf den ersten Nadelwalzenstrecken Nitschelung vorzunehmen. Es ergibt sich dann der in Abb. 45 wiedergegebene Maschinentyp.

Es ist diese Maschine in England von Hall and Stells gebaut, wo man in neuerer Zeit·auch zur Herstellung von Vorspinnmaschinen des französischen Systems übergegangen ist.

Die Aufwindung des Bandes erfolgt an allen diesen Maschinentypen prinzipiell in der gleichen Weise wie an den Nadelstabstrecken, nur kann man sich hier im allgemeinen mit einer einzigen geriffelten Wickelwalze je Spule begnügen. Man wählt auch hier Kreuzaufwindung, um den Ablauf möglichst vorteilhaft zu gestalten. Lediglich an der letzten Passage, der Feinstrecke, wendet man bei feingekräuselten Wollen vielfach zylindrische Aufwindung an und verkürzt bei wachsendem Durchmesser die Windungslänge, wodurch eine konische Spulenform entsteht.

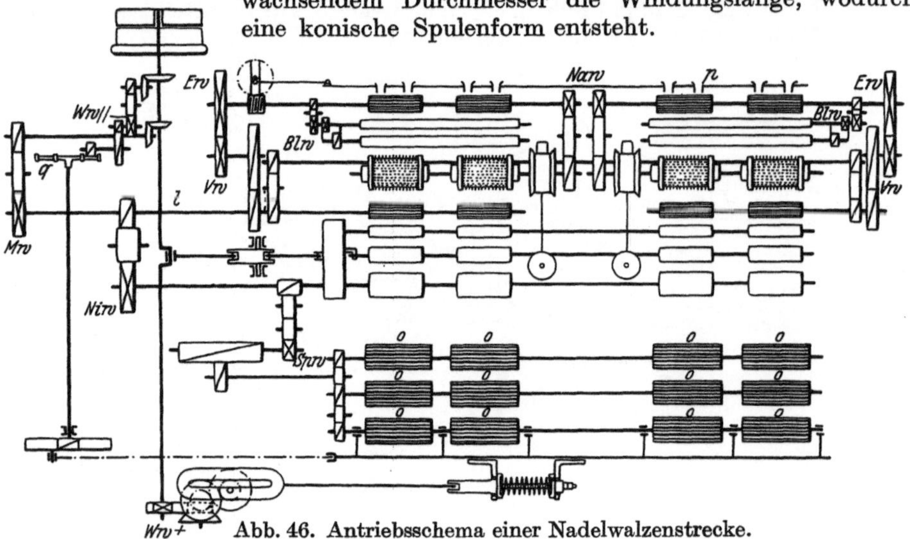

Abb. 46. Antriebsschema einer Nadelwalzenstrecke.

d) Konstruktive Besonderheiten.

Während man bei den Nadelstabstrecken für die verschiedenen Feinheitsstufen keine gesonderte Benennung kennt, haben die Nadelwalzenstrecken ihrer Verwendungsstelle entsprechend die folgenden Einzelbezeichnungen:

1. Grobstrecke (Erste Strecke)	5. Vorfeinstrecke (Grobfrotteur)
2. Grobstrecke (Zweite Strecke)	6. Vorfeinstrecke (Mittelfrotteur)
3. Halbgrobstrecke (Réunion)	7. Vorfeinstrecke (Feinfrotteur)
4. Zwischenstrecke (Chûte)	8. Feinstrecke (Finisseur).

Wie aus dieser Aufstellung hervorgeht, werden Grob- und Vorfeinstrecke im allgemeinen für mehrere sich folgende Passagen verwendet, wodurch sich durch Vorschaltung von 3 Nadelstabstrecken für 1 Sortiment 11 Passagen ergeben, von denen allerdings meist — je nach der zu verarbeitenden Qualität und Feinheitsnummer — 1 bis 2 weggelassen werden können.

Der Antrieb der einzelnen Arbeitsorgane ist für Nadelstab- und Nadelwalzenstrecken in ziemlich übereinstimmender Weise gelöst, er verfeinert sich lediglich mit der zunehmenden Bandfeinheit. In Abb. 46 ist das Antriebsschema einer Feinstrecke dargestellt (Fabrikat Deutsche Spinnereimaschinenbaugesellschaft).

Die Maschine ist symmetrisch gebaut, d. h. alle Wellen des Streckwerks sind in der Mitte durchgeteilt und gleichmäßig von beiden Seiten angetrieben, wodurch erstens alle Einflüsse der Torsion verringert werden, und zweitens die Maschine für Rechts- und Linksantrieb verwendbar ist.

Aus dem Schema sind vor allem folgende Einzelheiten ersichtlich.

Direkt angetrieben werden die Vorderzylinder. Die Geschwindigkeit ist zwar veränderlich (Mw), aber bei Verzugswechsel ist die Hinterzylindergeschwindigkeit (Vw) zu ändern, so daß die Meterlieferung der Maschine von der Größe des Verzuges nicht beeinflußt wird.

Die Nadelwalzen sind gegen ein Mitgerissenwerden und Voreilen durch Bremsen geschützt.

Das Streckwerk ist von 200 bis auf 300 mm Länge zwischen den Klemmpunkten verstellbar.

Der Antrieb der Nitschelung erfolgt für die seitliche Bewegung mittels eines Kurbeltriebes ohne Wechselmöglichkeit, dagegen ist die Liefergeschwindigkeit der Nitschelleder in begrenztem Umfang regelbar (Nw).

Abb. 47. Feinstrecke.

Der Aufwindungsvorgang ist zunächst für Kreuzwindung eingerichtet und wird durch eine Zahnstangenschleife bewirkt. Auch hier ist die Querbewegung nicht regelbar, lediglich die Stöße können durch Anspannung einer starken Feder gemildert werden. Die Abzugsgeschwindigkeit ist dagegen (Spw) veränderlich, damit die Spannung der Lunte und die Festigkeit der Spule dem Fasermaterial angepaßt werden können. Die Maschine ist außerdem noch für die Herstellung konischer Spulen mit Parallelaufwindung ausgerüstet. Der Antrieb erfolgt dann — mit allmählicher Verringerung der Windungslänge — über $Ww\,2$. Nach Füllung der Spulen rückt die Maschine selbsttätig aus.

Schließlich ist noch erwähnenswert, daß an der Maschine einer ungleichmäßigen Abnutzung von Nadelwalzen und Zylindern dadurch entgegengearbeitet wird, daß die Bandführung an den Hinterzylindern eine Changierbewegung ausführt.

Eine Ansicht dieser Feinstrecke vermittelt Abb. 47 (Fabrikat Deutsche Spinnereimaschinenbaugesellschaft).

3. Die Aufstellung von Spinnplänen.

Aus der für die Nadelstabstrecken festgelegten wirtschaftlichsten Größenordnung ergibt sich die von jeder Passage in der Zeiteinheit zu leistende Lieferung. Da die Bandgewichte von Passage zu Passage feiner werden, ist es nicht möglich, in den Endpassagen Maschinen zu bauen, die gewichtsmäßig die gleiche Leistung aufweisen wie eine vierköpfige Nadelstabstrecke.

Wenn auch auf den Endpassagen kaum Betriebsstörungen vorkommen, die bei den Nadelstabstrecken gegen zu große Maschineneinheiten sprechen, sind es hier die großen Längen der Zylinder und Raumaufteilungsgesichtspunkte, die die Maschineneinheit begrenzen. Allgemein ist deshalb die Zahl von 25 Köpfen als Standardtyp anerkannt, wodurch man bei etwa 14 m Maschinenlänge noch in Abmessungen bleibt, die konstruktiv und raumtechnisch keine Schwierigkeiten bereiten.

Eine Feinstrecke von diesem Ausmaß hat jedoch in mittleren Nummern nur etwa die Leistung eines einzigen Kopfes einer Nadelstabstrecke. Die wirtschaftliche Mindestgröße eines Sortimentes verlangt demnach für die Herstellung mittlerer Nummern 4 Feinstrecken. Die Größenverhältnisse und die Maschinenzahl der übrigen Passagen ergeben sich aus den von ihnen zu liefernden Bandstärken, da — unter Berücksichtigung des Wirkungsgrades der Maschine — das von jeder Passage zu liefernde Bandgewicht in der Zeiteinheit das gleiche sein muß.

Sobald eine einzige Passage zu knapp bemessen ist, reduziert sich die Leistung des gesamten Sortimentes auf die Leistung dieser Maschine. Derartige Fehler kann man, wenn sie innerhalb der ersten Hälfte des Sortimentes liegen, in vielen Fällen durch Erhöhung der Bandgewichte auf diesen schwachen Maschinen ausgleichen. Wenig Ausgleichmöglichkeiten hat man dagegen auf den letzten Passagen. Besonders katastrophal können sich solche Mißverhältnisse ausgestalten, wenn ein Sortiment zur Herstellung anderer Vorgarnstärken verwendet wird, als es bestimmt war.

Es ist deshalb größter Wert darauf zu legen, daß man ein Sortiment nicht auf die Dauer zur Herstellung anderer Vorgarnstärken verwendet, als bei seiner Zusammenstellung zugrunde gelegt wurde. Tut man es doch, so wird man bei einer Vergröberung der Vorgarnnummer keine Verbilligung erzielen, bei einer Verfeinerung jedoch ein Vielfaches der Verteuerung, die bei einem richtig abgestimmten Sortiment erfolgen würde.

Bei der Zusammenstellung eines Sortimentes wird man im allgemeinen das Stärkeverhältnis der Einzelpassagen so bemessen, daß bei der als normal zugrunde gelegten Vorgarnnummer die Anfangspassagen eine Kleinigkeit stärker sind als die übrigen, daß also an keiner Stelle Spulenmangel auftreten kann, sondern von der ersten Passage aus jede Maschine einen leichten Druck auf die nächstfolgende ausübt.

Diese Gesichtspunkte sind im folgenden in einem als Beispiel aufgeführten Spinnplan eines französischen Vorspinnsortimentes berücksichtigt. Der Wirkungsgrad der Maschinen ist hier außer acht gelassen, da dieser innerhalb der Einzelpassagen nicht sehr variiert, dagegen in starkem Maße von der Größe der zu verarbeitenden Partien abhängig ist.

	Maschinenzahl	Kopfzahl	Spulenzahl	Fadenzahl	Doublierung	Verzug	Bandgewicht g/m	Lieferung m/min	Lieferung kg/Std.
1. Nadelstabstrecke	1	4	4	4	6	?	20,24	30	146
2. Nadelstabstrecke	1	6	6	6	4	8	10,12	35	127
3. Grobstrecke . .	1	8	8	8	4	4	10,12	24	116
4. Grobstrecke . .	1	7	7	14	2	4	5,06	26	110
5. Halbgrobstrecke	1	14	14	28	2	4	2,53	25	106
6. Zwischenstrecke	1	13	26	52	2	4	1,27	25	99
7. Vorfeinstrecke .	1	25	50	100	2	4	0,633	26	99
8. Vorfeinstrecke .	2	38	76	152	3	4	0,475	23	99
9. Vorfeinstrecke .	2	50	100	200	3	4	0,356	23	98
10. Feinstrecke . .	4	100	400	400	2	4	0,178	23	98

Zur Einführung.

Die „Technologie der Textilfasern" ist so angelegt, daß die ersten drei Bände die allgemeinen naturwissenschaftlichen und technologischen Grundlagen des Gegenstandes enthalten, während die weiteren Bände die spezielle Kenntnis der wichtigsten Textilfasern und ihrer Verarbeitung vermitteln. Je nach dem Umfang sind die Bände unterteilt, und zwar in „Teile" bzw. „Abteilungen".

Im I. Band sind die Physik und Chemie der Cellulose[1] (1) und der faserbildenden Proteide (2) behandelt, den Teil (3) bildet die Darstellung der mikroskopischen, physikalischen und chemischen Untersuchungsmethoden.

Der II. Band enthält die mechanische Technologie, das Spinnen, Weben, Wirken, Stricken, Klöppeln, Flechten, die Herstellung von Bändern, Posamenten, Samt, Teppichen, die Stickmaschinen und einen Abriß der Bindungslehre.

Die Spinnerei ist etwa im Rahmen eines eingehenderen Hochschulkollegs behandelt, da die Ausbildung der Maschinen und ihre Anpassung an die einzelne Faser den speziellen technologischen Darstellungen überlassen werden mußte. Denselben Umfang besitzt die Weberei, ausführlicher ist dagegen die Beschreibung in den weiteren angeführten Kapiteln, so daß nur bei wichtigen Sonderfällen in den späteren Bänden Wiederholungen zu finden sind.

Der III. Band gibt eine Darstellung der Farbstoffe, während die Färberei und überhaupt die chemische Veredelung in den Abschnitten bzw. Teilbänden „Chemische Technologie" bei jeder Faser gesondert besprochen wird.

Der IV. Band, mit dem die Darstellung der Einzelfasern und ihrer Technologie beginnt, ist der Baumwolle gewidmet; der wirtschaftlichen Bedeutung der Faser entsprechend ist er neben dem Wollband der umfangreichste. Der Aufbau ist aber auch bei den nationalökonomisch weniger wichtigen Fasern der gleiche.

Der 1. Teilband enthält die Botanik und Kultur der Baumwolle und einen Abschnitt über die Chemie der Baumwollpflanze.

In der mechanischen Technologie (2) ist die Spinnerei eingehend, und zwar einmal vom Standpunkt des Maschinenbauers (IV, 2, A a), einmal von dem des praktischen Spinners (IV, 2, A b) behandelt. Auf eine spezielle Beschreibung der Weberei wurde verzichtet (s. oben), dagegen sind die Baumwollgewebe von dem warenkundlichen Standpunkt aus in IV, 2 B dargestellt worden, wobei gleichzeitig erwünschte webtechnische Hinweise gebracht werden; ein ziemlich eingehender Überblick über die Gardinenstoffe ist angefügt.

Der 3. Teilband enthält die chemische Technologie nebst einer Beschreibung der maschinellen Hilfsmittel zur Veredelung der Baumwolltextilien.

Der 4. Teilband bringt die Weltwirtschaft der Baumwolle.

Der V. Hauptband ist dem Flachs (V, 1), Hanf und anderen Seilerfasern (V, 2) und der Jute (V, 3 in 2. Abt.) gewidmet. Eingehend ist die Darstellung der ersten und der letzten der genannten Fasern[2].

---

[1] Mit Rücksicht auf den Erscheinungstermin ist die schon lange früher fertiggestellte Arbeit von H. Steinbrinck über den Feinbau der Cellulosefaser vom botanischen Standpunkt als Einführung zu den Bastfasern in V, 1; 1. Abt. aufgenommen worden. Sie war ursprünglich für I, 1 bestimmt.

[2] Auf eine Monographie der Ramie wurde zunächst verzichtet; bei den Seilerfasern sind im Hinblick auf die ausführliche Bearbeitung der Jute nur die wichtigsten und diese zumeist kurz dargestellt.

So ist die Botanik, Kultur, Bleicherei, Aufbereitung und Wirtschaft des Flachses (V, 1; 1. Abt.), ferner die Spinnerei (V, 1; 2. Abt.) ausführlich beschrieben. In der Leinenweberei (V, 1; 3. Abt.) werden sehr wesentliche Ergänzungen zum allgemeinen Webereibande gebracht, so daß damit auch der Leser des Bandes II, 2, aber auch des VIII., 2 B Bandes (Wolle) eventuell erwünschte wichtige Erweiterungen findet.

In ähnlicher Weise bildet die eingehende Beschreibung der Jutetechnologie auch eine Ergänzung zu V, 2.

Der **VI.** Band behandelt die **Seide,** der 1. Teilband die Seidenspinner, der 2. die Technologie und Wirtschaft.

Der **VII.** Band ist der **Kunstseide** gewidmet. Die bereits vor einigen Jahren erschienene Darstellung hatte den damaligen Bedürfnissen vor allem gerecht zu werden. Aus diesem Grunde ist mehr als bei anderen Werken über den Gegenstand die naturwissenschaftliche Seite betont worden. Nachdem hier ein erstes Niveau erreicht worden ist, dessen Grenzen inzwischen in Band I, 1 eingehend diskutiert sind, und da seither auch ein gewisser Abschluß in dem Ausbau der technischen Methoden der Kunstseide-Industrie erzielt ist, wird eine erforderliche Neuauflage wesentlich die letzteren wiederzugeben haben.

Der **VIII.** Band enthält die Darstellung der **Schafwolle**[1]: der 1. Teilband die Wollkunde, der 2. in drei Abteilungen die Streichgarn- und die Kammgarnspinnerei, sowie die Tuchmacherei, wo vor allem Manipulation und Dessinatur ihren Platz finden, ferner die Filzherstellung; der 3. Teilband bringt die chemische Technologie, der 4. die Wollwirtschaft.

Eventuell sollen vorläufig ausgeschaltete Sondergebiete späterhin in Ergänzungsbänden ihren Platz finden. Es erschien zweckmäßig, weniger Wesentliches vorläufig zu opfern, um Raum für das Hauptsächliche zu finden, wozu auch die Ausfüllung wichtiger Lücken im Schrifttum und in einer Reihe von Fällen die Betrachtung eines Gegenstandes von verschiedenen Gesichtspunkten gehört.

Die gewählte Anordnung ist nicht aus einer willkürlichen pädagogischen Organisation hervorgegangen, sondern scheint am besten dem inneren Aufbau der Textiltechnik zu entsprechen. Es mußte jeder Beitrag ein organisches Glied des Ganzen bilden, in manchen Bänden auch ein Gegenstand erörtert werden, der aus raumökonomischen Gründen in einem anderen Bande nicht gebracht wird; trotzdem stellt — ganz der praktischen Einstellung des Textiltechnikers entsprechend — jeder „Teilband" und jede „Abteilung" für sich ein abgeschlossenes Ganzes dar.

An dieser Stelle sei noch einmal allen Mitarbeitern, deren Bemühung und Anpassungswilligkeit oft in ungewöhnlichem Maße in Anspruch genommen werden mußte, der Dank ausgesprochen! In gleichem Maße gebührt der Dank der Verlagsbuchhandlung, die das Wagnis eines so umfangreichen Werkes auf diesem Gebiete unternommen hat! Endlich sei noch allen öffentlichen und privaten Stellen sowie allen Firmen gedankt, die die Herstellung des Werkes durch Überlassung oft neuen Materials unterstützt haben!

Der Herausgeber.

---

[1] Die Technologie anderer Tierhaare ist zunächst nicht dargestellt worden.

4. Entwicklungsgesichtspunkte.

Seit vielen Jahren wiederholen sich immer wieder Versuche, die Vorspinnerei durch Zusammenfassung mehrerer Arbeitsvorgänge auf einer Maschine wirtschaftlicher zu gestalten. Im Endergebnis liefen diese Versuche stets darauf hinaus, daß Maschinen mit mehreren sich folgenden Streckwerken gebaut wurden. Trotz der prinzipiellen Fehler, die solchen Konstruktionen anhaften müssen, hört man auch in neuerer Zeit verschiedentlich von derartigen Versuchen. Deshalb sind im folgenden die Fehler, die diese Maschinen besitzen müssen, zusammengestellt.

1. Die Doublierung, die wie oben dargelegt, die hohe Passagenzahl erst erforderlich macht, wird auf einer Maschine mit zwei Streckwerken auf 50% von zwei normalen Maschinen herabgedrückt.

2. Da das zweite Streckwerk nur mit der auch unter normalen Umständen höchstzulässigen Geschwindigkeit arbeiten kann, die Bandgeschwindigkeit an seinem Einlauf aber die gleiche sein muß wie am Auslauf des ersten Streckwerks, so kann das erste Streckwerk nur mit einem Bruchteil — ca. 25% — der allgemein üblichen Geschwindigkeit laufen. Es muß also dieses Streckwerk viermal so groß als nötig dimensioniert werden.

3. Sämtliche in einem der beiden Streckwerke auftretenden Verarbeitungsfehler, die Maschinenstillstand bedingen, bewirken nun gleichzeitig Stillstand des zweiten Streckwerks und verschlechtern somit den Wirkungsgrad der Maschine, ganz abgesehen davon, daß die Bedienung von zwei hintereinander gebauten Streckwerken an sich schon sehr umständlich ist.

Der hier skizzierte Weg wird somit nicht zu einer Verbesserung der Wirtschaftlichkeit der Vorspinnerei führen. Dagegen haben in den letzten Jahren andere Gesichtspunkte bereits brauchbare Verbesserungen gebracht. Und zwar hat man sich systematisch mit der Leistungsfähigkeit der einzelnen Maschinentypen hinsichtlich Verzugsfähigkeit und damit den Doublierungsmöglichkeiten befaßt.

Die Erkenntnis, daß die Führung des Bandes innerhalb des Streckwerkes durch Nadelwalzen eine sehr unvollkommene ist und vor allem bei Fasermaterial mit stark unterschiedlicher Länge und bei stärkeren Bändern nicht eine restlos befriedigende Gleichmäßigkeit gewährleistet, führte zu Versuchen, wie in den ersten, so auch in den mittleren Passagen die Nadelwalze durch Nadelstäbe zu verdrängen.

Man folgerte dabei, daß durch Ausnutzung der hohen Verzugsmöglichkeiten der Nadelstabstrecke sich auch eine starke Doublierung auf diesen Passagen durchführen lassen müßte und daher die Passagenzahl reduziert werden könnte.

Man beschritt diesen Weg, obgleich dadurch an Stelle eines technisch einfachen Organes — der benadelten Walze — der komplizierte Mechanismus eines Nadelstabfeldes treten mußte, was zu einer beträchtlichen Verteuerung der Einzelmaschine führte.

Als erste tat dies die Sächsische Textil-Maschinen-Fabrik mit ihren Hechelstrecken, die vor allem in den mittleren Passagen im Anschluß an die Doppelnadelstabstrecken — also als 4. und 5. oder 5. und 6. Passage — die Nadelwalzenstrecken ersetzen wollen. Da das Band in dieser Verarbeitungsstufe bereits so schwach ist, daß die Nadelfelder nur zu einem Bruchteil damit gefüllt werden können, entfielen hier die Gründe, die zur Verwendung von Doppelnadelstabstrecken geführt hatten. Es ist in dieser Verarbeitungsstufe möglich, mit einfachen Nadelstabstrecken zu arbeiten, ohne daß Fasern über die Nadelspitzen hinweggezogen werden können. So führte die Sächsische Textil-Maschinen-

Fabrik das scheinbar veraltete Prinzip der einfachen Nadelstabstrecke wieder ein, nur mit dem Unterschied, daß Stäbe und Benadelung gegenüber den alten Maschinen wesentlich verfeinert wurden. Die Ausführung dieser Hechelstrecken geht aus Abb. 48 und 49 hervor.

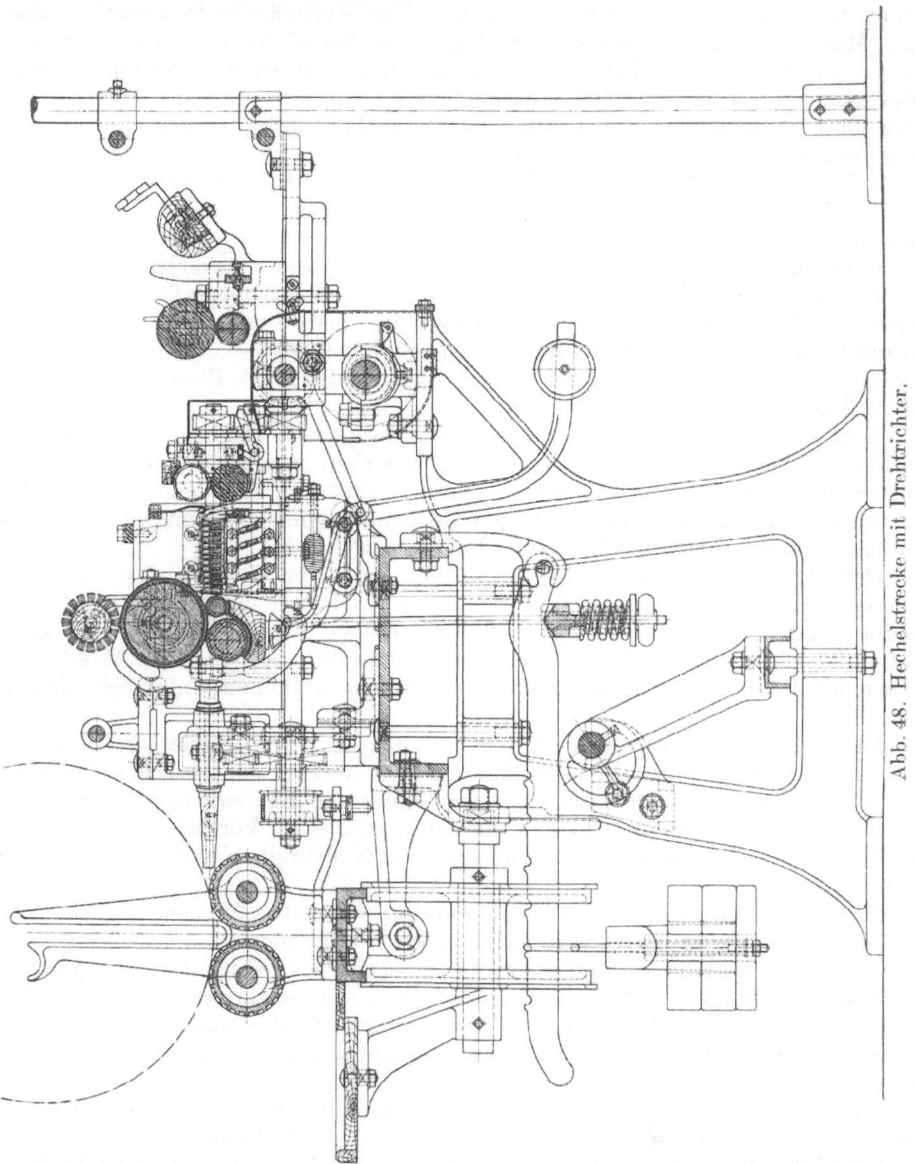

Abb. 48. Hechelstrecke mit Drehtrichter.

Abb. 48 stellt einen Maschinentyp dar, der zur Verarbeitung von Bandstärken geeignet ist, die noch keiner Nitschelung bedürfen. In der gleichen Weise wie an den gröbsten Nadelwalzenstrecken beschränkt man sich hier auf Drehtrichterverdichtung.

Die nächste Verarbeitungsstufe (Abb. 49) ist jedoch mit Nitschelung ausgestattet. Nur hat man zwischen Nitschelleder und Wickelwalze noch einen Drehtrichter eingeschaltet. Dieser übernimmt einen Teil der Arbeit der Nitschelleder, wodurch es möglich ist, die frottierende Bewegung der Leder zu verlangsamen. Auf diese Weise erzielt man einen ruhigeren Lauf der Maschine und kann ihre Arbeitsgeschwindigkeit erhöhen. Da sie außerdem die Verzugsfähigkeit der Doppelnadelstabstrecke besitzt und man in ihrem Streckwerk die Bänder stärker

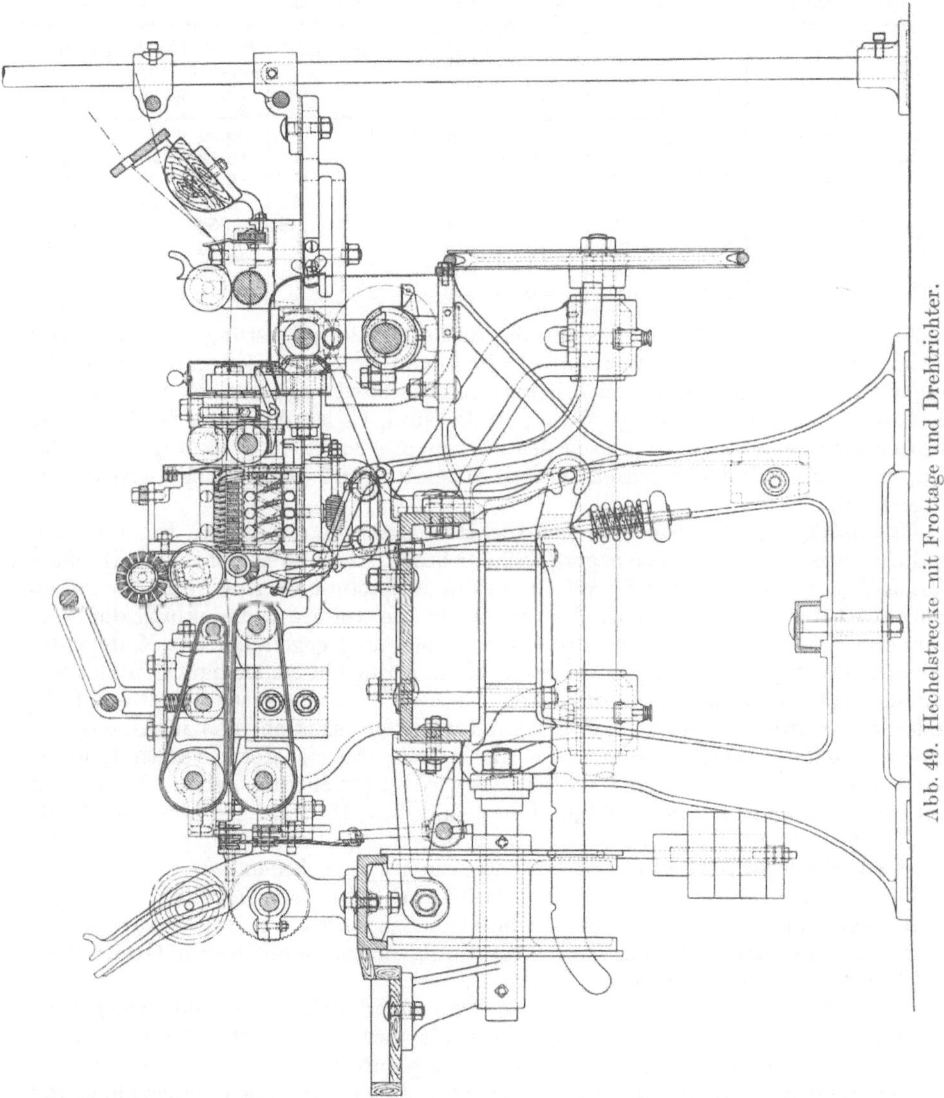

Abb. 49. Hechelstrecke mit Frottage und Drehtrichter.

halten kann als auf in den gleichen Passagen arbeitenden Nadelwalzenstreckwerken, also die Doublierungsmöglichkeiten der ersten Passagen höher ausnützen kann als bisher, kann durch die Verwendung der Hechelstrecken eine Passagenverminderung eintreten. Sie ist demnach nicht nur technisch, sondern auch wirtschaftlich der groben Nadelwalzenstrecke überlegen.

Ob sie sich freilich auch in den Endpassagen wird durchsetzen können, ist heute noch nicht erwiesen, da dort die Fehler und Schwächen der Nadelwalzenstrecken weniger in Erscheinung treten und andererseits die Ausnutzung der Nadelfelder durch die schwachen Bänder eine sehr unvorteilhafte sein würde.

Der für ein normales Sortiment französischer Vorbereitung oben aufgestellte Spinnplan ist im folgenden auf Verwendung von Hechelstrecken umgestellt, wobei allerdings, da die Hechelstrecken als 4. und 5. Passagen verwendet sind, als 3. Passage eine Doppelnadelstabstrecke eingesetzt wurde.

	Maschinenzahl	Kopfzahl	Spulenzahl	Fadenzahl	Doublierung	Verzug	Bandgewicht g/m	Lieferung m/min	Lieferung kg/Std.
1. Nadelstabstrecke	1	4	4	4	6	?	20,24	30	146
2. Nadelstabstrecke	1	6	6	6	4	8	10,12	35	127
3. Nadelstabstrecke	1	5	5	10	4	7	5,78	35	121
4. Grob Hechelstr..	1	5	10	20	3	6	2,88	30	104
5. Fein Hechelstr..	1	16	32	64	2	6,05	0,958	28	103
6. Vorfeinstrecke .	2	38	76	152	2	4	0,475	23	99
7. Vorfeinstrecke .	3	50	100	200	3	4	0,356	23	98
8. Feinstrecke...	4	100	400	400	2	4	0,178	23	98

Aus diesem Spinnplan ist ersichtlich, daß die gleiche Leistung bei annähernd der gleichen Doublieruug mit 8 statt 10 Passagen erzielt werden kann, wobei die Hechelstrecken sogar hinsichtlich ihrer Liefergeschwindigkeit noch nicht bis an die Grenze der Leistungsfähigkeit ausgenützt sind. Es ist also trotz der teuereren Einzelmaschinen eine Verbilligung des Sortimentes erreicht, ganz abgesehen davon, daß der Produktionsprozeß zeitlich abgekürzt und die manuelle Arbeit verringert wird.

Unabhängig davon, wie weit sich die Hechelstrecken nach den Feinstrecken zu durchsetzen werden, ist zu sagen, daß der beschrittene Weg richtig ist. Höchste Verzugsleistungen in jedem Einzelstreckwerk und damit Verringerung der Passagenzahl ist die richtunggebende Forderung für die weitere Entwicklung der Vorspinnerei. Das Nadelfeld wird in dieser Entwickelung gegenüber der Nadelwalze immer mehr in den Vordergrund treten, ob allerdings in seiner heutigen Gestalt, vor allem seiner heutigen komplizierten Antriebsform, das erscheint zweifelhaft. Jedenfalls würde ein Nadelfeld mit vereinfachtem Antrieb, das nicht die Geschwindigkeitsbegrenzung kennt, die die heutige Antriebsform verlangt, einen starken Anstoß in der angedeuteten Entwicklungsrichtung geben. Zwei neue Konstruktionen eines Nadelfeldantriebes sind bereits durchgebildet, die beide einen Schritt vorwärts in dieser Richtung bedeuten, ohne daß sich heute schon eine Bewertung auf Grund praktischer Ergebnisse vornehmen läßt.

Die eine Konstruktion ist ein von Schlumberger entwickelter neuer Antrieb eines einfachen Nadelfeldes, in dem die Schrauben für den Stabvorschub zwar noch bestehen, aber ein Teil ihres Funktionsbereiches durch Greiforgane und Zahnräder übernommen ist.

Die zweite Neukonstruktion ist ein Doppelnadelfeldantrieb der Deutschen Spinnereimaschinenbaugesellschaft, Ingolstadt, der sich vollständig vom übernommenen Schraubentrieb losgelöst hat. Der gesamte Vorschub wird hier von den Greiforganen bewirkt, die die Stäbe aus ihrer Arbeitsstellung herausziehen und in eine Führung drücken, in der jeder Stab vom nachfolgenden weitertransportiert wird bis er wieder in die Arbeitsstellung gelangt, wo Zahnräder die exakte Führung übernehmen. Diese Anordnung hat den besonderen Vorteil, daß die Nadelstäbe ohne Zwischenraum als geschlossenes Paket vorgeschoben werden, wodurch ein Vibrieren der Stäbe verhindert ist. Außerdem ergibt die Anordnung der Stabrückführung eine günstige Möglichkeit, die Stäbe bei jedem Umlauf reinigen zu können.

B. Das englische Vorspinnverfahren.

Wie eingangs schon erwähnt, ist sein Kennzeichen, daß dem Band wirkliche Drehung gegeben wird, was außer auf der 1. und 2. Passage die gleichen Drahtgebungsorgane erfordert, die die Feinspinnerei verwendet. Und zwar benützt die englische Vorbereitung das Prinzip der Flügelspinnerei.

Dem aus dem Streckwerk auslaufenden Band wird mittels eines rotierenden Flügels Drehung erteilt. Auf dem Schaft der Flügelspindel steckt lose eine Holzspule, auf welche der Flügel das Band aufwickelt. Mit zunehmendem Bewickelungsdurchmesser muß das Band, das vom Streckwerk mit gleichbleibender Geschwindigkeit geliefert wird, die Spule mehr und mehr nachziehen, da die Liefergeschwindigkeit wesentlich geringer ist als die Umlaufgeschwindigkeit der Flügel. Dem Band ist also mindestens so viel Drehung zu erteilen, daß es die Spule, ohne sich selbst zu verziehen, nachschleppen kann. Andererseits darf die Drehung nur so hoch gewählt werden, daß sich das Band im Streckwerk der nachfolgenden Passage noch ohne Schwierigkeit verziehen läßt.

Das gedrehte Band stellt an das Streckwerk andere Bedingungen als ein offenes. Zunächst erfordert es generell einen stärkeren Druck der Verzugszylinder, da die Drehung dem Verzug mehr Widerstand entgegenstellt als ein offenes Band. Noch ausschlaggebendere Bedeutung hat die Drehung jedoch für die Führungsorgane innerhalb des Streckwerkes. In den ersten Passagen, wo infolge der starken Bandquerschnitte nur wenig Drehung zur Verstärkung des Haltes benötigt wird, kann das Nadelstabfeld als Führungsorgan verwendet werden. Es besteht jedoch — abgesehen davon, daß die ungekräuselten Wollen, die nach dem englischen Verfahren gearbeitet werden müssen, wenig kurze Fasern enthalten, die zum „Schwimmen" neigen — infolge der festeren Gebundenheit der Einzelfasern kaum die Gefahr, daß sich Fasern aus dem Band herauslösen und über die Nadelspitzen weggezogen werden. Man kann also ohne Bedenken nur von unten in das Band einstechen und ist nicht gezwungen, die Doppelnadelstabstrecke zu verwenden. Es hat sich daher mit technologischer Berechtigung im englischen Vorspinnverfahren für die ersten Passagen die alte einfache Nadelstabstrecke erhalten und bis in neuere Zeit noch weiter vervollkommnet.

Prinzipiell verschieden vom französischen System ist dagegen die Bandführung im Streckwerk der feineren Passagen. Hier ist die Nadelwalze ein vollkommen ungeeignetes Führungsorgan. Dagegen bildet auf den mittleren und letzten Passagen die Drehung des Bandes, die man hier etwas fester wählen kann, selbst ein so gutes Führungsmittel für die im Band eingesponnenen wenigen kürzeren Fasern, daß es sich vollkommen erübrigt, außer leichten hölzernen Leitwalzen noch ein weiteres Hilfsmittel zur Vergleichmäßigung des Verzuges zu verwenden. Die Streckwerke dieser Passagen sind infolgedessen sehr einfach. Die Maschinen werden lediglich kompliziert durch den Aufwindemechanismus mit der Drehungsgebung, den Flügelspindeln. Durch deren Verwendung sind auch der Größe der Maschineneinheit engere Grenzen gesetzt, als sie die französische Vorspinnerei kennt. Es ergeben sich dadurch auch für die Anfangspassagen, die ohne Flügel arbeiten, kleinere Einheiten, als sie das französische System herausgebildet hat. Im einzelnen sind die Passagen wie folgt durchgebildet.

1. Die Arbeitsweise der Nadelstabstrecken.

Die Streckwerksorgane sind in den englischen Sortimenten entsprechend den zu verarbeitenden kräftigen, langen Wollen gröber gehalten als bei der Verarbeitung von Merinowollen. Da die Ablieferung des Bandes nicht auf Spulen, sondern in Drehtöpfen — in einigen Fällen in feststehenden Kannen — erfolgt, wäre ein Laufleder, das um den Unterzylinder läuft, äußerst unzugänglich. Man führt es deshalb nach oben. Vor dem Unterzylinder ist eine Führungsschiene angebracht, die ein Anlegen des Bandes an den Zylinder verhüten soll. Der Oberzylinder ist nicht durch Gewichte mit Hebelübertragung, sondern durch einen äußerst kräftigen Federdruck belastbar, ebenso wie der Klemmpunkt des Hinterzylinderpaares.

Da die Ablieferung in Drehtöpfen erfolgt, erübrigt sich der gesamte Aufwindemechanismus, den die französische Vorspinnerei benötigt. Auch die Drehtrichter sind nicht gebräuchlich, da dem Band in den Drehtöpfen die geringe Drehung, die es braucht, erteilt werden kann. Lediglich ein glattes Walzenpaar ist über den Drehtöpfen zur gleichmäßigen Einführung des Bandes angeordnet.

2. Die Arbeitsweise der Spindelstrecken.

Da es nicht möglich ist, das offene Band, das in den Drehtöpfen enthalten ist, in dem Streckwerk der Spindelstrecken, das kein Führungsorgan besitzt, zu verziehen, muß auch die 3. Passage noch als Nadelstabstrecke ausgebildet werden. Diese muß jedoch ein Band mit so starker Drehung liefern, daß es auf den folgenden Spindelstrekken verarbeitet werden kann. Um diesen Übergang herzustellen, muß die 3. Passage bereits Flügelspindeln erhalten und das Band auf Scheibenspulen aufwinden. Diese nur in der englischen Vorspinnerei existierende Maschine ist demnach eine Nadelstab-Spindelstrecke. Die Maschine ist als Nadelstabstrecke wenig von den beiden ersten Passagen unterschie-

Abb. 50. Nadelstab-Spindelstrecke.

den, muß lediglich mit Rücksicht auf den Einbau der Flügelspindeln außerordentlich hoch gebaut werden, was ihre Übersichtlichkeit beeinträchtigt. Da auf den beiden ersten Passagen keine Verfeinerung des Bandes stattgefunden hat, wendet man hier meist nur 4fache Doublierung an. In Abb. 50 ist eine derartige Nadelstab-Spindelstrecke (Fabrikat Prince Smith) wiedergegeben.

Der Aufwindemechanismus besteht aus dem Antrieb der Flügelspindeln, der unmittelbar über dem Fußlager der Spindeln liegt, und dem Mangelradgetriebe zur Bewegung des Spulenwagens, der an diesen Spindelstrecken durch gleichförmiges Heben und Senken der lose auf dem Spindelschaft sitzenden Scheibenspule die zylindrische Aufwickelung des Bandes bewirkt.

Da diese Aufwindung nur an der Öse am unteren Flügelende erfolgt, muß sowohl die Oberkante als auch die Unterkante der Scheibenspule an diesen Punkt gebracht werden können und die freie Spindellänge zwischen der tiefsten Stellung des Spulenwagens und dem Aufhängepunkt der Flügel mehr als das Doppelte der Spulenlänge betragen. Auf diese Weise ergeben sich außerordentlich lange Spindelschäfte, die — abgesehen von den feinsten Passagen — eine Lagerung an der Spitze erforderlich machen. Diese oberen Lager müssen bequem zu öffnen sein, damit die Spindel, die nur lose in einer Vierkantführung sitzt, beim Spulenwechsel herausgezogen werden kann.

Während bei den groben Passagen das Faserband nur parallel am Flügelarm entlang zur unteren Flügelöse geführt wird, muß es auf den späteren Passagen mehrmals um den Flügel geschlungen werden, damit sich der Zug der nachschleppenden Spule nicht in vollem Ausmaß auf das ungedrehte Bandstück zwischen Vorderzylinderklemmpunkt und Spindelspitze übertragen kann. Dieser Zug der Spule wächst beständig mit der Zunahme des aufgewundenen Gewichtes und — wie schon angedeutet — durch die Erhöhung der Umdrehungsgeschwindigkeit bei zunehmendem Windungsdurchmesser. Ein kleiner Ausgleich ist allein in der Verbesserung im Angriffswinkel des ziehenden Bandes bei wachsendem Durchmesser gegeben. In gewissen Grenzen läßt sich die Größe des nachzuziehenden Gewichtes regulieren durch Beilegen von Filzscheiben zwischen Scheibenspulen und Spulenwagen. Läuft die Spule zu leicht, so erfolgt keine einwandfreie, mindestens eine zu lose Aufwindung des Bandes, bei zu schwerem Lauf dagegen überträgt sich ein Teil der Spannung bis ans Streckwerk und führt ein Reißen des Bandes herbei.

Abb. 51. Dandy-Spindelstrecke.

Erhöhte Bedeutung gewinnt die Regelung der Bandspannung, je weiter die Verfeinerung fortschreitet. Der Nadelstab-Spindelstrecke folgt im allgemeinen eine Vierspindelstrecke, dieser eine Zehnspindelstrecke und dann die Spindelstrecken vom Dandytyp, bei dem die Flügel keine obere Lagerung mehr besitzen. Eine derartige Maschine (Fabrikat Prince Smith) ist in Abb. 51 dargestellt.

Je nach den Ansprüchen an Nummer, Qualität und Gleichmäßigkeit des herzustellenden Vorgarnes verwendet man 1 bis 3 Passagen dieser Dandy-Spindelstrecken. Meist geht man bis zu einer Spulenzahl von 24 bis 32 je Maschine und balanciert die großen zu hebenden und zu senkenden Spulengewichte dadurch aus, daß man den Spulenwagen teilt, und die Hälfte der Spulen ansteigen läßt, während die andere Hälfte gesenkt wird. Da die Umdrehungszahlen der Spindeln bei diesen letzten Passagen bis auf 1000 bis 1500 steigen, verwendet man in neuerer Zeit statt der beschriebenen primitiven Spindellagerung häufig auch in einem zirkulierenden Ölbad laufende Rabbethspindeln.

Während im Prinzip der Aufwindung kein Unterschied besteht zwischen diesen Endpassagen und der als 3. Passage laufenden Nadelstab-Spindelstrecke, beginnt mit der 4. Passage die Verwendung des Streckwerks ohne Führungsorgan. Die Ausgestaltung der Klemmpunkte ist an diesem Streckwerk naturgemäß von größter Bedeutung. Vor allem besteht die Gefahr, daß das geschlossene Band, wenn Fasern vom Vorderzylinderklemmpunkt gefaßt sind, durch den Hinterzylinderklemmpunkt, selbst bei Anwendung hohen Druckes, durchgezogen wird. Um das zu verhindern, legt man auf den Oberzylinder noch einen Zylinder, führt das Band so durch zwei Klemmpunkte und schlingt es außerdem um den oberen und mittleren Zylinder. Da es sich um die Verarbeitung langer Wollen handelt, werden in jedem Augenblick ein großer Teil der Fasern gleichzeitig von diesen beiden Hinterzylinderklemmpunkten gehalten wird, wodurch ein Zerziehen des Bandes zwischen diesen Klemmpunkten unmöglich gemacht wird.

Die Vorderzylinder baut man mit großem Durchmesser, da keine Rücksicht auf Nadelstäbe oder Walzen zu nehmen ist. Dadurch wird die Griffigkeit des Klemmpunktes erhöht, seine Abnutzung geringer, und Wickelbildungen sind weniger gefährlich als bei kleinen Zylindern. Die Unterzylinder sind leicht gerillt, die Oberzylinder mit Leder bezogen, das auf den gröberen Passagen zur Erhöhung der Elastizität noch eine Filzunterlage erhält. Der Druck der Klemmpunkte wird wie bei den Anfangspassagen durch starke Federn bewirkt.

Als einzige Führungsorgane liegen im Streckwerk 2 glatte Zylinder, auf denen leichte, hölzerne Walzen abrollen, die den Verzug des Bandes nicht behindern.

Im Gegensatz zur französischen Vorspinnerei wird durch die senkrecht stehenden Spindeln eine Schräglage des Streckwerks bedingt. Die von den Flügelspindeln erteilte Banddrehung überträgt sich nach rückwärts bis an den Punkt, an dem das Band am Unterzylinder anliegt. Von dieser Stelle bis zum Klemmpunkt besitzt das Band keine Drehung und daher nur geringe Festigkeit. Dieses gefährdete Stück an der Oberfläche des Unterzylinders wird durch die Schräglage des Streckwerkes so weit verkürzt, daß es sich nicht nachteilig auswirken kann. An den Flügelstrecken genügt hierzu ein Neigungswinkel von 30°.

Die Verzugsfähigkeit dieses Streckwerks ohne Führungsorgan ist, soweit es sich um Verarbeitung langer Wollen handelt, besser als die der Nadelwalzenstrecken, wenn sie auch die der Nadelstabstrecken nicht erreicht. Man kann praktisch mit 6- bis 7fachem Verzug auf diesen Passagen arbeiten. Das gestattet eine 4- bis 6fache Doublierung und somit eine Verringerung der Passagenzahl gegenüber der Anwendung von Nadelwalzenstrecken bei gleicher Gesamtdoublierung. Auch hinsichtlich der Geschwindigkeit kann man die Nadelwalzenstrecke um ca. 25% übertreffen.

Die Unterbringung der durch die hohe Doublierung erforderlichen großen Spulenzahl im Aufsteckrahmen ist sehr glücklich gelöst durch liegende Aufsteck-

	Maschinenzahl	Kopfzahl	Spulenzahl	Fadenzahl	Doublierung	Verzug	Bandgewicht g/m	Lieferung m/min	Lieferung kg/Std.
1. Nadelstabstrecke	½	1	1	1	9	7,0	16	31,0	388
2. Nadelstabstrecke	½	1	1	1	7	7,0	16	31,0	388
3. Nadelstab-Spindelstrecke .	1	2	2	2	4	5,82	11	26,0	386
4. Spindelstrecke .	1	1	2	2	6	6,0	11	36,6	386
5. Spindelstrecke .	1	1	2	2	6	6,0	11	36,6	386
6. Spindelstrecke .	1	2	4	4	4	7,1	6,2	32,5	385
7. Spindelstrecke .	1	5	10	10	4	7,1	3,5	23,0	386
8. Dandy Rover. .	2	8	48	48	2	7,0	1,0	22,0	385

gatter in Kopfhöhe, von denen die Scheibenspulen abrollen. Durch diese Anordnung wird die Zugänglichkeit der Maschine von keiner Seite behindert.

Für ein derartiges Vorspinnsortiment ergibt sich bei einem Versuch möglichst hoher Ausnutzung etwa vorstehender Spinnplan, wobei nicht unerwähnt bleiben darf, daß Änderungen der Verwendungszwecke auch zu einer gänzlich anders gearteten Arbeitsweise führen können.

3. Konstruktive Besonderheiten.

Bei der Erörterung des Arbeitsprinzips der englischen Vorspinnerei wurde bereits der Nachteil erwähnt, der in der hohen Zugbeanspruchung der Bänder

Abb. 52. Grobfleyer.

beim Nachziehen der während des Abzugs ständig schwerer werdenden Scheibenspulen besteht. Bei der Verarbeitung feinerer kürzerer Wollqualitäten führt dieser konstruktive Mangel zu unüberwindlichen Schwierigkeiten. Man ist deshalb dazu übergegangen, an feineren Sortimenten die Spulen mechanisch anzutreiben, so daß das Band bei der Aufwickelung vollkommen ohne Spannung ist. Dieser Spulenantrieb mußte infolge der Abhängigkeit der Geschwindigkeit vom Wickeldurchmesser unabhängig vom Spindelantrieb vorgenommen werden. Da er aber — wenn auch variabel — stets in einem ganz bestimmten Verhältnis zum Spindelantrieb stehen muß, genügt es nicht mehr, die Spindeln wie bisher mit Riemen anzutreiben. Der Antrieb muß starr sein und wird — wie auch in der Baumwollspinnerei — mittels Hyperbelrädern durchgeführt. Ebenso werden die Spulen mit Hyperbelrädern angetrieben. Ihre Geschwindigkeitsvariierung wird durch ein Differentialgetriebe und einen Riemenkegeltrieb mit traversierendem Riemen bewirkt.

Diese Vervollkommnung eröffnete der englischen Vorspinnerei ihr bisher noch verschlossene Arbeitsgebiete. Außerdem können nach dem Wegfall der starken

Bandbeanspruchung größere Spulen verwendet werden, eine Geschwindigkeitserhöhung ist zu erzielen, und das ohne Spannung aufgewundene Band ist — ab-

Abb. 53. Feinfleyer.

gesehen davon, daß ein nachträgliches falsches Verziehen ausgeschlossen ist —
voller und griffiger als das Vorgarn der gewöhnlichen Maschinen. Die Abb. 52
und 53 enthalten Ausführungen
dieses Maschinentyps der Firma
Prince Smith & Son.

Die erhöhte Anpassungsfähigkeit,
die die Vorspinnerei durch den gesonderten Spulenantrieb erhielt und
die dazu führte, daß auch kürzere
Wollen auf derartigen Systemen verarbeitet wurden, hatte zur Folge,
daß die einfache Nadelstabstrecke
in den Anfangspassagen ungenügend
wurde. So ergab sich, daß in derartigen Sortimenten die Doppel-

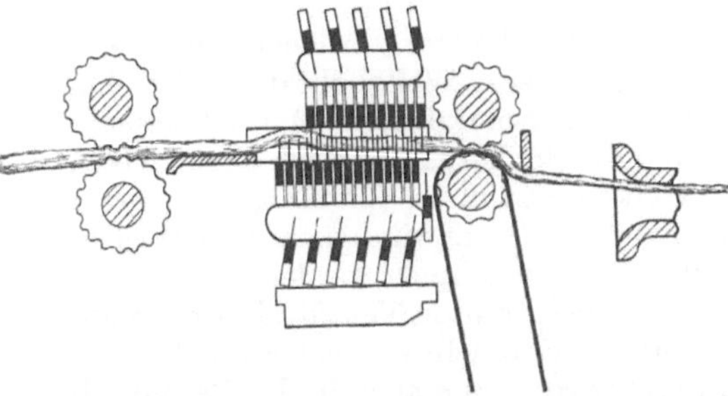

Abb. 54. Streckwerk der Doppelnadelstabstrecke.

nadelstabstrecke auch in die englische Vorspinnerei eindrang. Abb. 54 zeigt das
Arbeitsschema einer derartigen von Prince Smith gebauten und Abb. 55 die Ausführungsform einer von Hall & Stells durchgebildeten Strecke.

Aus beiden Konstruktionen ist ersichtlich, daß die Maschinen sehr kräftig gebaut sind, so daß sie auch grobe Cheviots verarbeiten können. In der Dimensionierung aller schädlichen Zwischenräume sind sie jedoch so günstig bemessen, daß sie auch für mittlere und kürzere Cheviots einwandfrei verwendbar sind.

Daß auch die Nadelstabführung nach den auf dem Kontinent entwickelten Gesichtspunkten durchgeführt ist, geht aus Abb. 56 hervor.

Es sind hier die Führungsschrauben des unteren Nadelfeldes einer Maschine von Hall & Stells wiedergegeben. In der oberen laufen die Stäbe in Arbeitsstellung, in der unteren, mit der doppelten Steigung des Gewindes, werden sie zurückgeführt.

C. Das deutsche Vorspinnverfahren.

Bei einer Reihe von Wollqualitäten, im allgemeinen kurzen, feinen Cheviotwollen, ist — wie eingangs schon erwähnt — sowohl das englische wie das französische Verfahren nicht an-

Abb. 55. Kopf einer Doppelnadelstabstrecke.

wendbar. Im einen Fall würde der Verzug des kurzen, wenig gekräuselten Fasermaterials in dem Streckwerk ohne Führungsorgan nicht die Bildung eines gleichmäßigen Bandes gewährleisten. Im anderen Fall würde das ungedrehte Vorgarn keinen einwandfreien Spulenablauf auf der Spinnmaschine ermöglichen, während innerhalb der Vorspinnpassagen das stärkere Band auch ohne Drehung noch genügend Halt aufweist.

So ergibt sich die Notwendigkeit, für derartige Wollen, nachdem man sie im allgemeinen bis zur vorletzten Passage nach dem französischen Verfahren verarbeitet, am Schluß ein oder zwei Passagen zu verwenden, die, wie in der englischen Vorspinnerei, dem Band Drehung erteilen, aber im Streckwerk ein Führungsorgan besitzen. Außerdem ist Voraussetzung für die Verarbeitung derartiger Wollqualitäten, daß die Bänder nicht durch die nachzuziehende Spule beansprucht werden.

Es ist also Differentialspulenantrieb erforderlich. Als Führungsorgan im Streckwerk

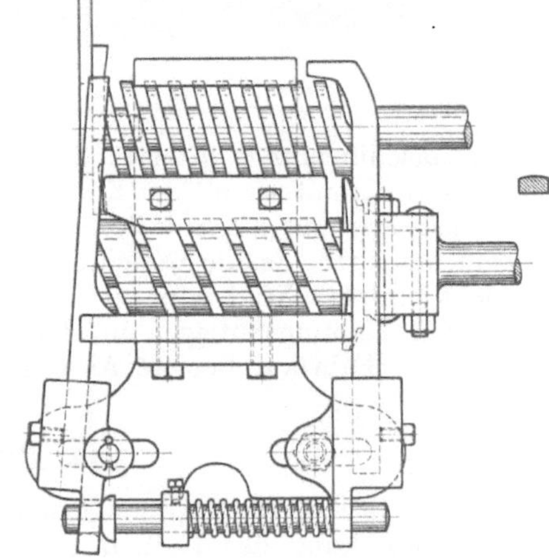

Abb. 56. Nadelstabantrieb.

wird auf die Nadelwalze zurückgegriffen. Die Maschine ist somit eine Nadelwalzen-Spindelstrecke und wird landläufig als „Fleyer" bezeichnet, da sie dem in der Baumwollspinnerei entwickelten Fleyer wesensverwandt ist. Sie vereint demnach sämtliche Komplikationen des englischen Systems, den Drehungsmechanismus und den Differentialtrieb der Spulen mit dem wunden Punkt der französischen Vorbereitung: der Nadelwalze. Dazu kommt noch, daß, da für feinere Vorgarnnummern die Aufwindung auf Scheibenspulen ungeeignet ist, der Aufwindungsantrieb für Herstellung konischer Spulenformen eingerichtet sein muß. Das ist an sich zwar einfach, in diesem Fall jedoch mit dem Differentialantrieb der Spulen zu verbinden. Infolge dieser Kompliziertheit wird man diese Maschine nur bei Wollen verwenden, die sich einer anderen Verarbeitung widersetzen. Außerdem ist die Maschine ein Notbehelf für Spinnereien, die keine englische Vorbereitung besitzen, aber sehr grobe Wollen verspinnen, indem sie im Anschluß an ein französisches Sortiment verwendet werden und gedrehtes Vorgarn an die Feinspinnerei liefern.

Die Verzugsfähigkeit der Fleyer liegt, wie zu erwarten, in der Größenordnung der gewöhnlichen Nadelwalzenstrecken. Die Liefergeschwindigkeit ist, abgesehen von der durch das Streckwerk bedingten Begrenzung, noch durch die Flügeldrehzahl gebunden. Man ordnet die Flügelspindeln, um die Teilung und damit

Abb. 57. Fleyer.

die Maschinenlänge in erträglichen Grenzen halten zu können, in zwei Reihen an und nimmt damit in Kauf, daß der Auslaufwinkel der Bänder aus dem Streckwerk und die freie Länge zwischen Lieferzylinder und Spindelspitze verschieden wird, da die Gleichmäßigkeit des Vorgarnes im allgemeinen hierdurch nicht beeinträchtigt wird.

Ein Kammgarnfleyer in der allgemein üblichen Ausführungsform ist in Abb. 57 (Fabrikat Société Alsacienne) wiedergegeben.

D. Buntspinnerei.

Das Prinzip der Kammgarnvorbereitung, das eine außerordentlich innige Durchmischung der Partien zur Folge hat, gibt der Kammgarnspinnerei die Möglichkeit, auch verschiedenfarbige Zugpartien zu einer gleichmäßigen Melange zu mischen und im einfachen Faden bereits beliebig viel Farbtöne zur Geltung bringen zu können. Diese große Chance, die ungezählte Möglichkeiten der Musterung eröffnet, ist von der Kammgarnindustrie ausgenützt worden. Das Fasermaterial wird zu diesem Zweck im Kammzugband gefärbt.

Die Färbung auf dieser frühen Produktionsstufe hat jedoch die große Bedeutung nicht nur für Melangen, auch für einfarbige Färbungen ist erst durch die Zugfärberei die Möglichkeit gegeben, beliebig große Posten, die sich aus vielen einzelnen Einfärbungen zusammensetzen, in absoluter Gleichmäßigkeit des Farbtones zur Ablieferung zu bringen, weil die nicht zu vermeidenden kleinen Differenzen innerhalb der einzelnen Einfärbungen durch die 10 bis 20000 Doublierungen der Vorbereitung restlos ausgeglichen werden.

Schließlich ist vielleicht der bedeutendste Vorzug der Buntspinnerei, daß erst sie es ermöglichte, eine gegebene Farbvorlage mit wirklicher Bestimmtheit im Ton wieder zu erreichen. Bei keiner Färbemethode, die auf einer späteren Produktionsstufe vorgenommen wird, ist es möglich, die stets entstehenden Einfärbungsdifferenzen nachträglich zu korrigieren. Dem im Zug gefärbten Band dagegen können, wenn der Vergleich mit der Vorlage es erfordert, so viel Anteile aus einer vorhandenen ähnlichen Einfärbung beigemischt werden, bis ein Grad der Übereinstimmung erzielt ist, der dem menschlichen Auge als vollkommen erscheint. Das Mischungsverhältnis der verschiedenen Färbungen, die einander so ähnlich sind, daß auch in einfarbigen Garnen keine Spuren eines Melangecharakters entstehen, kann hierbei an kleinen Filzmustern festgelegt werden, so daß für die eigentliche Verarbeitung nur das ermittelte Mischungsverhältnis angegeben werden muß. Die genaue Einhaltung dieses Mischungsverhältnisses erfordert natürlich peinliche Sorgfalt von der Vorspinnerei, und unter Umständen, wenn es sich um Melangen handelt, die sich aus vielen Farben in sehr ungleichen Prozentverhältnissen zusammensetzen, die Vorschaltung von 1 bis 2 Mischungspassagen.

Letztere sind nicht zu vermeiden, wenn in Melangen einige Farbanteile in einem kleineren Prozentsatz enthalten sind, als einem Kammzugband beim Aufstecken auf die erste Nadelstabstrecke entspricht. Bei 10facher Doublierung ist also der kleinste Anteil, der ohne Vormischung ins Band gebracht werden kann, 10%. Ist ein Farbton nur mit 2,5%, ein anderer mit 7,5% in der Mischung enthalten, müssen zunächst diese beiden Farben im Verhältnis 1 : 3 vorgemischt werden, und das aus dieser Vormischung hervorgehende Band muß als 10%iger Anteil in die Hauptmischung gebracht werden. Auf diese Weise ergeben sich oft komplizierte Vormischungen, die jedoch, da sie nur mit Bruchteilen der Gesamtpartien durchgeführt werden müssen, die Gesamtarbeit der Vorspinnerei nur unwesentlich vergrößern. Die große Kunst des Melangeurs ist die, den gewünschten Farbton aus möglichst wenig Einzelfarben und unter weitgehender Berücksichtigung von in den Hauptfarben auf Vorrat gefärbten Kammzügen zu treffen.

Außer den großen Vorteilen, die die Buntspinnerei der farbigen Musterung bringt, hat sie auch Einfluß auf die qualitative Beschaffenheit des fertigen Garnes und Gewebes, verglichen mit im Strang oder in der Ware gefärbtem Material. Jede Färbung verursacht durch ihre Kochprozesse Formveränderungen der Fasern, die sich als Anfänge von Verfilzung auswirken und bei versponnenen Fasern den Zusammenhang im Fadengebilde zu lockern suchen. An den Kammgarnfaden wird jedoch die Forderung der Glätte und Geschlossenheit gestellt. Diese Eigenschaften nach der Strangfärbung oder nach der Färbung im Stück restlos wieder herzustellen, ist nicht möglich, abgesehen davon, daß die Durchfärbung der Fasern im Stück bei gleicher Beanspruchung nicht so gut sein kann wie im losen Kammzugband. Wird die Färbung nun vor der Bildung des Fadens vorgenommen, können die äußeren Formveränderungen der Fasern vor der Fadenbildung wieder korrigiert werden. Die Möglichkeiten hierzu bietet das Lissieren, dessen Einfluß auf die äußere Faserbeschaffenheit bereits erörtert wurde.

Den großen Vorteilen, die das Buntspinnen für den Verbraucher bietet, stehen dementsprechend Verteuerungen gegenüber, die sich, ganz abgesehen

Abb. 58. Lisseuse für Buntspinnerei.

vom eigentlichen Färben, der Musterung und Lagerhaltung, auf alle Produktionsstufen der Spinnerei verteilen. Nach dem Lissieren und den Vormischungen sind es vor allem Erschwerungen organisatorischer Art, da durch den gesamten Produktionsapparat jedes kleine Pöstchen als gesonderter Auftrag laufen muß, während in Rohweißspinnereien die Einzelaufträge erst am Ende des Produktionsprozesses aus großen Spinnpartien abgeteilt werden. Das bedingt außer vervielfachten Zwischenkontrollen einen wesentlich erhöhten Prozentsatz an Maschinenstillständen und Leerlauf in allen Produktionsstufen. Außerdem ist die Sauberhaltung der Maschinen beträchtlich erschwert gegenüber einer Spinnerei, die lediglich rohweiße Garne spinnt.

In den Melangen, die die Buntspinnerei ermöglicht, stellen die Fasern die einheitlich gefärbten Grundbestandteile dar. Das kann bei stark kontrastierenden Farben ein unruhiges, wildes Farbbild zur Folge haben. Ruhiger würde die Mischung, wenn die einzelnen Fasern im Farbton noch ein- oder mehrmals unterteilt würden. Das kann man erreichen durch Bedrucken der Fasern nach dem Vigoureuxverfahren. Das Band wird hierbei über eine große Riffelwalze geführt, die mit Farbstoff überzogen ist. Dabei drucken die Riffelungen die Farbe auf die Fasern derart ab, daß jede Einzelfaser mehrmals unterteilt ist, in bedruckt und unbedruckt. Nachträglich wird das Kammzugband in Dämpfkesseln der zum Fixieren der Farbe auf der Faser benötigten Temperatur ausgesetzt und anschließend auf der Lisseuse in der gleichen Weise ausgewaschen und getrocknet wie in Färbapparaten gefärbte Spulen. Das zunächst quer gestreifte Band wird durch das folgende Verziehen durchmischt und ergibt ein ruhigeres Farbbild als eine gewöhnliche Melange. In einigen Fällen wird der Kammzug zunächst in Färbapparaten gefärbt und nachträglich nach dem Vigoureuxverfahren mit einer dunkleren Farbe bedruckt.

Auf die Färberei soll hier nicht eingegangen werden, da sie die Kammgarnspinnerei nur mittelbar berührt.

Die Lisseusen sind, abgesehen von der Erhöhung der Bäderzahl, die gleichen

wie die in der Kämmerei verwendeten. Nur haben sich an dieser Stelle Luft-
trockenmaschinen bis heute nicht durchgesetzt, da die Oberflächentrocknung
einen besseren Plätteffekt erzielt, der gerade an dieser Stelle von großer Wichtigkeit ist.

In Abb. 58 ist eine Buntspinnereilisseuse der Ausführung Schlumberger
wiedergegeben.

Die Vigoureuxdruckmaschinen sind primitive grobe Nadelstabstrecken, denen
lediglich die Druckwalze mit einem Farbbad vorgeschaltet ist, und die, statt das
Band in Spulen aufzuwickeln, es lose zusammenlegen, damit die Temperatur
der Dämpfkessel gut durchdringen kann.

II. Feinspinnerei.

Aufgabe der Feinspinnerei ist, das ungedrehte bzw. das lose gedrehte Faserband auf die gewünschte Feinheit zu verziehen, ihm die Drehung zu erteilen
und den so entstandenen Faden aufzuwinden.

Abb. 59. Kammgarnselfaktor.

Wie in den meisten übrigen faserverarbeitenden Industrien haben sich auch
in der Kammgarnspinnerei mehrere, nach verschiedenen Prinzipien arbeitende
Spinnverfahren entwickelt, im wesentlichen vier Hauptgruppen: Selfaktor-,
Ring-, Glocken- und Flügelspinnerei.

A. Selfaktorspinnerei.

Selbst der komplizierteste moderne Kammgarnselfaktor hält im Grunde
noch an den Prinzipien des alten Handbetriebes fest, er hat also auch heute
noch keine kontinuierliche Arbeitsweise. Um dieses an sich untechnische Prinzip
wirtschaftlich zu gestalten, ist allmählich eine äußerst komplizierte Maschine
entstanden, die sich auch vom Baumwoll- und Streichgarnselfaktor weitgehend
unterscheidet.

Ansicht und Aufsicht des heutigen Kammgarnselfaktors sind in Abb. 59
und 60 (Fabrikat Sächsische Textil-Maschinen-Fabrik) wiedergegeben.

Der absatzweise Arbeitsvorgang gliedert sich in die Perioden der Wagenausfahrt, des Abschlagens und der Wageneinfahrt. Nur die erste Periode
ist im eigentlichen Sinne produktiv, die zweite und dritte sind der Aufwindung des gesponnenen Fadens vorbehalten. Die Arbeitsweise des Steuerungs-

mechanismus, der diese Perioden ineinander überleitet, übt infolge ihrer Kompliziertheit so vielseitige Einflüsse auf das zu spinnende Garn aus, daß keine Erörterung des Selfaktorspinnens möglich ist ohne vorherige Auseinandersetzung mit diesem Bewegungsorganismus.

Die Kenntnis der Hauptorgane des Selfaktors, die in „Lüdicke, Spinnerei"[1] in eingehender Weise vermittelt ist, wird in dieser Darlegung vorausgesetzt, die sich andererseits auf das Prinzipielle beschränkt, das zur Besprechung der Spinnvorgänge nötig ist, ohne auf maschinenbauliche Einzelheiten einzugehen.

1. Die Arbeitsperioden des Selfaktors.

a) Die Wagenausfahrt.

Die Wagenausfahrt stellt den eigentlichen Spinnprozeß dar. Durch jede Umdrehung der Spindeln kommt eine Drehung ins Garn, da die Spindeln gegen den Faden so geneigt stehen, daß dieser nicht aufgewickelt wird, sondern bei jeder Umdrehung von der Spindelspitze abrutscht.

Da während des Spinnens keine Aufwindung erfolgt, muß die Spindel in dem Maße, wie das Streckwerk liefert, sich von diesem entfernen. Auf diese Weise entsteht das Wagenspiel. Und die Periode der Ausfahrt ist dadurch gekennzeichnet,

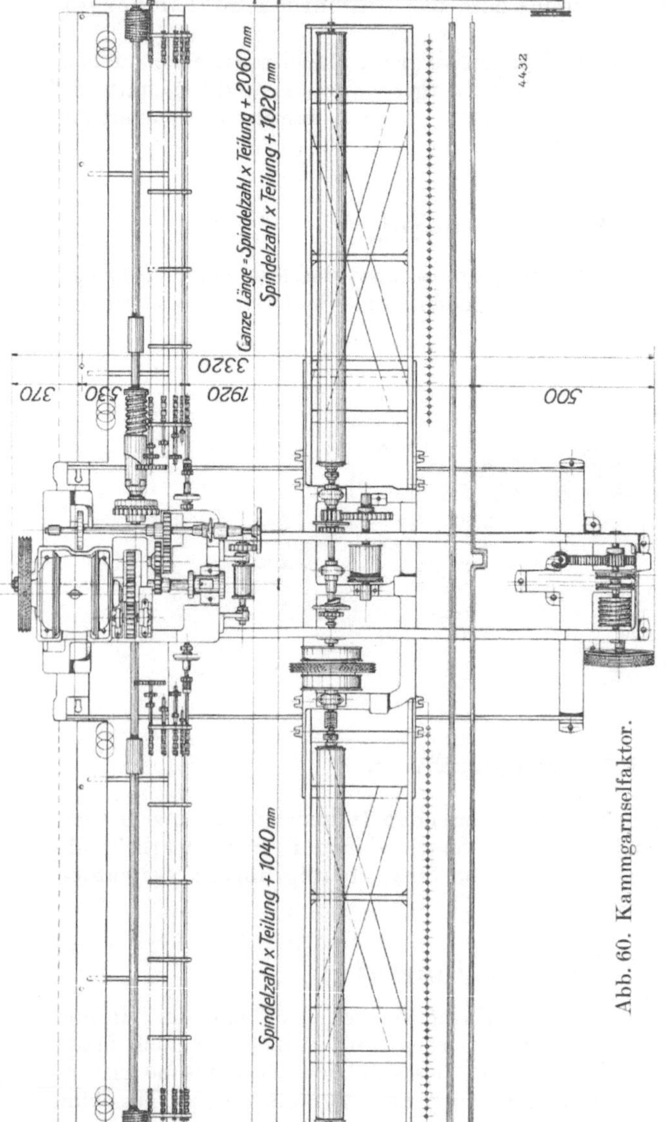

Abb. 60. Kammgarnselfaktor.

daß das Streckwerk liefert, die Spindeln sich mit gleichmäßiger Geschwindigkeit drehen und der Wagen sich vom Streckwerk entfernt.

Die Spindelbewegung erfolgt von dem auf der Hauptwelle sitzenden Volant aus über das Trommelseil. Dieses treibt die sich über die gesamte Wagen-

---

[1] Herzog, Technologie II/1.

länge erstreckende Trommel, von der die Spindeln mit Schnuren angetrieben werden.

Die Wagenausfahrt wird ebenfalls mittels Seiltriebes bewirkt, und zwar von der Wagenauszugwelle aus, welche von der Hauptwelle über das Marschrad betrieben wird.

Auch der Streckwerksantrieb erfolgt von der Wagenauszugwelle aus, so daß diese beiden Antriebe in ein starres Verhältnis gebracht werden können. Diese Verbindung ist nötig, da ein um Bruchteile von Sekunden verspätetes Einsetzen der Streckwerkslieferung das Reißen sämtlicher Fäden zur Folge hätte.

Gegen das Ende der Ausfahrt sind eine ganze Reihe von Umsteuerungsorganen auszulösen, die zum Abschlagen überleiten.

Zunächst ist die Bewegung von Spindeln, Wagen und Streckwerk zu beenden. Da sie von der Hauptwelle aus erfolgt, muß diese stillgesetzt werden. Zu diesem Zwecke drückt der sich der Endstellung nähernde Wagen mit Hilfe eines Riemenschiebers die auf der Hauptwelle laufenden Riemen zunächst nur teilweise auf die Losscheibe, wodurch die Endgeschwindigkeit des Wagens herabgemindert wird. Der Druck auf den Riemenschieber ist verstellbar, wodurch die Endgeschwindigkeit des Wagens der Widerstandskraft des zu verarbeitenden Materials angepaßt werden kann.

Dieser Riemenschieber kann auch mit der Hand betätigt werden, wenn man den Selfaktor während der Ausfahrt anhalten will. Unmittelbar im Anschluß an die Verschiebung der Antriebsriemen wird durch Umschaltung eines Balanciers im Headstock eine Nase der Steuerwelle freigegeben, so daß die Steuerwelle einer Reibungsbremse folgen kann und bis zum nächsten Anschlag, d. h. um 180° herumschlägt.

Die Drehung der Steuerwelle bewirkt, daß die Riemengabel gänzlich auf die Losscheibe geschoben wird und die Einzugsbremse, die den Antrieb der Wageneinfahrt bildet, zum Herabfallen, d. h. zum Eingreifen freigegeben wird. Diese Einzugsbremse wird während des Abschlagens lediglich durch eine Gabel gehalten, bis nach beendetem Abschlagen der Leithebel des Aufwinders einschnappt. In diesem Moment erst kann die Einzugsbremse nach unten fallen und den Wagen einziehen. Wie während der Ausfahrt die Hauptwelle — und damit die Maschine — durch den Riemenschieber von Hand zum Stillstand gebracht werden kann, so ist das bei der Einfahrt dadurch möglich, daß man mit Hilfe eines Hebelzuges die Einzugsbremse von Hand ausheben kann.

Verbunden mit der Einzugsbremse ist eine Sicherung, die den Wagen so lange in der Außenstellung hält, bis die Einzugsbremse gefaßt hat.

b) Das Abschlagen.

Mit dem Beginn des Abschlagens hört der eigentliche Spinnprozeß auf, das Abschlagen bereitet die Aufwindung des auf der Ausfahrt gesponnenen Fadens vor, indem es ihn vom Oberteil der Spindel abwickelt bis zu der Höhe, an der die Aufwindung beginnen soll.

Gekennzeichnet ist diese Periode dadurch, daß Streckwerk und Wagen stillstehen, lediglich Spindeln und Aufwinder arbeiten.

Das Abschlagen wird ermöglicht durch eine Umkehr in der Drehrichtung der Spindeln. Da der Spindelantrieb von der Hauptwelle erfolgt, läßt man während dieser Zeit die Hauptwelle in umgekehrter Drehrichtung laufen. Das erreicht man, indem man vom Deckenvorgelege außer der Hauptwelle noch eine Nebenwelle — meist mit Seiltrieb — antreibt. Beim Abschlagen erfolgt nun der Antrieb der Hauptwelle, während die Riemen auf der Losscheibe laufen, über eine Reibungskuppelung von dieser Nebenwelle aus in der Weise, daß die Drehrichtung umgekehrt wird.

Der von der Hauptwelle ausgehende Antrieb von Wagen und Streckwerk ist durch das Umschalten der Steuerwelle ausgekuppelt, weshalb beide jetzt stehenbleiben.

Der Moment der Auslösung des Abschlagens ist davon abhängig, ob mit oder ohne Zähler bzw. Nachdraht gesponnen wird.

Beim Spinnen mit Zähler wird der Eingriff der Reibungskuppel, die die Hauptwelldrehrichtung umkehrt, durch einen Zähler kommandiert. Im Augenblick der Beendung seiner vorgeschriebenen Tourenzahl gibt er eine starke Feder frei, die die Reibungskuppel festdrückt.

Beim Spinnen ohne Zähler erfolgt das Einrücken der Reibungskuppel indirekt bereits durch das Umschlagen der Steuerwelle, indem beim Sichern der Einzugsbremse die Feder bereits auf die Kuppel drückt.

Das eigentliche Abschlagen wird durch Auf- und Gegenwinder ausgeführt. Sobald die Trommelwelle sich entgegengesetzt dreht, wickelt sie eine Kette — die Aufwinderkette — auf. Diese zieht den Leithebel des Aufwinders hoch bis zu einem exakt festliegenden Punkt, an dem er auf der Windschiene einschnappt. Durch das Hochziehen des Leithebels wird der Aufwinder selbst nach unten geführt und drückt die Fäden mit herunter bis zu der Höhe, an der die nachfolgende Aufwindung einsetzen soll.

Durch das Niedergehen des Aufwinders wird der Gegenwinder aus seiner zwangsläufigen Ruhelage befreit und drückt von unten mit einem regelbaren Druck an die Fäden, wodurch erreicht wird, daß beim nachfolgenden Aufwinden die Unterkante des Aufwinderdrahtes genau die jeweilige Windungshöhe angibt.

c) Das Einfahren.

Die Zeit der Einfahrt ist ebenso wie die des Abschlagens dem eigentlichen Spinnvorgang verloren, in ihr erfolgt lediglich die Aufwindung des während der Ausfahrt gesponnenen Garnes auf die Spindel.

Gekennzeichnet ist diese Periode durch ein mit wachsender und wieder abnehmender Geschwindigkeit erfolgendes Einfahren des Wagens, ein Drehen der Spindeln in der Drahtrichtung mit ebenso zu- und abnehmender Geschwindigkeit und ein Nieder- und Aufwärtsgehen des Aufwinders. Das Streckwerk bleibt stehen wie beim Abschlagen.

Eingeleitet wird die Einfahrt durch das Einschnappen der Leitrolle des Aufwinders auf der Windschiene. In diesem Moment fällt die oben erwähnte Einzugsbremse ein, und der Wagenhalter gibt den Wagen frei. Die Einzugsbremse — eine Reibungskuppelung wie die Abschlagbremse — erhält ihre Drehung von der Nebenwelle, die also wie beim Abschlagen so auch bei der Einfahrt den Maschinenantrieb darstellt, während auf der Hauptwelle die Riemen weiter auf den Leerscheiben laufen. Durch die Einzugskuppelung wird über ein konisches Räderpaar die Schneckenwelle getrieben, die mittels zwei Zugseilen und einem retardierenden Gegenseil, das ein Voreilen des Wagens verhindert, den Wagen einzieht. Da die Seile über Schnecken liegen, also bei Beginn und Ende der Einfahrt auf kleinen Durchmesser, im übrigen auf große Durchmesser auflaufen, kann die Wageneinfahrt relativ schnell erfolgen, ohne ruckartig zu beginnen und zu enden. Weil dieser zu- und abnehmenden Einfahrtsgeschwindigkeit auch die Spindelumdrehungen angepaßt werden müssen, wird deren Antrieb vom einfahrenden Wagen aus eingeleitet.

Da jedoch die Aufwindung in konischer Form erfolgt, im Anfang und am Ende der Einfahrt auf dem dünnen oberen Durchmesser, dazwischen auf den

starken unteren Durchmesser gewunden wird, ist es nicht möglich, Spindel-
und Wagengeschwindigkeit proportional verlaufen zu lassen. Wird auf kleinen
Durchmesser gewunden, müssen sich die Spindeln im Verhältnis zu den Wagen-
geschwindigkeiten schneller drehen als beim Winden auf den starken Durchmesser.
Kleine Unstimmigkeit in der gegenseitigen Abstimmung der Geschwindigkeiten
können durch den Gegenwinder ausgeglichen werden, der die Gewähr leistet,
daß die Fäden mit einer bestimmten Spannung aufgewunden werden, indem er
— in beschränktem Umfang — die fehlende Übereinstimmung beider Geschwindigkeiten dadurch ausgleicht, daß er durch Auf- und Niedergehen die Fadenreserve vergrößert oder verkleinert.

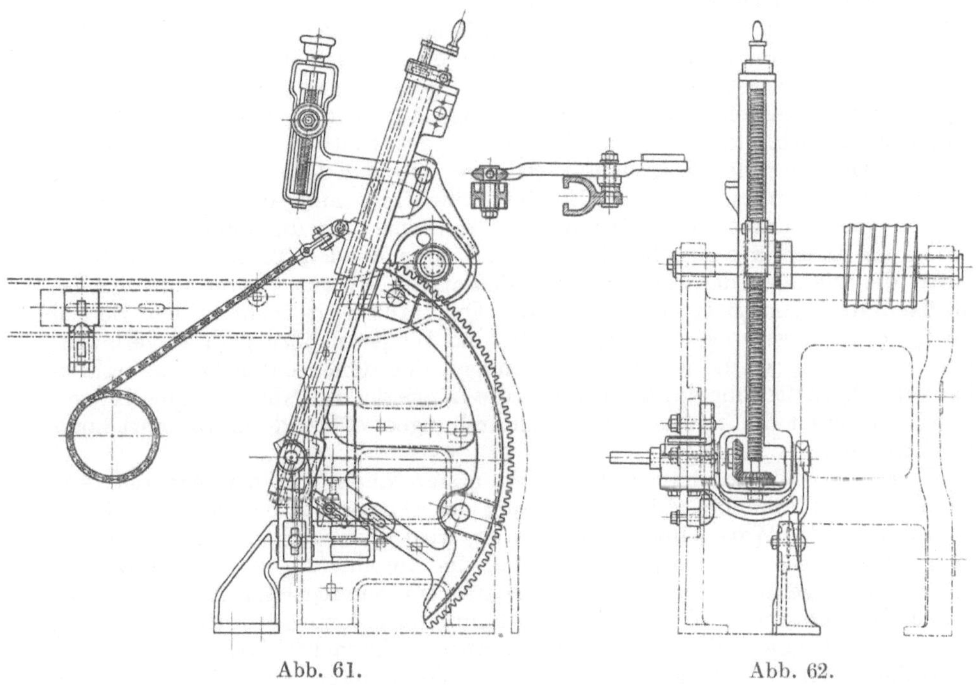

Abb. 61.Abb. 62.

Abb. 61 und 62. Quadrant.

Da jedoch das Geschwindigkeitsverhältnis zwischen äußerem und innerem
Kopsdurchmesser sich im Mittel etwa wie $1:4$ verhält, ist es nicht möglich,
die gesamte Differenz durch den Gegenwinder auszugleichen, sondern es muß
noch ein Zwischenglied eingeschaltet werden, das gegen das Ende der Wageneinfahrt die Spindelgeschwindigkeit relativ beschleunigt.

Man verwendet hierzu ein Übertragungsorgan, das zwangsläufig auf einer
Kreisbahn läuft, die im Anfang der Wageneinfahrt nahezu parallel, gegen Ende
fast rechtwinklig zur Wagenbewegung verläuft. Dieses Übertragungsorgan ist
der wichtigste Mechanismus während der Wageneinfahrt: der Quadrant, der in
Abb. 61 und 62 dargestellt ist. Sein Zahnsegment wird mittels eines vom Wagen
ausgehenden Seiltriebes entsprechend der Wagengeschwindigkeit angetrieben in
der Weise, daß der Quadrant während der Einfahrt von einer nahezu vertikalen
Stellung zu einer ziemlich horizontalen Lage kommt. Mit dem Wagen ist der
Quadrant außerdem durch eine Kette verbunden, die im Wagen auf einer Trommel aufgewickelt ist. Zu Beginn der Einfahrt, solange Quadrant- und Wagen-

bewegung nahezu parallel verlaufen, bleibt der Quadrant nur wenig zurück und zwingt die Kette nur zu langsamem Abwickeln. Je weiter aber die Einfahrt fortschreitet, je mehr die Bewegungsrichtung des Quadranten von der des Wagens abweicht, um so schneller muß die Kette sich abwickeln. Die sich auf diese Weise mit zunehmender Geschwindigkeit drehende Kettentrommel ist durch eine Sperrklinke starr mit der Spindeltrommelwelle verbunden und kommandiert somit während der Einfahrt die Spindelbewegung. Bei der Ausfahrt schleift diese Sperrklinke, so daß Spindeln und Quadrant unabhängig voneinander sind. Der Quadrant richtet sich bei der Ausfahrt wieder auf, da das Zahnsegment durch die umgekehrte Richtung der Wagenbewegung durch den Seiltrieb auch in umgekehrter Richtung bewegt wird.

Um jedoch auch die Quadrantkette, die sich bei der Einfahrt abgewickelt hatte, wieder aufzuwinden, ist ein besonderer Seiltrieb nötig, die sogenannte Kettenschnur. Sie ist um die Kettentrommel geschlungen und an beiden Enden im Headstock aufgehängt. Infolge der Wagenausfahrt zwingt sie die Kettentrommel zum Abrollen, wodurch sich die Quadrantkette wieder aufwickelt. Da nur die Differenz der Wagenausfahrtslänge und der Quadrantbewegung aufgewunden werden kann, bremst die Kette die Umdrehung der Kettentrommel, weshalb die sie antreibende Kettenschnur teilweise über diese gleiten muß.

Da die Länge des sich bei der Einfahrt abwindenden Teiles der Quadrantkette, die wie oben dargelegt den Spindelantrieb bewirkt, davon abhängig ist, ob das Kreisbogenstück, um das sich der Quadrant neigt, mehr in dem Bereich liegt, wo die Bewegungen von Quadrant und Wagen nahezu parallel verlaufen, oder mehr dort, wo die Bewegungsrichtungen sich dem rechten Winkel nähern, kann durch Verstellung des Quadranten die Länge des sich abwickelnden Kettenteiles und damit die Zahl der Spindelumdrehungen während der Einfahrt korrigiert werden.

Diese Spindelumdrehungszahl ist in erster Linie von der Art der Aufwindungsform abhängig. Die Aufwindung des Garnes auf die Spindel, die der Hauptzweck der Wageneinfahrtsperiode ist, wird kommandiert vom Aufwinder. Wie eingangs schon gestreift wurde, muß die Aufwindung in jeder Windungsschicht in Kegelform erfolgen, damit später ein reibungsloser Ablauf der einzelnen Schichten nach oben stattfinden kann. Diese konische Aufwindungsform bedingt einen komplizierten Schaltmechanismus. Zunächst darf die Windungshöhe der einzelnen Schicht nicht wie in der Vorspinnerei über die ganze Länge des aufzuwindenden Garnkörpers reichen. Vielmehr müssen zunächst nur ganz kurze Schichten an seinem unteren Ende aufgewunden werden. Jede nachfolgende Schicht muß länger sein, wodurch sich allmählich die konische Form des aufzuwindenden Garnkopses herausbildet. Außerdem muß jede Windungsschicht um eine Kleinigkeit höher als die vorhergehende ansetzen, wodurch vermieden wird, daß am unteren Ende Fäden abrutschen können. Diese Art der Aufwindung muß durchgeführt werden, bis der Konus die gewünschte Stärke erreicht hat, der „Ansatz" gebildet ist.

. Von diesem Augenblick an darf die Windungshöhe nicht mehr zunehmen, sondern muß die gleiche Form haben wie die vorhergehende, und jede Schicht muß so viel höher als die vorhergehende ansetzen, daß oberhalb des Ansatzes der Garnkörper eine zylindrische Form erhält. Sobald der Windungsanfang zu wenig erhöht wird, nimmt der Durchmesser des Garnkörpers nach obenhin zu, im entgegengesetzten Falle ab. Ganz abgesehen von der Formschönheit ist es aber schon deshalb nötig, den Hauptteil des Kopses zylindrisch verlaufen zu lassen, um den Zwischenraum zwischen den Spindeln, der nach dem stärksten Kopsdurchmesser bemessen ist, möglichst weitgehend auszunützen. Da die Spindeln selbst sich nach oben verjüngen, ist dieser zylindrische Aufbau der Kopse nur mit Hilfe einer kleinen Korrektur in der Windungshöhe der einzelnen Schichten zu erreichen. Diese muß sich nach oben zu allmählich wieder etwas verkürzen.

Dabei ist noch zu berücksichtigen, daß ein Aufwinden des Fadens mit sehr schwacher Steigung der Windungsspirale trotz der konischen Form beim Ablauf ein Mitreißen der nächstfolgenden Schicht bewirken würde. Es muß deshalb zwischen zwei in flachen Spiralen aufgewundenen Lagen stets eine Lage in ganz steiler Windungsspirale gewunden werden, so daß die Fäden gekreuzt liegen, was ein Hängenbleiben verhindert.

Um diese kreuzweise Aufwindung zu erreichen, muß sich der Aufwinderdraht bei Beginn der Wageneinfahrt von der Spitze des jeweils aufgewundenen Teiles an zunächst schnell senken und dann während des Hauptteiles der Einfahrt langsam wieder heben.

Wie oben bereits erwähnt, wird die Form der Bewegung des Aufwinderdrahtes während der Einfahrt von der Windschiene bestimmt. Die Windschiene steigt im äußeren Teil steil an und fällt im Hauptteil langsam ab, wodurch die Kreuzwindung — zunächst steil abfallend, dann in engen Spiralen ansteigend — hervorgerufen wird.

Die Windungshöhe ist abhängig von der Höhendifferenz zwischen Scheitel- und Endpunkten der Windschiene. Je größer diese ist, um so länger die Windung. Im Anfang der Kopsbildung muß demnach die Windschiene eine flachgestreckte, nahezu horizontale Form haben, während nach Bildung des Ansatzes die zum Scheitelpunkt führenden Laufflächen am stärksten ansteigen und dann allmählich wieder etwas verflachen müssen.

Diese komplizierten Lagenänderungen erreicht man dadurch, daß man die Windschiene an beiden Enden auf verschieden profilierten Formplatten lagert, durch deren Verschiebung während des Abzugs die Windschiene sich zunächst am hinteren Ende stärker senkt, so daß der Teil vom Scheitelpunkt bis zum hinteren Ende sich mehr und mehr neigt.

Da jedoch auch das kurze vordere Stück der Windschiene gleichzeitig mit geneigt werden muß, um bei Beginn jeder Wageneinfahrt in der richtigen Höhe das Aufwinden beginnen zu können, muß dieser kurze ansteigende Teil als besonderer schwenkbarer Schenkel, der im Scheitelpunkt aufgehängt ist, der Windschiene angesetzt werden. Am vorderen Ende wird dieser Schenkel in einer gleich der hinteren Formplatte profilierten Führung gelagert, so daß bei Verschiebung der Formplatten am Anfang und am Ende die Windschiene die gleiche Höhe für das Windungsorgan vorschreibt.

Die Windschiene selbst muß demzufolge in ihrem vorderen Teil derart abgekröpft sein, daß die Leitrolle, die die Höhenlage des Aufwinderdrahtes kommandiert, bei Beginn der Wageneinfahrt nicht auf der Windschiene selbst, sondern auf dem beweglichen Schenkel aufliegt. Auf diese Weise ist es möglich, die Höhenlage von Scheitel- und Endpunkten der Windschiene völlig unabhängig voneinander während des Abzuges zu verändern, mit einer ganz kurzen Aufwindelänge zu beginnen, diese allmählich zu verlängern, daß eine Kegelform der Schichtenlage entsteht, und dann auf dem konischen Teil der Spindel wieder eine Kleinigkeit zu verkürzen, damit der Kops sich nicht wie die Spindel nach oben verjüngt, sondern eine zylindrische Form beibehält.

Die Verschiebung der Formplatten, die die Lagenänderung der Windschiene während des Abzuges bewirkt, wird durch ein einfaches Schaltrad ausgelöst, das bei jedem Wagenspiel um einen einzustellenden Impuls eine Schraube weiterdreht, die die Formplatten verschiebt. Dabei ist zu berücksichtigen, daß unabhängig von der Garnnummer bei jedem Abzugsbeginn die Lage der Windschiene die gleiche sein muß, ebenso wie dem vollgesponnenen Kops eine einmalig festgelegte Höhe der Windschiene entspricht. Wird also ein grobes Garn gesponnen, das nur eine kurze Abzugszeit benötigt, so muß die Bewegung der Formplatten schneller erfolgen als bei feinen Garnen mit langer Abzugszeit. In allen Fällen muß der Schaltbetrag so geregelt sein, daß während des Ansatzes die gewünschte Kopsstärke erreicht wird. Wenn die Zwischenübertragungsorgane zwischen Windschiene und Aufwinderdraht richtig eingestellt sind, ist dann auch die weitere Kopsform richtig.

Bei gleicher Festigkeit der Aufwindung und gleichem Kopsdurchmesser verhalten sich demnach die Schaltbeträge etwa umgekehrt proportional der Garnnummer.

Dieser sinnreiche und komplizierte Aufwindungsmechanismus ermöglicht jedoch noch keine einwandfreie Aufwindung eines Garnkopses. Die Schwierigkeiten, die durch die Notwendigkeit der Formverschiedenheit der einzelnen Windungsschichten entstanden, sind als gelöst zu betrachten. Ebenso ist es — wie oben dargelegt — gelungen, die Spindelgeschwindigkeit während der Wageneinfahrt dem jeweiligen Windungsdurchmesser anzupassen und die geringen Unstimmigkeiten durch den Gegenwinder, der mit elastischem Druck diese automatisch ausgleicht, zu beseitigen.

Nicht dagegen geben diese Organe die Möglichkeit, die Spindelgeschwindigkeit so zu regulieren, daß sie bei Beginn des Abzuges, wenn nur auf schwachen Durchmesser gewunden wird, ebenso die Fadenlänge einer Wagenausfahrt aufwinden wie im weiteren Verlauf des Abzuges, wenn die konische Form erreicht ist.

Dieser sich während der Ansatzbildung vergrößernde durchschnittliche Windungsdurchmesser stellt die Forderung einer entsprechenden Verringerung der Spindelgeschwindigkeit im Laufe der Ansatzbildung. Ist die Spindelumdrehung nur wenig zu schnell, verursacht sie zunächst ein zu straffes Aufwinden, ein „Einschneiden" in die darunter liegenden Windungsschichten und weiterhin ein Reißen sämtlicher Fäden. Ist sie dagegen zu langsam, so wird nicht die gesamte Lieferung der Wagenausfahrt aufgewunden, und es bleiben nach beendeter Wageneinfahrt Schleifen in dem Fadenstück zwischen Streckwerk und Spindeln, die sich, wenn sie nicht auf der nächstfolgenden Wagenausfahrt beseitigt werden, später nicht wieder aufziehen lassen und in der Weiterverarbeitung sehr unangenehme Anstände verursachen. Einen Maßstab, ob zuviel oder zuwenig aufgewunden wurde, bildet die Bewegung des Gegenwinders, der die Fäden unter gleichbleibendem Druck nach oben spannt und um so höher steigen muß, je weniger Faden aufgewunden ist. An diesem Merkmal haben alle mechanischen Versuche eingesetzt, die die Spindelgeschwindigkeit regulieren wollen.

Von vornherein muß jedoch betont werden, daß keine der vielen vorhandenen mechanischen Reguliermethoden vollkommen ist. Nach wie vor ist noch heute die Aufmerksamkeit und das Verständnis des Spinners für die „richtige Fadenhaltung" unerläßliche Vorbedingung. Sie bildet die eigentliche Kunst des Selfaktorspinnens, und ohne sie ist trotz der besten mechanischen Reguliervorrichtung kein einwandfreies Arbeiten möglich.

Diese Regulierung, d. h. also Veränderung der Spindelgeschwindigkeit während der Wageneinfahrt, erfolgt — sei es nun von Hand oder mit mechanischen Hilfsmitteln — dadurch, daß im Quadrant der Angriffspunkt der Kette verschoben wird. Oben war dargelegt worden, daß die sich abwickelnde Länge der Quadrantkette die Zahl der Spindelumdrehungen während der Wageneinfahrt bestimmt. Diese Länge ist nun um so kleiner, je höher der Angriffspunkt der Kette im Quadranten liegt, denn um so weitergehender kann sie dann auf der vergrößerten Kreisbogenbewegung dem einfahrenden Wagen folgen. Das führt zu der Notwendigkeit, die Kette bei Beginn des Abzuges in der Nähe des Drehpunktes des Quadranten angreifen zu lassen und allmählich, je mehr der Konus sich bildet, zur Verlangsamung der Spindeltouren vom Drehpunkt fortzubewegen.

Diese Verschiebung erfolgt auf einer Leitspindel im Quadranten, die mittels Handrad gedreht werden kann. Die mechanischen Reguliervorrichtungen haben sämtlich auch die Drehung dieser Leitspindel zum Ziel und bewirken sie in den meisten Fällen dadurch, daß während der Wageneinfahrt der Gegenwinder dann, wenn er zu tief liegt, irgendein Organ auslöst, das bei der folgenden Ausfahrt eine mit der Quadrantenleitspindel verbundene Kette um einen gewissen Betrag weiterschaltet. Eine ganze Anzahl dieser Reguliervorrichtungen sind wertvolle Hilfsorgane für den Spinner, während sie, wie bereits erwähnt, das Regulieren von Hand nicht ersetzen, zumal die meisten von ihnen nicht die Möglichkeit des „Zurückregulierens", also eine Beschleunigung der Spindelgeschwindigkeit bei zu losen Fäden in sich schließen. Gerade die Tatsache, daß „zuviel Faden" entstehen kann, erfordert die ständige Aufmerksamkeit des Spinners auch bei Vorhandensein von mechanischen Reguliervorrichtungen. Von der richtigen „Fadenhaltung" ist in hohem Maße der Ablauf des Garnes von den Kopsen bei der Weiterverarbeitung abhängig. Somit ist der Selfaktor letzten Endes trotz aller Kompliziertheit seiner Steuerungsorgane immer noch kein „Selfaktor".

Als letzter Punkt bei der Betrachtung der Steuerungsorgane bleibt lediglich noch anzuführen die Umstellung auf die Ausfahrtbewegung in dem Moment, in dem der Wagen die Innenstellung erreicht hat. Sie wird ausgelöst durch ein Umkippen des gleichen Balanciers, das beim Ende der Wagenausfahrt die Steuerwelle umschlagen ließ. Diese wird jetzt in der gleichen Weise freigegeben, wodurch sie sich um 180° weiterdreht und damit alle Steuerungsmechanismen auf die anläßlich der Wagenausfahrt beschriebene Stellung zurückbringt.

Unabhängig von der Steuerwelle werden Auf- und Gegenwinder dadurch in ihre Ruhelage zurückgebracht, daß durch einen feststehenden Anschlag die starre Verbindung zwischen Aufwinder und Windschiene gelöst wird. Dieses Ausschnappen der Führung darf erst im letzten Augenblick der Wageneinfahrt erfolgen, da sonst das letzte Fadenstück nicht aufgewunden wird. Es muß jedoch noch während des Einfahrens geschehen, da sich beim Hochgehen des Aufwinders die Fäden in steilen Spiralen bis an die Spindelspitzen winden müssen, um bei Ausfahrtsbeginn sich nicht weiter aufzuwickeln, sondern nur die Drehung aufzunehmen.

Die Ausfahrtbewegung, das Abschlagen, die Einfahrt und alle dazu in Beziehung stehenden Arbeitsvorgänge sind letzten Endes nur sekundär wirkende Hilfsmittel für die für den Spinnprozeß im engeren Sinn verantwortlichen Organe. Die Ausfahrtbewegung gehört nur insofern auch in diesem engeren Sinne zum Spinnprozeß, als eine Differenzgeschwindigkeit zwischen Streckwerkslieferung und Wagengeschwindigkeit besteht, der sogenannte Wagenverzug, dem man einen Teil der Überlegenheit des Selfaktorgespinstes über das nach anderen Spinnverfahren gesponnene Garn zuschreibt.

Die Theorie des Wagenverzuges ist folgende: Bei der Drehung eines Vorgarn- oder Fadenstückes von ungleichmäßigem Querschnitt legt sich die Drehung zunächst in die Stellen des schwächsten Querschnittes, allmählich greift sie dann auch auf Teile, die den mittleren Querschnitt besitzen, über und teilt sich erst zuallerletzt und nur in schwachem Maße den stärksten Stellen des betreffenden Vorgarn- oder Fadenstückes mit.

Man folgerte nun aus dieser allgemein bekannten Erscheinung, daß von dem das Streckwerk verlassenden feinen ungedrehten Faserband zunächst die schwächsten Stellen stark gedreht werden und somit eine größere Festigkeit gegen Zugbeanspruchung erhalten, als sie die starken aber noch ungedrehten Teile dieses Faserbandes besitzen, die den schwachen Stellen unmittelbar folgen. Bei eintretender Zugbeanspruchung müssen sich demnach zunächst die dicksten Stellen verziehen, bis sie so schwach werden, daß die Drehung sich auch ihnen mitteilt und sie gegen weiteres Verzogenwerden schützt, das sich nun an der nächsten starken Stelle auswirkt. Die Zugbeanspruchung soll also eine Vergleichmäßigung der Fadenstärke herbeiführen. Sie wird ausgelöst dadurch, daß man den Wagen schneller ausfahren läßt, als das Streckwerk liefert.

Diese Theorie, nach der der Wagenverzug das Selfaktorgespinst vergleichmäßigt und seine Überlegenheit über das Gespinst der Ringspinnmaschine verursacht, ist jedoch nur beschränkt richtig, oder besser gesagt, wird in ihren Auswirkungen durch andere Einflüsse beeinträchtigt.

Wenn die hohe Fadenspannung — als solche wirkt sich der Wagenverzug aus — die Gleichmäßigkeit eines Gespinstes generell verbessern würde, dann müßte gerade das Ringgespinst dem Selfaktorgarn überlegen sein, da das Prinzip der Ringspinnmaschine eine so große Fadenspannung erfordert, daß man feine Garne diesem Zug nicht aussetzen kann. Ein Verzug durch die Fadenspannung ist zwischen Streckwerk und Spindel auf der Ringspinnmaschine ebenfalls vorhanden, nur ist er dort weniger offensichtlich als auf dem Selfaktor.

Doch zunächst soll einmal die volle Gültigkeit der Theorie des Wagenverzuges angenommen werden. Wie ist es dann, wenn durch eine hochwertige Vorspinnerei wirklich eine überwiegende Anzahl der Vorgarnbänder auf längere Strecken als vollkommen gleichmäßig in der Stärke bezeichnet werden kann? Für diesen Fall, in dem sich die Drehung der Lunte gleichmäßig mitteilen muß, gelten für den Wagenverzug lediglich die Gesichtspunkte, die bei jedem anderen Verzug, in jedem anderen Streckwerk auch gelten. Vergleicht man nun aber die Strecke zwischen Lieferzylinder und Spindelspitze mit den Verzugsfeldern, die sonst angewandt werden, so ist auf den ersten Blick ersichtlich, daß, da alle Gesichtspunkte, mit denen in allen übrigen Streckwerken eine Vergleichmäßigung des Verzuges angestrebt wird, hier außer acht gelassen sind, die Verteilung des Verzuges vollkommen dem Zufall anheimgegeben ist und infolgedessen eine Gleichmäßigkeit nicht eintreten kann. Da die Verfeinerung des Garnes durch den Wagenverzug im Mittel etwa 5 bis 7 % betragen dürfte, ist ersichtlich, welche Bedeutung ein ungleiches Verziehen an dieser Stelle hat.

Aus der Gegenüberstellung des Verhaltens von einwandfreiem und von stelligem Vorgarn beim Wagenverzug ist bereits zu erkennen, welche hohe Bedeutung dem Wagenverzug in der Streichgarnspinnerei zufallen muß, da dort die Vorspinnerei fehlt und die zu spinnende Lunte ganz erhebliche Feinheitsunterschiede aufweist.

In der Kammgarnspinnerei tritt zu dem hohen Gleichmäßigkeitsgrad des Vorgarns noch ein weiterer Grund, der den hohen Wagenverzug als unvorteilhaft erscheinen läßt. Im Gegensatz zur Streichgarnspinnerei erteilen die Spindeln vom Augenblick des Wagenausfahrtbeginnes an jedem kleinsten Fadenstück, das den Klemmpunkt der Lieferzylinder verläßt, seine endgültige Drehung. Es ist also nicht so, daß ein langes Fadenstück gedreht wird und die Drehung sich zuerst die dünnen Stellen aussuchen kann. Deshalb muß, da die jeweilige Länge zwischen Streckwerk und Spindel bereits fertig gedreht ist, jedes kleinste aus dem Streckwerk kommende Stückchen Drehung erhalten, wenn auch an starken Stellen entsprechend weniger als an feinen. Bei starken Noppen kann das bis zum Eindruck vollkommener Ungedrehtheit führen. Abgesehen jedoch von ganz offenen Gespinsten soll die Drehung selbst der stärkeren Stellen schon so hoch liegen, daß ein regelrechtes Verziehen dieser Fadenstücke nicht mehr möglich ist. Der Wagenverzug muß demnach bereits die Elastizität des Fadens beanspruchen, wodurch die von ihm erhofften Vorzüge sich ins Gegenteil verwandeln müssen. Wenn ungleiches Vorgarn verwendet wird, werden lediglich einige starke Stellen noch verzugsfähig sein, die dann den gesamten Wagenverzug aufnehmen müssen und daher leicht zu spitzen Stellen, wenn nicht sogar bis zum Eintritt des Bruches verzogen werden können.

Nicht viel günstiger liegen im allgemeinen die Verhältnisse, wenn mit Nachdraht gesponnen wird. Denn auch hier wird der Hauptteil der Drehung im Moment des Austritts aus dem Streckwerk dem Faden erteilt.

Da der Faden, der sich nach Beendigung der Ausfahrt zwischen Streckwerk und Spindeln befindet, auf 1,60 m Länge sein Gewicht tragen muß, kann bei allen Garnen, deren Drehung nahe der Spinngrenze liegt, nur ein Bruchteil der Drehung nachträglich erteilt werden, wodurch sich die geschilderten Verhältnisse während der Wagenausfahrt nicht verändern.

Bei allen scharf gedrehten Garnen, die man vor allem mit Nachdraht spinnt, wird man während der Ausfahrt die gewöhnliche Drehung erteilen, die darüber hinausgehende als Nachdraht. Also auch hier gelten während der Ausfahrt die dargelegten Bedingungen. Dazu kommt, daß während des Nachdrehens nochmals eine Zugwirkung auf den Faden ausgeübt wird, die sich wiederum nur den wenigen, eventuell noch verzugsfähigen schwach gedrehten Stellen mitteilt oder den Gesamtfaden auf Dehnung beansprucht.

Die Begründung der Notwendigkeit des Wagenverzuges auf dem Selfaktor liegt vielmehr auf einem anderen Gebiet. Es ist praktisch nicht möglich, die Spindelgeschwindigkeit während der Einfahrt so zu regulieren, daß auf sämtlichen Spindeln so viel aufgewunden wird, daß die Fäden nach beendeter Einfahrt zwischen dem bereits bewickelten Kops und dem Lieferzylinder gleichmäßig gestrafft sind. Geringfügige Unterschiede in der Fadenspannung sind innerhalb der Spindeln eines Selfaktors nicht vermeidbar, da kleine Differenzen im Durchmesser der Kopse durch verschiedenen Hülsensitz, fehlende Fäden, ungleichen Schlupf der Spindelschnuren usw. Unterschiede in der aufgewundenen Fadenlänge ergeben.

Außerdem würde, wenn die Spindeln den gesponnenen Faden auf der Einfahrt bis auf wenige Millimeter genau aufwinden würden, bei dem komplizierten Aufwindemechanismus häufig der Fall eintreten, daß zuviel aufgewunden würde bzw. die Fäden reißen müßten. Aus diesem Grunde ist es nötig, bei jeder Einfahrt eine gewisse Fadenreserve unaufgewunden zu lassen, die sich beim Zurückschnappen des Gegenwinders als kleine Schleife an die Spindel legt. Diese kleine Schleife muß bei Beginn der Wagenausfahrt ausgezogen werden. Man benutzt hierfür einen besonderen Schleifenzug, d. h. einen Kuppelungsmechanismus, der bewirkt, daß die Wagenausfahrtbewegung einen Sekundenbruchteil früher einsetzt als die Streckwerkslieferung. Mit diesem momentan wirkenden Schleifenzug kann man jedoch nur diejenige Fadenreserve beseitigen, die alle Spindeln besitzen. Würde man darüber hinaus auf diese Weise auch die etwas längeren Schleifen an vereinzelten Spindeln aufzuziehen versuchen, würde man an den übrigen Spindeln spitze Stellen im Garn oder sogar Fadenbruch verursachen. Diese vereinzelten kleinen Schleifen und Fadenstücke, die sich nach Verlassen des Streckwerks wieder zusammenzuziehen trachten, müssen daher ganz allmählich aufgezogen werden. Hierfür ist der Wagenverzug ein unerläßliches Hilfsmittel. Es ist lediglich nach den im Anfang entwickelten Gesichtspunkten darauf zu achten, daß man ihn nicht weiter steigert, als es zur sicheren Beseitigung der letzten Reste der Fadenreserve nötig ist. Hierzu sind aber keine 8 bis 12 cm

Wagenverzug — wie häufig angewandt wird — erforderlich. Je besser ein Selfaktor in Ordnung ist, um so gleichmäßiger ist die Fadenreserve auf allen Spindeln und erfordert demnach um so weniger Ausgleich durch den Wagenverzug.

2. Die Arbeitsorgane des Selfaktors.

Die Erörterung der konstruktiven Einzelteile des Selfaktors soll wiederum auf die eigentlichen produktiven Organe beschränkt bleiben. Die konstruktive Durchbildung des im vorstehenden Abschnitt entwickelten Arbeitsprinzips ist in dem im gleichen Verlag erschienenen Werk von Meyer-Zehetner in eingehender Weise dargestellt.

Im Gegensatz zu den maschinenbaulich interessierenden Konstruktionen der Steuerungen usw. sind als die eigentlichen spinntechnischen Organe im wesentlichen nur Streckwerk und Spindel anzusehen.

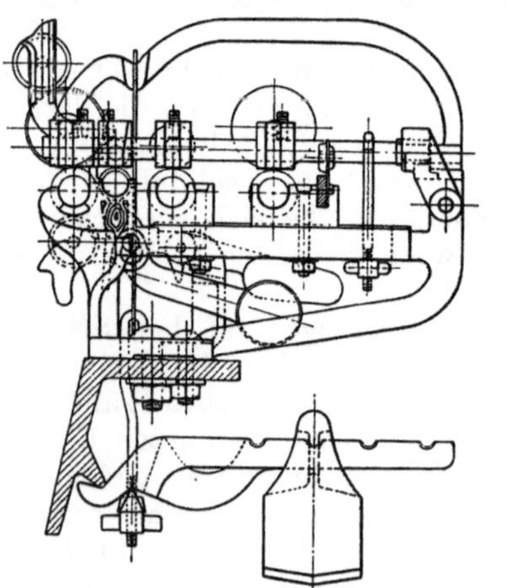 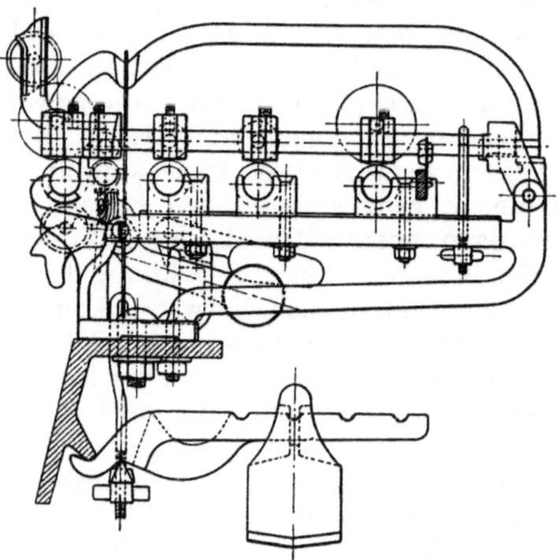

Abb. 63. Streckwerk mit vier Zylindern.   Abb. 64. Streckwerk mit fünf Zylindern.

a) Das Streckwerk.

Das Prinzip des Verstreckens ist das gleiche, das in der Vorspinnerei verwendet wird. Lediglich wird jetzt infolge des schwachen Bandquerschnittes zwischen Eingangs- und Ausgangsklemmpunkt auf eine Führung durch Nadelfelder oder Nadelwalzen verzichtet. Diese wird ersetzt durch 2 bis 3 Führungsstellen, die ein Schwimmen kurzer Fasern verhindern, aber die Möglichkeit des Durchzugs langer Fasern geben sollen. Durchgeführt ist dieses Prinzip ähnlich der Vorspinnerei, wie es aus den Abb. 63 und 64 (Fabrikat Sächsische Textil-Maschinen-Fabrik) ersichtlich ist.

Nur die Unterzylinder — in neuerer Zeit meist fünf — werden angetrieben. Die Belastungswalzen der Einführungszylinder wirken durch ihr Eigengewicht, während das Gewicht der Druckwalzen auf den Lieferzylindern durch belastete Hebel verstärkt wird. Der Vorderzylinderklemmpunkt muß ebenso wie in der Vorspinnerei besonders gut greifen, da er allein den Verzug bewirkt, also jede Einzelfaser richtig fassen muß. Andererseits muß er verhüten, daß durch den Wagenverzug mehr Faden, als es der Umfangsgeschwindigkeit des Vorderzylinders entspricht, aus dem Streckwerk gezogen wird.

Entsprechend dem Verzugsfeld in der Vorspinnerei laufen die mittleren, leicht belasteten Zylinder nur um wenige Prozente schneller als die Einführungszylinder, um Stockungen der Lunte im Streckwerk zu verhüten. Die durch die

Verzugsarbeit am Klemmpunkt der Vorderzylinder trotz des schwachen Bandquerschnittes benötigte innige Verbindung erfordert wie in der Vorspinnerei einen elastischen Oberzylinder. Die Elastizität wird durch einen Filzüberzug geschaffen, der, um ein Anhaften von Fasern zu verhüten, wie in der Vorspinnerei mit glattem Pergamentpapier überzogen sein muß. Die Geschmeidigkeiten dieses Papieres muß sehr hoch sein, um der ständigen Knickbeanspruchung durch die Riffelzylinder weitgehend widerstehen zu können. Die Laufdauer eines guten Pergamentpapieres beträgt bis zu vier Wochen. Man sucht diese Lebensdauer ebenso wie die der Filzüberzüge dadurch zu erhöhen, daß man den Faden nicht ständig an der gleichen Stelle durch den Klemmpunkt laufen läßt, sondern ihn — soweit es die Breite der Druckzylinder gestattet — langsam changieren läßt.

Die Lagerungen sämtlicher Oberzylinder sind am Selfaktor allgemein noch als einfache Schlitzführungen ausgebildet, in denen die Achsen der durch die Riffelzylinder mitgenommenen Oberwalzen laufen. Bei den mittleren Zylindern, an denen mit wenig Druck gearbeitet wird, und auch beim Einführungszylinder entsteht infolge der langsamen Bewegung kaum ein Kraftverbrauch und demzufolge auch kaum eine Abnutzung der Lagerstellen, obgleich diese nicht geölt werden können. Bei den Vorderzylindern dagegen, die mit 2 bis 3 kg Gewichtsbelastung und etwa der 10fachen Geschwindigkeit laufen, tritt eine Abnutzung der Schlitzführungen und der Druckzylinderachsen ein, die zu unruhigem Lauf des Zylinders und damit zu Fehlerquellen im Garn führen kann. Der durch diese Reibung verursachte Kraftverbrauch wird noch erhöht durch den auf der Mitte der Achse aufliegenden Bügel der Hebelbelastung, obgleich an dieser Stelle die Achse gefettet werden kann.

Erhöht werden diese Nachteile — starke Abnutzung und Kraftverbrauch — noch durch die bei Fadenbruch auftretenden Faserwickel, die sich in die Lagerstellen hineinziehen. Außerdem kann durch diese Wickel ein Kippen des Zylinders und damit eine mangelhafte Auflage auf dem Unterzylinder und ein fehlerhafter Faden hervorgerufen werden.

Trotz der Nachteile dieser primitiven Druckzylinderlagerung behauptet sie sich auch heute infolge ihrer Einfachheit und Billigkeit noch am Kammgarnselfaktor. Ein wirksamer Schutz gegen ihre Nachteile liegt nur in einer peinlichen Sauberhaltung des Streckwerkes und insonderheit der Lagerstellen.

Die Durchmesser der Unterzylinder sind an Mindeststärken gebunden, die durch ihre Länge und Belastung gegeben sind. Diese Mindestgrenzen wesentlich zu überschreiten, ist vor allem beim vorletzten und letzten Zylinder, zwischen denen der Verzug liegt, unvorteilhaft, da — wie in der Vorspinnerei — der Verzug um so gleichmäßiger wird, je näher die kurzen Fasern an den Vorderzylinder herangeführt werden können, ohne von langen Fasern mitgerissen zu werden, die sich, nachdem sie vom Klemmpunkt gefaßt sind, aus der Lunte herausziehen. Da der Vorderzylinder infolge seiner großen Belastung verhältnismäßig stark ausgebildet werden muß, hat man sich bemüht, den vorhergehenden Zylinder so wenig wie möglich zu belasten, um ihn sehr schwach ausführen und seinen Klemmpunkt sehr nahe an den des Vorderzylinders heranbringen zu können. Bei Selfaktoren mit 600 bis 650 Spindeln hat sich allgemein für die Zylinder ein Durchmesser von 27 mm und für den vorletzten Zylinder von 20 mm herausgebildet. Zwischen den Auflagestellen sind die Zylinder abgesetzt, was den Vorteil hat, daß Wickel, die auf den schwächeren Durchmesser geschoben werden, sich dort leichter beseitigen lassen. Noch weitergehend sind die Lagerstellen abgesetzt, da die knappen Zylinderabstände sonst keine Unterbringung der Lagerschalen gestatten.

Die Riffelung ist entsprechend dem Bandquerschnitt feiner als in der Vorspinnerei gehalten. An den Vorderzylindern wird sie jetzt vielfach, um ein Einarbeiten in die elastischen Oberzylinder zu vermeiden, als Differentialriffelung ausgebildet.

Wie in jedem Streckwerk ist die Gesamtlänge von Klemmpunkt zu Klemmpunkt abhängig von der Stapellänge der zu verarbeitenden Wolle, nur sind in diesem Streckwerk die Fehler bei vernachlässigter Anpassung an das Fasermaterial wesentlich einschneidender als beim Vorhandensein eines sicher wirkenden Führungsorganes, etwa eines Nadelfeldes.

Bei zu langer Streckwerkseinstellung ist die Möglichkeit des Schwimmens kurzer Fasern hier außerordentlich erleichtert, und der Faden wird in diesem Falle sehr ungleichmäßig werden. Bei zu kurzer Klemmpunktsentfernung besteht nicht nur die Gefahr des Faserzerreißens. Die Fasern, die länger sind als die Klemmpunktsentfernung, gelangen, wenn sie nicht reißen, in stark gedehntem Zustand in den Faden und sind daher bestrebt, diesen zusammenzuziehen und unangenehme, schwer zu beseitigende Kringelbildungen im Garn hervorzurufen.

Beim Vergleich der anzuwendenden Streckwerkslängen mit den Durchmessern der Zylinder ergibt sich, daß für kurze und mittellange Merinowollen kaum eine Möglichkeit besteht, fünf Zylinder innerhalb der richtigen Streckwerkslänge unterzubringen. Streckwerke mit fünf Zylindern bewirken demnach bei diesen Wollen, daß die Klemmpunktsentfernung länger als nötig eingestellt wird. Die jetzt allgemein übliche Tendenz, Selfaktorenstreckwerke nur mit fünf Zylindern zu bauen, ergibt zwar eine universelle Verwendungsmöglichkeit für diese Maschinen, ist aber gerade bei der Verarbeitung der Garne, die hauptsächlich auf dem Selfaktor gesponnen werden, kein Vorteil.

Der Verzug, der sich mit einem derartigen Streckwerk erzielen läßt, liegt bei den schwachen Bändern, um die es sich hier handelt, in der gleichen Größenordnung wie der der Nadelstabstrecken. Geht man wesentlich über 12fachen Verzug, so leidet die Gleichmäßigkeit des Fadens. Andererseits lassen sich im Gegensatz zur Nadelstabstrecke keine niedrigen Verzüge in Anwendung bringen, da die schwimmenden Fasern durch die Zwischenklemmpunkte nicht so gut gehalten werden, wie in einer Nadelwalze oder einem Nadelfeld. Die Fasern müssen durch den Vorderzylinderklemmpunkt ruckartig und schnell aus ihrer Verbindung mit den Nachbarfasern herausgerissen werden, andernfalls ziehen sie diese teilweise mit sich, und es ist kein gleichmäßiger Verzug zu erzielen. Bereits unter 7fachem Verzug beginnt der Faden stellig zu werden. Es hat sich deshalb allgemein die Anwendung von ca. 10fachem Verzug eingeführt, der für alle Qualitäten gleichmäßig verwendbar ist.

Auf die Entwicklung des Hochverzugsstreckwerkes in der Kammgarnspinnerei wird anläßlich der Erörterung des Streckwerks der Ringspinnmaschine noch einzugehen sein.

b) Die Spindel.

In der Entwicklungsgeschichte des Selfaktors hat sich gerade die Spindel als eines der wichtigsten Organe so gut wie nicht verändert.

Diese Spindel ist etwa in der Mitte ihrer Länge in einem einfachen Halslager gehalten. Der obere Teil ist ballig und verjüngt sich bis zur Spitze. Der untere Teil ist zylindrisch bis zu der stark konisch verlaufenden, in einem einfachen Fußlager sitzenden Spitze. Etwa in der Mitte des zylindrischen Teiles erfolgt der Antrieb mittels Schnurwirtel. Die Neigung der Spindel beträgt reichlich 15°. Kleiner kann man den Neigungswinkel nicht wählen, da dann der Faden, der während der Wagenausfahrt bei jeder Drehung von der Spindelspitze abrutschen muß, in Gefahr kommen würde, sich um die Spitze zu wickeln und zu reißen.

Den Neigungswinkel größer zu wählen, ist ebenfalls unzweckmäßig, da dann bei der Einfahrt die Windungsspiralen sich stark elliptisch legen und eine feste Kopsbildung verhindern würden. Außerdem würde dann bei Beginn der Wagenausfahrt der Faden zwischen Streckwerk und Spindelspitze beinahe in Verlängerung der Spindel liegen, so daß durch den Wagenzug der letzte Teil des auf der Spindel befindlichen Fadens abgezogen werden könnte.

Abhängig von der Neigung der Spindeln ist die Lage der Antriebstrommel, da man Auf- und Ablaufwinkel der Schnur möglichst gleich groß halten muß, um ein Schleifen der Schnuren am äußeren Wirtelumfang und damit ein Bremsen der Spindel zu vermeiden. Besonders gefährlich ist es, wenn eine zu hohe Trommellage die Spindel durch die Schnur nach oben drückt, weil das in Verbindung mit dem Schlag des Schnurknotens am Wirtel einen unruhigen Lauf der Spindel, ein Zittern und evtl. sogar Springen zur Folge hat.

Jeder unruhige Lauf der Spindel hat — abgesehen von anderen Nachteilen — beim Schnurantrieb ein verschlechtertes Durchziehen der Schnur zur Folge. Unter normalen Verhältnissen bleibt die mit Schnur betriebene Selfaktorspindel etwa 3 bis 4% hinter den rechnerisch ermittelten Drehzahlen zurück. Der Schlupf liegt also in erträglichen Grenzen. Er erhöht sich jedoch ganz außerordentlich, sobald eine Spindel nicht absolut ruhig läuft. Auf die weiteren Nachteile des Schnurantriebs ist anläßlich seiner Verwendung an der Ringspinnmaschine im einzelnen eingegangen. Am Selfaktor hat sich der Schnurantrieb bis jetzt ohne Konkurrenz behauptet, da bei dem leichten Antrieb der Selfaktorspindel seine Vorteile am meisten und seine Nachteile am wenigsten in Erscheinung treten.

In der Lagerung der Selfaktorspindel hat man die Trennung von Fuß- und Halslager, die den Verzicht auf ein geschlossenes Ölbad bedeutet, beibehalten, um den Antrieb in der einfachen Form mit dem zwischen beiden Lagern aufgezogenen Wirtel erhalten zu können. Das Fußlager, in dem nur die glasharte Spindelspitze Berührung hat, gibt nicht zu Anständen Anlaß, und allmählich ist es auch gelungen, das Halslager etwas zu verbessern. So ist man dazu übergegangen, eine Dochtschmierung zu verwenden, wodurch die schnelle Abnutzung der Lager, die trotz täglichen Ölens eintrat und ein Schlagen der Spindeln sowie erhöhten Kraftverbrauch und vermehrten Schlupf zur Folge hatte, wesentlich zurückgegangen ist. Weiterhin setzt man die Lager nicht mehr als starre Rotgußbüchsen, sondern in einem Kugelgelenk schwenkbar ein, wodurch in jedem Augenblick ein Einschwingen der Spindel möglich ist, was wieder zur Schonung von Lager und Spindel beiträgt.

In letzter Zeit hat man sogar dieses Halslager an gewöhnlichen Spindeln als Rollenlager ausgebildet. Jedoch sind diese Versuche erst im Anfangsstadium, so daß sich über die Wirtschaftlichkeit dieser Maßnahme noch kein Urteil fällen läßt.

Da die Abdichtung des Halslagers, die zwar durch den minimalen Ölbedarf des Rollenlagers wesentlich gegenüber dem gewöhnlichen Gleitlager gebessert ist, auch bei diesen Konstruktionen keine vollständige sein kann und demnach der Ergänzung des Ölvorrates eine große Bedeutung zufällt, ist man auch dazu übergegangen, die an der Ringspinnmaschine entwickelten Spindeltypen, die Hals- und Fußlager in einem geschlossenen Ölbad zusammenfassen, trotz ihrer Kompliziertheit am Selfaktor zu verwenden.

Da der Kraftverbrauch der Selfaktorspindel infolge der ständigen Geschwindigkeits- und Drehungswechsel und der dadurch bedingten Beschleunigungen eine größere Rolle spielt als der gleich schwerer Spindeln, die sich mit konstanter Tourenzahl drehen, hat man für diesen neuen Selfaktorspindeltyp nicht auf die Gleitlagerspindel zurückgegriffen, sondern verwendet für das Halslager auch in diesen Konstruktionen Rollenlagerung. An dieser Stelle sollen nur die speziell auf den Selfaktor bezüglichen Gesichtspunkte dieser Lagerkonstruktionen dargelegt werden. Abgesehen von der bereits erwähnten Bedeutung der Kraftverbrauchsfrage spricht für die Rollenlagerspindel die Sauberkeit des Betriebes, da keine Ölverluste eintreten, die bisher zu einer allmählichen Durchtränkung des gesamten Wagens führten. Der Ölverbrauch ist ein geringerer und die zum Ölen aufzuwendende Zeit ist wesentlich vermindert. Die Fehler des Schnurantriebes fallen um so weniger ins Gewicht, je leichter die Spindel läuft, ganz besonders im Moment des Anlaufs. Und schließlich hat die zwangsläufige und sichere Ölung der Halslager, wenn diese in einem geschlossenen Ölgehäuse liegen, gegenüber den alten Konstruktionen noch den großen Vorteil, daß unter allen Umständen sämtliche Spindeln gleichmäßig ruhig laufen, während die alten Halslager sich nie gleichmäßig abnutzen, ein gewisser Prozentsatz durch Vernachlässigung der Ölung stets vorschnell unrund wird und daher ein Teil der Spindeln bei hohen Drehzahlen unruhig läuft. Dieser unruhige Lauf ist, abgesehen von Lager und Spindel, besonders deshalb im Spinnprozeß gefährlich, weil er den Schlupf im Schnurantrieb wesentlich erhöht, wodurch das auf schlagenden Spindeln gesponnene Garn nicht die vorgeschriebene Drehung erhält.

In Abb. 65 und 66 ist die Anordnung der gewöhnlichen Selfaktorspindel und die einer Rollenlagerspindel der Konstruktion der SKF Norma dargestellt.

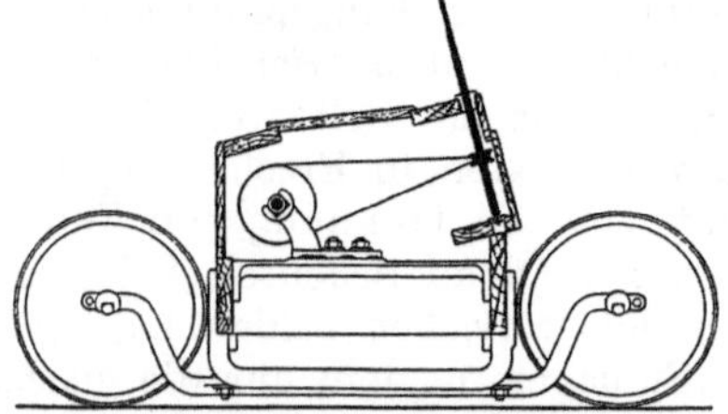

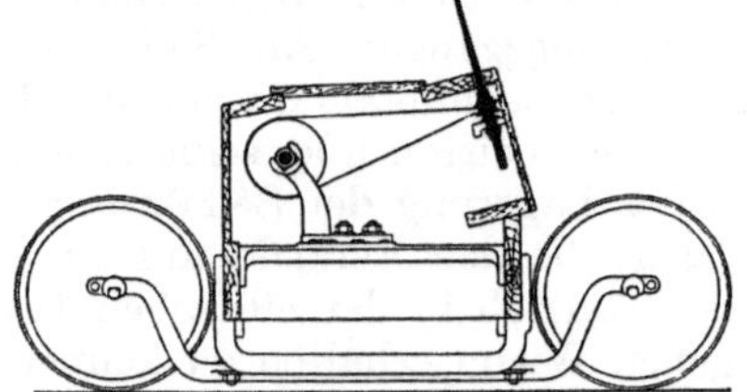

Abb. 65. Selfaktorwagen mit gewöhnlicher Spindel.　　　Abb. 66. Selfaktorwagen mit Rollenlagerspindel.

Hand in Hand mit der Entwicklung der Selfaktorspindel geht die Umgestaltung des Wagens. Schon bei Verwendung der gewöhnlichen Spindel verlassen einige Werke heute die bisher gebräuchliche Holzkonstruktion. Bei den alten Spindellagerungen ist diese Holzkonstruktion besonders ungeeignet, weil das Holz, das sich mit dem abfließenden Öl durchtränkt, allmählich seinen Halt verliert, und die gleichmäßige Verspannung des Wagens bei alten Maschinen größten Schwierigkeiten begegnet. Die Gleichmäßigkeit der Wageneinstellung über die gesamte Maschinenlänge ist aber Vorbedingung für die Herstellung eines einwandfreien Gespinstes. Es ist deshalb vorzuziehen, für das konstruktive Gerippe des Wagens auch bei gewöhnlichen Spindeln kein Holz zu verwenden. Nur müssen Konstruktionen gewählt werden, die keine Gewichtserhöhung des Wagens und dadurch einen vergrößerten Kraftverbrauch verursachen. Vor allem sind deshalb alle nur zur Abdeckung dienenden Teile so leicht als möglich zu halten.

Die Verwendung des Ringspindeltyps im Selfaktor gestattet nun auch das konstruktive Wagengerippe zu vereinfachen, wodurch sich die Schwierigkeiten, die dem eisernen Wagen entgegenstanden, weiter verringern. Abb. 67 gibt die Anordnung der Norma-Rollenlagerspindeln in einem Selfaktor der Sächsischen Textil-Maschinen-Fabrik wieder, aus der hervorgeht, daß eine noch weitergehende Vereinfachung der Wagenkonstruktion durchaus im Rahmen des Möglichen liegt.

Im Gegensatz zur Spindellagerung ist für die Lagerung der Trommeln, durch die der Spindelantrieb erfolgt, bereits heute nicht nur technisch, sondern auch wirtschaftlich die Überlegenheit der rollenden gegenüber der gleitenden Reibung erwiesen. Der Druck in diesen Trommellagern ist infolge der Vielzahl der auf jedes Lager entfallenden Schnurantriebe so groß, daß die Vorteile der rollenden Lagerreibung hier im Hinblick auf den Kraftverbrauch von ausschlaggebendem Einfluß sind. Dazu kommen wie beim Spindelantrieb die Vorzüge der betrieblichen Sauberkeit und der vereinfachten Wartung.

Die Trommeln selbst, die aus Kraftersparnisgründen aus Blech so leicht wie möglich hergestellt werden, stellen noch kein ideales Übertragungsorgan für den Spindelantrieb dar. Ein großer Teil der Reparaturstillstände der Selfaktoren ist auf Schäden an den Trommeln zurückzuführen. Auch das Übersetzungsverhältnis von Trommel zu Spindel ist nicht günstig, da es sehr kleine Wirteldurchmesser auf der Spindel bedingt, wenn die Trommel nicht einen unwirtschaftlich großen Durchmesser hat. Der kleine Wirteldurchmesser der Spindel ist vor allem bei der Verwendung von Rollenlagerspindeln störend, da das Rollenlager innerhalb des Wirtels Platz finden und deshalb in anormal kleinen Dimensionen gebaut werden muß, die eine ganz außerordentliche Lagerbeanspruchung zur Folge haben.

Es ist also ersichtlich, daß die Frage der Lagerung und im Zusammenhang damit die des Antriebs der Selfaktorspindel noch zu keinem idealen Beharrungszustand gelangt ist, sondern sich jetzt stärker denn je in Fluß befindet.

Abb. 67. Selfaktor mit Rollenlagerspindeln.

Ebenso ist die Form des Spindeloberteiles in letzter Zeit abgewandelt worden. Diese wurde jahrzehntelang ballig gestaltet. Das gab keine Schwierigkeiten, solange man allgemein auf kurze Hülsen spann und der obere Teil des Kopses sich an die nackte Spindel anlegte. Als man jedoch um des besseren Garnablaufs bei der Weiterverarbeitung willen mehr und mehr dazu überging, durchgehende Hülsen auch in der Selfaktorspinnerei zu verwenden, stellte sich heraus, daß die konische Hülse von der balligen Spindel keine ausreichende Führung erhalten konnte. Da es nur schwer möglich ist, Papierhülsen ballig zu wickeln, und theoretisch nur ein einziger Punkt der konischen Hülse auf der balligen Spindel aufliegen kann, mußte man versuchen, ein Auflagebereich zu finden, bei dem der Übelstand am wenigsten in Erscheinung tritt. Wenn die Hülse an der Spindelspitze anliegen soll, muß ihr Konus steiler als der der Spindel gewählt werden, umgekehrt flacher, wenn sie am unteren Ende anliegen soll. Im letzteren Fall ist der Hülsensitz am schlechtesten, im ersten nur wenig besser. Am besten ist er noch, wenn die Hülse in der Mitte einwandfrei sitzt. Dann hält sich der Fehler

oben und unten in erträglichen Grenzen. Trotzdem führt er auch in diesem Fall
dazu, daß bei hohen Drehzahlen und besonders bei nahezu vollen Kopsen die
Spindeln zu „schwirren" beginnen, d. h. infolge von einseitig sitzenden Lasten
an der Spitze nicht mehr ausgeglichen schwingen können, sondern — wenn auch
nur geringfügig — schlagen und eine außerordentlich hohe Lagerbeanspruchung
verursachen. Dieser Übelstand führte vor einer Reihe von Jahren dazu, daß
man von balligen auf konische Spindeln überging, die einen einwandfreien
Hülsensitz gewährleisten. Die Mehrzahl aller Selfaktoren besitzt jedoch heute
noch ballige Spindeln, da die vorhandenen Spindeln durch Abdrehen in vielen
Fällen zu sehr geschwächt und außerdem die vorhandenen Hülsenbestände
dann unverwertbar würden. Gerade dieser letzte Grund, die Entwertung von
Einrichtungen, die auf einen bestimmten Maschinenteil zugeschnitten sind, ist
charakteristisch für sehr viele Hemmnisse, die der Einführung von wirklich
erkannten technischen Verbesserungen entgegenstehen. Immerhin ist in den
meisten Fällen wie auch hier ein allmählicher Übergang durchaus möglich.

c) Doppelfadenverhütung.

Wenn dieses rein passive Hilfsorgan hier in eine Linie gestellt ist mit den
eigentlichen Spinnorganen, Streckwerk und Spindeln, so ist damit seine Bedeutung wohl etwas zu sehr hervorgehoben, denn spinnen kann man auch ohne
Doppelfadenbrecher. Aber die Gefahr, daß zwei benachbarte Fäden sich verbinden und als Doppelfaden in der fertigen Ware einen störenden Fehler bilden,
ist gerade am Selfaktor, der eine wesentlich engere Spindelteilung als jede andere
Spinnmaschine hat, so groß, daß selbst die Aufmerksamkeit einer guten Bedienung hier keine genügende Sicherung bedeutet und demzufolge der Doppelfadenbrecher als ein zum Spinnprozeß unerläßlich gehörendes Organ angesehen
werden kann.

Die Bildung von Doppelfäden erfolgt in allen Fällen unmittelbar nach Verlassen des Streckwerkes, bzw. wenn sie später erfolgt, drehen sich die Fäden
bis an diesen Punkt zusammen, so daß die den Fehler verursachenden Fäden
nach der Vereinigung mit dem Nachbarfaden das Streckwerk nicht rechtwinklig,
sondern in einem Winkel von etwa 60° verlassen. Die Schräglage von zwei zu-
sammengelaufenen Fäden dicht hinter dem Streckwerk gibt die Möglichkeit, mit
mechanischen Hilfswerkzeugen diesen Fehler zu finden, und den betreffenden
Faden zu zerreißen.

Hinsichtlich des Arbeitsprinzips sind zwei Systeme zur Verhütung von Doppelfäden im Garn gebräuchlich, solche, die erst gegen Ende der Wagenausfahrt
eingreifen und sich darauf beschränken, die vom Beginn der Wagenausfahrt an
gebildeten Doppelfäden zu beseitigen, und solche, die schon von Beginn der
Wagenausfahrt an ein Zusammenlaufen von Fäden zu verhindern suchen.

Die Vereinigung beider Prinzipien, möglichst weitgehende Verhütung und
nachfolgendes Zerreißen der trotzdem entstandenen Doppelfäden würde das
bis heute in vollkommener Weise noch nicht gefundene ideale Hilfsorgan darstellen.

Die erste Gruppe sind die eigentlichen Doppelfadenbrecher. Ihre Wirkungsweise besteht darin, daß sich während der Wagenausfahrt ein Rechen mit Pfeil-
spitzen zwischen die Fäden, die das Streckwerk verlassen haben, einschiebt und
mit Beginn der Wageneinfahrt wieder zurückzieht, wobei alle nicht rechtwinklig
aus dem Streckwerk kommenden Fäden in den als Widerhaken wirkenden Pfeil-
spitzen hängen bleiben und zerrissen werden. Da dieses Reißen gleich bei Beginn
der Wageneinfahrt erfolgt, ist die Sicherheit gegeben, daß auch nicht ein kurzes
Stück Doppelfaden auf die Spindel aufgewunden wird.

Diese Doppelfadenbrecher können entweder von oben oder von unten zwischen die Fäden eingreifen. Die ersteren haben den Vorzug großer Einfachheit, müssen sich jedoch darauf beschränken, erst dann einzugreifen, wenn der Wagen so weit ausgefahren ist, daß keine Anlegearbeit mehr geleistet werden kann. Da es unmöglich ist, einen Faden anzulegen, wenn ein solcher Doppelfadenbrecher eingreift, würde durch ein frühes Niedergehen die an sich schon beschränkte Zeit, in der am Selfaktor Fäden angelegt werden können, noch weiter verkürzt werden.

Bei den Fadenbrechern dagegen, die von unten eingreifen, besteht diese Beschränkung nicht. Die Selfaktorbedienung gewöhnt sich sehr schnell daran, trotz der zwischen den Fäden liegenden Fadenbrecherrechen anlegen zu können. Dieses frühzeitige Einschieben der Fadenbrecherrechen ist deshalb vorteilhaft, weil es bereits eine gewisse Wirkung im Sinne des zweiten Prinzips der Doppelfadenverhütung, der vorbeugenden Maßnahmen ausübt. Besonders bei langfaserigen Cheviotqualitäten, die mit keiner starken Fadenspannung gesponnen werden können, so daß Doppelfadenbildung durch Zusammenschlagen von zwei Nachbarfäden auch ohne Fadenbruch eintreten kann, sind die zwischen den Fäden liegenden Rechen ein gutes Mittel zur Doppelfadenverhütung.

Einen Nachteil haben jedoch alle von unten eingreifenden Fadenbrecherrechen. Dieser liegt in der Kollisionsgefahr mit dem Selfaktorwagen. Um bei eingefahrenem Wagen noch Platz für den Fadenbrecher zu haben, ist schon Vorbedingung, daß der Wagen um 2 bis 3 cm weiter als gewöhnlich vom Streckwerk abgestellt wird, was die Ausfahrtlänge und die Leistung der Maschine — wenn auch unwesentlich — beeinträchtigt. Trotz dieser Sicherung bleibt bei allen nicht zu vermeidenden Störungen in der Bewegung des Fadenbrechers dieser am Wagen hängen, was häufige und unangenehme Reparaturstillstände zur Folge hat. Diese haben die Verbreitung des Doppelfadenbrechers trotz seiner Vorzüge gegenüber dem von oben eingreifenden wesentlich beeinträchtigt.

Die nur vorbeugend wirkenden Hilfsmittel gegen Doppelfaden haben zwar den Vorteil, daß durch die verminderte Zahl von Doppelfädenbildungen weniger Abgang entsteht und weniger Arbeit zu leisten ist, geben aber auf der anderen Seite keine Gewähr für die vollständige Doppelfadenfreiheit des fertigen Garnes. Denn einige Doppelfäden bilden sich trotz der besten Vorbeugungsmittel besonders bei Qualitäten, die zu einem Schwingen der freien Spinnstrecke neigen.

Als interessantester Versuch, die Doppelfadengefahr durch Vorbeugungsmaßnahmen zu beseitigen, ist die anti-mariage-Vorrichtung von Dethier zu nennen, die als Trennwand zwischen die Fäden, die das Streckwerk verlassen haben, einen schwachen Luftstrom legt, der etwa rechtwinklig die Fadenrichtung kreuzt und die abgerissenen Fadenenden vom Nachbarfaden weg in der Richtung nach der unter dem Ausgangszylinder liegenden Wickelwalze führt. Der Luftstrom, der aus einem mit außerordentlich feinen Öffnungen versehenen Rohr zwischen die Fäden gedrückt wird, muß, wenn er nicht schaden statt nützen soll, so schwach sein, daß die an der richtigen Stelle laufenden Fäden nicht von ihm beeinflußt werden.

3. Der gegenwärtige Stand des Selfaktorbaues.

Nachdem jahrzehntelang der Selfaktor nur eine unwesentliche Verfeinerung seiner Hilfsorgane erfahren hatte, im übrigen aber einen gewissen Entwicklungsabschluß erreicht zu haben schien, hat in den letzten Jahren nochmals ein neuer Impuls zu einer Weiterentwicklung eingesetzt. Dieser Anstoß ging zunächst aus von Gesichtspunkten des Kraftverbrauchs. Die durch das absatzweise Arbeiten

bedingte, in jedem Wagenspiel erforderliche Beschleunigung großer Schwungmassen ergab hohe, stoßweise Belastungsspitzen und machte den Selfaktor, abgesehen von der Gesamthöhe des Kraftbedarfes, zu einem sehr unangenehmen
Kraftverbraucher. Die Belastungsspitzen mehrerer Maschinen konnten, wenn sie
sich zufällig addierten, zu Störungen in kleineren Kraftanlagen führen. Außerdem
stellte der unregelmäßige Kraftverbrauch der Wirtschaftlichkeit und damit der
Einführung des Einzelantriebes, der im Gegensatz zum Gruppenantrieb die
Spitzenbelastung voll und ohne Ausgleich aufnehmen muß, schwere Hindernisse
entgegen.

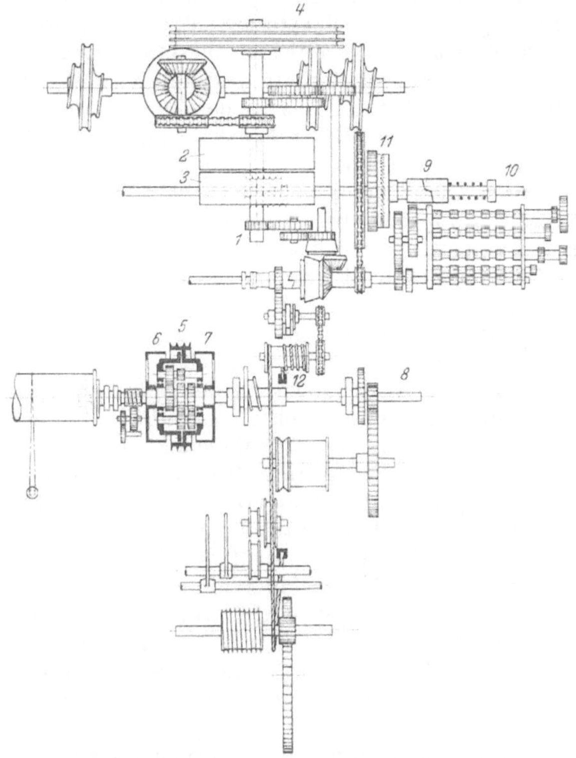

Es wurde deshalb versucht, die zu beschleunigenden Massen so klein wie möglich zu gestalten. Da es sich außer der Spindelbewegung nur um langsam laufende Teile handelt, fiel dem Spindelantrieb die ausschlaggebende Bedeutung in dieser Frage zu.

Bisher wurde die Umkehr der Spindeldrehrichtung durch die Umkehr der Hauptwelle mit Hilfe eines zweiten Antriebs vom Deckenvorgelege über die Neben- oder Abschlagwelle erreicht. Wenn es gelang, die Umkehr der Spindeldrehrichtung erst im Wagen, direkt an der Trommelwelle auszulösen, dann konnte die Hauptwelle mit gleichbleibender Drehrichtung und Drehzahl betrieben werden, und der Antrieb über die Nebenwelle konnte vollständig in Wegfall kommen. Für die Hauptwelle und die zwischen ihr und der Trommelwelle liegenden Antriebs-

Abb. 68. Antrieb eines Differentialselfaktors.

organe war dann keine Beschleunigungsarbeit mehr zu leisten.

Dieses Ziel wurde erreicht durch Einbau eines Differentialgetriebes in die
Trommelwelle. In Abb. 68 ist dieser Antrieb wiedergegeben (Société Alsacienne).

Die Hauptwelle (1) trägt nur noch eine Vollscheibe (2) und eine Leerlauf-
scheibe (3), da das ständige Changieren des Riemens, das zur Verwendung von
zwei Antriebs- und zwei Leerlaufscheiben geführt hatte, wegfällt. Das Trommelseil treibt wie bisher vom Volant (4) aus die Trommelwelle (8), jetzt aber auf dem
Wege über das Differentialgetriebe (5). Seine Arbeitsweise ist im Zusammenhang
mit zwei Bremsscheiben (6 u. 7) derart, daß in der Ausfahrtsperiode, während
die Bremsscheibe (6) stillsteht, das Differentialgetriebe die Geschwindigkeit des
Trommelseils nicht nur überträgt, sondern erhöht, wodurch ein langsamer Lauf
der Hauptwelle möglich wird. Während der Abschlagperiode wird die zweite
Bremsscheibe (7) festgehalten, wodurch das Differentialgetriebe die Trommel-

geschwindigkeit wesentlich vermindert und die Drehrichtung umkehrt. In der Einfahrtperiode sind beide Bremsen gelöst, das Differential ist wirkungslos, der Spindelantrieb erfolgt hier nach wie vor über den Quadranten.

Die Betätigung der Bremsen geschieht durch Anschläge, bzw. wenn mit Zähler gesponnen wird, durch diesen.

Die Starrheit, die durch die kontinuierliche Hauptwelldrehzahl hervorgerufen wird, mußte mit Rücksicht auf die Festigkeitseigenschaften des Fadens so weit wie möglich gemildert werden. Das galt zunächst für den Wagenantrieb. Man erreichte ein weiches Anlaufen des Wagens dadurch, daß man zwischen die Klauenkuppelung (*11*) und die Auszugswelle (*10*) eine elastische Muffe einbaute, die den Stoß zu Beginn der Ausfahrtbewegung abfängt.

Diese Verzögerung des Ausfahrtbeginnes erforderte eine neuartige Auslösung der Lieferung des Streckwerks. Diese wurde dadurch in Abhängigkeit von der Wagenbewegung gebracht, daß der übliche Zylinderantrieb erst nach Einrücken einer Hilfskuppel wirksam wird. Die Hilfskuppel wird über eine Kette (*12*) vom Wagen aus im Moment des Ausfahrtbeginnes eingerückt. Diese Kette muß während der Ausfahrt ständig gestrafft sein, da sonst das Streckwerk stehenbleibt. Es ist jedoch durch diese Anordnung erreicht, daß nicht die gesamte vom Streckwerk benötigte Kraft auf dem großen Umweg durch den Wagen übertragen werden muß.

Wenn man einerseits bestrebt sein mußte, den Beginn der Wagenausfahrt möglichst nachgiebig zu gestalten und im Interesse der Fadenbruchverringerung an dieser Stelle auf eine Forcierung der durch das Umschalten benötigten Teile der Wagenspielzeiten verzichtete, so hat man an anderer Stelle, wo weniger Fadenbeanspruchung entstand, diese Verlustzeiten herabzusetzen versucht.

Vor allem versuchte man es dadurch, daß man die Abschlagbewegung bereits vor beendeter Ausfahrt einleitete, wozu durch den Differentialantrieb die Möglichkeit gegeben war. Theoretisch müssen sich beide Perioden beim Übergang so weit überdecken lassen, daß im Moment der Beendigung der Drehungserteilung Auf- und Gegenwinder die Fäden bereits berühren. Es hat sich jedoch herausgestellt, daß durch die beschleunigte Inanspruchnahme der Fäden beim Abschlagen eine Erhöhung des Fadenbruches eintritt, die diese Maßnahme beim Spinnen von feinen und mittleren Garnen verbietet und nur zuläßt, grobe Nummern, die im allgemeinen auf Ringspinnmaschinen hergestellt werden, in dieser Weise zu verspinnen. Ebenso hat sich beim Spinnen feiner Garnnummern herausgestellt, daß die Elastizität, mit der man die Wagenausfahrt einleitet, nicht gleichwertig ist der Weichheit, die der Antrieb mit changierendem Riemen gewährt.

Darüber hinaus hat beim alten Antrieb der Spinner die Möglichkeit, die naturgegebene Weichheit des Anzugs bei zu hohem Fadenbruch noch wesentlich zu steigern und andererseits bei günstigen Verhältnissen durch schnelles Changieren und Kurzhalten der Riemen die Produktionsmöglichkeit der Maschine wesentlich über das Normalmaß auszunutzen. Diese individuelle Anpassungsfähigkeit ist durch den neuen Maschinentyp verlorengegangen. Damit ist für den Spinner ein Anreiz zur Leistungssteigerung fortgefallen. Die Art des Ausfahrtbeginnes ist von größerem Einfluß auf die Höhe des Fadenbruches als die Spindelgeschwindigkeit während des Hauptteiles der Ausfahrtperiode. Dadurch ist es möglich, an Maschinen des alten Typs empfindliche Garne trotz langsameren Anfahrens mit kürzeren Wagenspielzeiten zu spinnen als auf Differentialmaschinen.

Die Differentialmaschine bedeutet deshalb für feine Garne mit weichen Drehungen keine spinntechnische Verbesserung. Ihre Möglichkeiten hinsichtlich

Verkürzung der Verlustzeiten können nur bei Garnen von niedriger und mittlerer Feinheitsnummer ausgenützt werden.

Ebenso sind die Vorzüge des neuen Maschinentyps hinsichtlich des Kraftverbrauchs noch keineswegs als geklärt anzusehen. Auf der einen Seite liegen Messungen vor, die wie in einer Veröffentlichung der Société Alsacienne, die in Abb. 69 wiedergegeben ist, eine Kraftersparnis von 15 bis 20% nachweisen, auf der anderen Seite sind in Spinnereien Versuche durchgeführt worden, die einen erhöhten Kraftverbrauch des Differentialselfaktors festgestellt haben.

Es ist anzunehmen, daß ein Teil dieser Widersprüche auf verschiedenartige Versuchsbedingungen zurückzuführen ist. So ist in einer wissenschaftlichen Veröffentlichung, die den Vergleich beider Maschinentypen zum Ziel hatte und eine günstigere Kraftkurve für den Differentialselfaktor feststellt, die Gegenüberstellung mit verschiedenen Wagenspielzeiten erfolgt. Der Differentialselfaktor hatte in diesem Falle eine längere Wagenspielzeit.

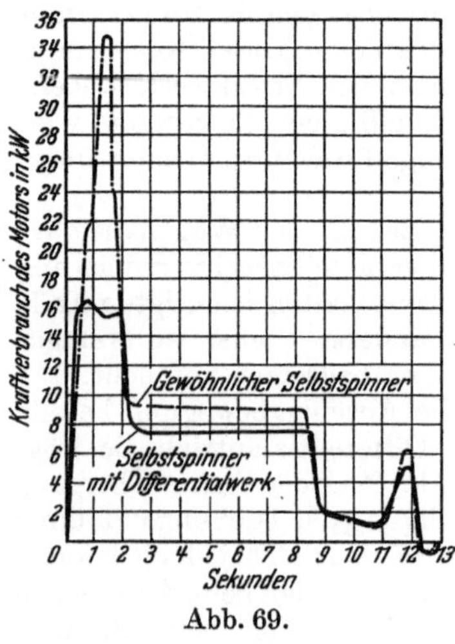

Abb. 69.

In den Fällen, in denen wirklich gleichmäßige Versuchsbedingungen vorgelegen haben, kann der Grund für die merkwürdigen Verschiedenheiten der Ergebnisse evtl. im Verhalten der zum Differential gehörigen Bremsen während des Dauerbetriebes zu suchen sein. Von dem rechtzeitigen und sicheren Einsetzen dieser Bremsen ist die Zuverlässigkeit des ganzen Wagenspiels abhängig. Um hier keine Schwierigkeiten zu verursachen, müssen die Bremsen außerordentlich knapp eingestellt werden. Die Folge ist, daß sie einen hohen Kraftverbrauch verursachen, der sich durch Änderungen in der Einstellung leicht und unberechenbar erhöhen kann. Die komplizierte Einstellung und Steuerung dieser Bremsen ist in Abb. 70 und 71 (Fabrikat Sächsische Textil-Maschinen-Fabrik) veranschaulicht, von denen Abb. 70 die Wagenausfahrt, Abb. 71 die Einfahrtstellung wiedergibt.

Als allgemein unbestrittener Vorzug des neuen Maschinentyps bleibt somit vorläufig nur, daß er den Einbau eines brauchbaren Einzelantriebes ermöglicht, was bei den Maschinen mit wechselnder Hauptwelldrehrichtung großen Schwierigkeiten begegnete, bzw. im allgemeinen keine wirtschaftlichen Vorteile ergab. Auf diese Antriebsfrage ist später noch in einem besonderen Abschnitt einzugehen.

Wenn die Vorzüge der Differentialselfaktoren sich demnach heute erst sehr beschränkt auswirken, so ist doch der Weg, der beschritten worden ist, als richtig anzuerkennen, und die Schwierigkeiten, die z. B. einer Verbesserung hinsichtlich der Weichheit der Periodenübergänge, sowie des Spindelantriebes, der mit den heute verwendeten Bremsen noch als unvollkommen zu bezeichnen ist, entgegenstehen, dürfte nicht als unüberwindlich anzusehen sein.

4. Bewertung der Selfaktorspinnerei.

Aus der Darlegung des Arbeitsprinzips und seiner konstruktiven Lösung war ersichtlich, daß die Vorzüge der Selfaktorspinnerei im wesentlichen in einer außerordentlich schonenden Fadenbehandlung bestehen, also qualitativer Natur sind, während ihre Nachteile — bedingt durch das Arbeitsprinzip — vor allem auf wirtschaftlichem Gebiet liegen.

Im folgenden ist versucht, diese Vor- und Nachteile für die verschiedenartigen Aufgaben, die an die Selfaktorspinnerei herantreten, gegeneinander abzuwägen.

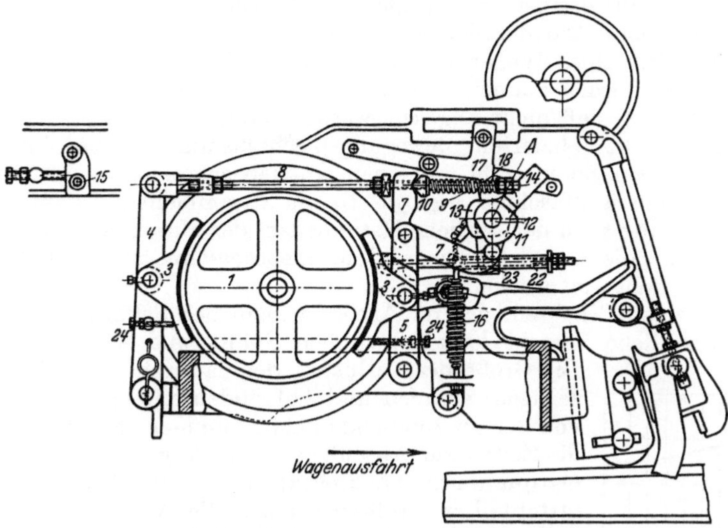

Abb. 70. Differential in Ausfahrtstellung.

Die aus der schonenden Fadenbehandlung resultierenden Vorteile sind vor allem folgende:

1. Da kein Führungsorgan vorhanden ist, das das Garn aufrauhen könnte, kommt das Selfaktorgespinst der an Kammgarn gestellten Forderung hinsichtlich glatter Oberflächenbeschaffenheit besonders entgegen.

2. Da die Fäden während der Ausfahrt lediglich durch ihr Eigengewicht von 1,60 m Länge und während der übrigen Perioden nur mit dem anpassungsfähigen Gegenwindergewicht belastet sind, ist es möglich, die losesten und feinsten Gespinste auf dem Selfaktor herzustellen.

3. Die schonende Fadenbehandlung hat weiterhin zur Folge, daß Qualitäten, die bis an die Spinngrenze ausgesponnen werden, hier weniger Fadenbruch erleiden als auf Maschinen mit höherer Fadenbeanspruchung, daß somit die Spinngrenze für diese Garne auf dem Selfaktor eine Kleinigkeit höher liegt.

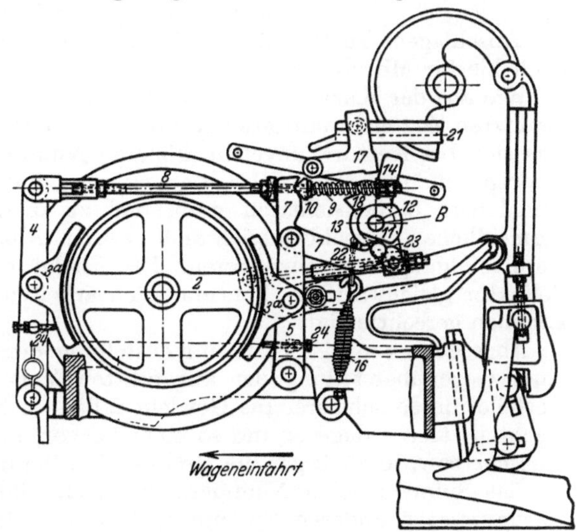

Abb. 71. Differential in Einfahrtstellung.

4. Die Beanspruchungen, die das Garn erleidet, sind im Gegensatz zu anderen Spinnverfahren für jedes Fadenstück die gleichen, weshalb die Gleichmäßigkeit des Selfaktorgespinstes besonders gut ist.

Dagegen sind die wichtigsten Nachteile des Selfaktorspinnens die folgenden:

1. Die Bedienung des Selfaktors ist wesentlich komplizierter als die einer anderen Spinnmaschine. Von der Richtigkeit der Arbeitsweise des Spinners ist weitgehend die Brauchbarkeit des Gespinstes abhängig.

2. Das absatzweise Arbeiten der Maschinen hat zur Folge, daß im Mittel nur etwa 30% der Zeit eines Wagenspieles von der Bedienung zum Anlegen von Fäden verwendet werden können. Die übrige Zeit ist der Wagen so weit vom Streckwerk entfernt, daß nicht angelegt werden kann.

3. Infolge des komplizierten Bewegungsmechanismus ist die Zusammenfassung einer großen Spindelzahl auf einen Antrieb erforderlich, wodurch sich Längen bis zu 30 m je Maschine ergeben. Da im Zusammenhang damit infolge der Wagenbewegung auch der seitliche Raumbedarf der Maschine groß ist, stellt der Selfaktor an die Gebäudekonstruktion, insbesondere an die Belichtung, außerordentlich hohe Ansprüche.

4. Der schwerste Nachteil, der im Arbeitsprinzip des Selfaktors begründet liegt, ist die zeitliche Verschiedenheit zwischen Spinn- und Aufwindevorgang.

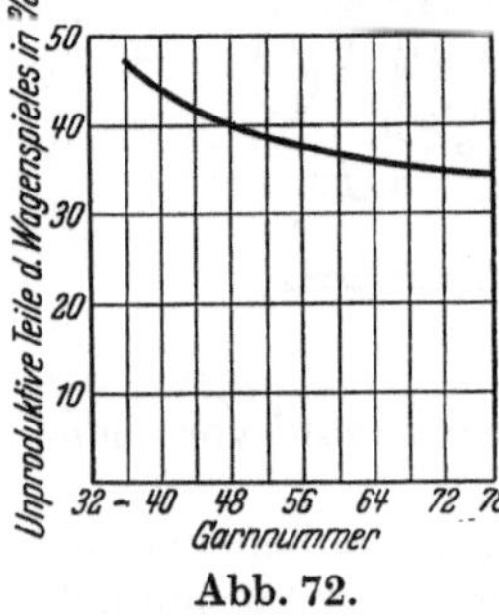

Abb. 72.

Die Größe des Verlustes, der dadurch gegenüber gleichzeitigem Spinnen und Aufwinden entsteht, ist abhängig von der zu spinnenden Garnnummer bzw. Drehung. Da die Zeiten für Abschlagen und Wageneinfahrt bei allen Garnnummern annähernd die gleichen sind, ist der Verlustanteil am größten bei schneller Wagenausfahrt, d. h. bei niedrigen Drehungen.

In der nebenstehenden Zusammenstellung (Abb. 72) ist dieser Verlust bei normaler Abschlags- und Einzugsgeschwindigkeit für die gebräuchlichsten Garnnummern bei mittleren Drehungen prozentual zusammengestellt. Zugrunde gelegt ist dabei für Abschlagen, Einfahrt und Umsteuerungen eine Zeitspanne von 5 Sek. Da die Zeit des Abschlagens zu Beginn des Abzugs länger ist als bei vollen Kopsen, sind auch hierfür Mittelwerte eingesetzt.

Wie aus der Kurve hervorgeht, betragen die für den Spinnprozeß nicht ausgenützten Zeiten in mittleren Nummern und Drehungen zwischen 45 und 35%, was sich bei Kettdrehungen in höheren Nummern noch bis auf etwa 30% erniedrigen kann. Aber selbst das ist eine äußerst mangelhafte Ausnützung, zumal man berücksichtigen muß, daß zu diesen Verlustzeiten noch die unvermeidlichen Maschinenstillstände durch Abziehen, Seilerneuerung, Streckwerksreinigung usw. hinzutreten. Die Suche nach einer spinntechnisch dem Selfaktor gleichwertigen, kontinuierlich arbeitenden Maschine ist demnach vollkommen gerechtfertigt.

Abgesehen von dieser Zusammenstellung der Wirkungsgrade ergibt sich bei einer Gegenüberstellung der angeführten Vor- und Nachteile, daß sämtliche Vorteile um so schwerer ins Gewicht fallen, je höher die Garnnummer ist. Die Nachteile treten dagegen um so mehr hervor, je gröber die zu spinnende Garnnummer bzw. je niedriger die Drehung ist. Somit ergibt sich, daß der Selfaktor für das Spinnen hoher Nummern die größte Bedeutung hat und bei niedrigen Garnnummern anderen Spinnmaschinen unterlegen ist. Wo die Grenze liegt, wenn man bei der Verschiedenartigkeit der zu verspinnenden Qualitäten überhaupt von einer einheitlichen Grenze sprechen kann, an der er von Spinnmaschinen überflügelt wird, die nach anderen Prinzipien arbeiten, ist später zu untersuchen.

B. Ringspinnerei.

Die technologische Aufgabe der Ringspinnmaschine ist die gleiche wie die des Selfaktors, nur hat man hier, um zu einem kontinuierlichen Spinnprozeß zu kommen, ein anderes Prinzip zu ihrer Lösung benutzt. Es mußte also gleichzeitig der eigentliche Spinn- und der Aufwindevorgang durchgeführt werden. Die Drahtgebung bewerkstelligte man mit dem denkbar einfachsten Prinzip: ein herabhängendes Seil wird am unteren Ende gedreht, wodurch es in einem mehr oder weniger großen Bogen um die Verbindungslinie vom Aufhängepunkt zum Drehpunkt schwingt. Die Möglichkeit der gleichzeitigen Aufwindung schaffte man dadurch, daß man diesen Bogen durch eine Öse führt, die den Faden im Kreis um die sich drehende Spindel nachschleppen muß. Vom Gewicht dieses — auf einem Ring sitzenden — nachschleppenden Läufers hängt die Festigkeit der Fadenaufwindung auf die voraneilende Spindel ab. Und von der Art der Bewegung, mit der dieser Läufer zwangsläufig auf und ab geführt wird, ist die Form der Aufwindung des Garnes auf die Spindel bzw. Hülse abhängig.

Die konstruktive Durchbildung des Ringspinnprinzips für die Kammgarnspinnerei erfolgte im Anschluß an die Entwicklung der Ringspinnmaschine in der Baumwollspinnerei.

1. Die Arbeitsorgane der Ringspinnmaschine.

a) Das Streckwerk.

Das Streckwerk konnte prinzipiell vom Selfaktor übernommen werden. Wie bei ihm ist man an der Ringspinnmaschine allmählich vom vierzylindrigen zum fünfzylindrigen Streckwerk übergegangen.

Es hat sich im allgemeinen nicht als vorteilhaft erwiesen, für Merino- und Cheviotwollen die gleichen Ringspinnmaschinen zu verwenden — in erster Linie, weil Cheviotwollen eine weitere Spindelteilung erfordern —, so daß sich auch das Streckwerk für beide Maschinentypen gesondert entwickeln konnte. Bei kurzen Merinowollen, bei denen die Notwendigkeit besteht, die Führung der Fasern möglichst weit an den letzten, den eigentlichen Verzugszylinder heranzubringen, ergab sich wie am Selfaktor die Forderung, die Zylinderdurchmesser so klein wie möglich zu halten. Die Grenze für die Herabsetzung der Durchmesser lag in der Beanspruchung durch die Gewichtsbelastung über die meist 200 Spindeln lange Maschinenseite. Da ein Vibrieren oder ruckweises Arbeiten der Zylinder „Schnitte" in das Vorgarn bringt, durfte nicht bis an die unterste Grenze gegangen werden, und es ergaben sich für die Vorderzylinder Durchmesser von 27 bis 33 mm. Der ruhige Zylinderlauf wird — bei sonst gleichen Verhältnissen — in den letzten Jahren dadurch erhöht, daß man die einzelnen Zylinderstücke nicht mehr mit Vierkant ineinander steckt, da sich diese im Lauf der Jahre ausarbeiten, sondern ineinander schraubt. Weitgehend ist der ruhige Lauf des Streckwerks außerdem vom Antrieb der Zylinder abhängig. Dieser Antrieb erfordert mit Rücksicht auf die Veränderungsmöglichkeit sämtlicher Zylinderabstände und Verzugsverhältnisse außergewöhnlich viel Platz und ist deshalb bei vielen Maschinen auf beide Zylinderenden verteilt, d. h. daß z. B. der erste Zylinder an der Antriebsseite der Maschine angetrieben wird und mit seinem freien Ende den zweiten Zylinder treibt, was natürlich eine starke Beanspruchung des ersten Zylinders bedeutet und infolge der Torsion dieser langen Zylinder Verzugsdifferenzen beim Loslassen und Anhalten der Maschinen ergibt. Ein ständiges Zucken der Zylinder ist bei alten Maschinen häufig auch auf die Ausführung der Antriebsräder zurückzuführen, weshalb heute im allgemeinen nur noch geschnittene Räder mit nicht zu grober Zahnteilung für Streckwerksantriebe verwendet werden.

Der ruhige Zylinderlauf ist, obgleich sich die Zylinder leicht mit der Hand durchdrehen lassen, deshalb so schwer zu erzielen, weil ein Teil dieser Zylinder unter starker Belastung läuft. Diese Belastung ist entsprechend der stärkeren Vorgarnlunten schwerer als am Selfaktor. Bei Merinomaschinen sind die Hinterzylinder je Spindel mit 0,6 bis 1,0 kg, die Vorderzylinder mit 3,0 bis 9,0 kg, die Zwischenzylinder dagegen nur mit 0,06 bis 0,20 kg belastet.

Als wichtigstes Organ des Streckwerks sei an erster Stelle der Vorderzylinderklemmpunkt erörtert. Die oben angegebenen Gewichtsbelastungen werden wie am Selfaktor nicht durch das Eigengewicht der Druckzylinder, sondern durch Zusatzgewichte erreicht, die durch Anwendung von Hebelübertragung verhältnismäßig klein dimensioniert werden können und leicht verstellbar sind. Die Höhe der Belastung ist nicht allgemein festliegend, sondern ist als Korrektur für die Oberflächenbeschaffenheit der Druckzylinder zu verändern, um eine gleichbleibende Griffigkeit der Klemmpunkte zu gewährleisten. Diese Griffigkeit muß beim Verspinnen gröberer Garne gegenüber dem Selfaktor noch erhöht sein.

Die Riffelung der Unterzylinder ist im allgemeinen die gleiche wie am Selfaktor, nur hat sich hier an den Vorderzylindern die Differentialriffelung, die infolge ihrer ungleichen Riffelabstände das allmähliche Einarbeiten der Riffelung in die elastischen Oberzylinder weitgehend hinauszögert, schon mehr durchgesetzt als dort. Diesem allmählichen Einschneiden der Riffelung in die Oberzylinder, sowohl bei Leder- wie bei Pergamentüberzug über die Filzschicht oder bei Korkbelag, ist aus zwei Gründen besondere Beachtung zu schenken. Erstens vernichtet dieses Einschneiden die Elastizität des Filzes und zerstört durch die scharfe Knickbeanspruchung den Überzug sowohl bei Verwendung von Leder wie auch von Pergamentpapier. Zweitens zwingt ein geriffelter Oberzylinder das durch den Klemmpunkt geführte Faserband, sich in die Riffelungen einzulegen. Auf diese Weise liefert ein solcher Klemmpunkt in der Zeiteinheit eine größere Fadenlänge als ein Klemmpunkt mit glattem, elastischem Oberzylinder. Der prozentuale Unterschied ist so groß, daß er die zulässigen Schwankungen in der Feinheitsnummer unter Umständen bereits überschreiten kann.

Da dieses Einarbeiten der Oberzylinder um so früher erfolgt, je höhere Gewichtsbelastung verwendet wird, sollte diese vor allem dort, wo noch keine Differentialriffelung der Unterzylinder vorhanden ist, nie über das unbedingt erforderliche Maß gesteigert werden. Sie kann jedoch nur dann niedrig gehalten werden, wenn die Lunte den ständig arbeitenden Querschnitt des Klemmpunktes auch nicht um Bruchteile von Millimetern zusammengedrückt hat, so daß dort kein einwandfreies Greifen mehr erfolgen kann.

Um dieses Eindrücken der Arbeitsflächen möglichst herabzumindern, ist auf ein Changieren des Vorgarnbandes im Streckwerk in den Grenzen, die die Zylinderbreiten gestatten, größter Wert zu legen. Aus den gleichen Erwägungen heraus ist für eine Entlastung der Vorderzylinderklemmpunkte während längerer Stillstandzeiten Sorge zu tragen.

Die gegenüber dem Selfaktor durch die Verspinnung gröberer Qualitäten erhöhte Abnutzung der Druckzylinder wird schließlich noch dadurch zu verringern gesucht, daß man größere Oberzylinderdurchmesser verwendet, als es am Selfaktor gebräuchlich ist. Diese großen Durchmesser sind außer durch die erhöhte Zylinderbeanspruchung vor allem durch die Faserlänge bedingt, da die Beseitigung von Wickelbildungen an den Zylindern außerordentlich erschwert ist, wenn die Faserlänge größer als der Zylinderumfang ist. In diesem Falle sind die Fasern an beiden Enden im Klemmpunkt gefaßt und müssen, wenn sie vom

Zylinder entfernt werden sollen, zerrissen werden. Bei allen Wickelbildungen ist die Verwendung größerer Druckzylinder auch deshalb vorteilhaft, weil sich die Stärke des entstehenden Wickels umgekehrt proportional dem Zylinderdurchmesser verhält. Die Achse eines größeren Zylinders wird demnach weniger geneigt als die eines kleineren, und damit wird die zweite Lauffläche des Zylinders entsprechend weniger in ihrer Arbeitsfähigkeit beeinträchtigt.

Die Erscheinung, daß bei größeren Wickelbildungen stets auch der zweite Klemmpunkt jedes Druckzylinders in Mitleidenschaft gezogen wird, weil er nicht mehr richtig aufliegt und somit nicht richtig verziehen kann, hat zu den gleichen Versuchen wie in der Vorspinnerei Anlaß gegeben, die beiden auf einer Achse sitzenden Zylinder voneinander unabhängig zu machen.

Dazu kam das Bestreben, die Lagerung zu verbessern. Die relativ schnell laufenden Druckzylinderachsen werden ebenso wie am Selfaktor im allgemeinen lediglich in gußeisernen Schlitzführungen gehalten. War diese Lösung am Selfaktor schon keine ideale, so mußten sich ihre Nachteile im Maße der Vergrößerung der Zylinder und der Verstärkung der Belastung erhöhen. Wenn auch die größere Spindelteilung gewisse Möglichkeiten zum Schmieren der Lagerstellen und vor allem des Angriffspunktes der Hebelbelastung bot, so waren diese doch sehr primitiv und in ihrer Wirksamkeit vollständig von der Zuverlässigkeit der Bedienung abhängig.

Bei den Versuchen, die Zylinder unabhängig voneinander zu machen, wurde deshalb die Achse stillgelegt und die einzelnen Zylinder auf dieser drehbar und möglichst weitgehend schwenkbar angeordnet. Erschwerend steht dem Erfolg dieser Versuche noch heute die schnelle Verschmutzbarkeit dieser Lagerstellen durch den Faserflug entgegen. Die Schwierigkeiten der Abdichtung haben vor allem der Einführung von Kugellagerung an den Druckzylindern bis jetzt hemmend entgegengestanden. Auch bei der Verwendung von einfachen Gleitlagern mit kugelförmigen Laufflächen sind die Lösungen noch nicht in ein Stadium getreten, das als Idealzustand bezeichnet werden kann.

Ebenso wie der Vorderzylinderklemmpunkt in der konstruktiven Lösung von dem des Selfaktors abweicht, bestehen auch am Hinterzylinderklemmpunkt wesentliche Unterschiede. Vor allem sind diese dadurch bedingt, daß auf der Ringspinnmaschine in vielen Fällen Vorgarn versponnen wird, das auf englischen Sortimenten bzw. auf Fleyern hergestellt wurde. Dieses gedrehte Vorgarn besitzt in gewissen Qualitäten so viel Zugfestigkeit, also Widerstandskraft gegen das Verziehen, daß auch an die Griffigkeit des Hinterzylinderklemmpunktes erhöhte Anforderungen zu stellen sind. Würde man bei Verarbeitung derartiger gedrehter Vorgarne nur die am Selfaktor gebräuchlichen Oberzylindergewichte anwenden, so würde sich dieses Vorgarn unverzogen durch das Streckwerk hindurchziehen.

Bei Maschinen, die speziell für Merinoverspinnung verwendet werden, auf denen Fleyervorgarn höchstens in feinen Qualitäten und mittleren Nummern zur Verarbeitung kommt, wird im allgemeinen die erforderliche Belastung der Hinterzylinderklemmpunkte noch durch das Eigengewicht der Oberzylinder erreicht. Bei der Verarbeitung von gröberen Qualitäten in gedrehtem Vorgarn ist jedoch eine zusätzliche Belastung unerläßlich. Sie wird meist — ähnlich wie in der englischen Vorspinnerei — durch Federdruck bewirkt. Jedoch hat diese Belastungsart den Nachteil, daß ein gleichmäßiges Anspannen sämtlicher Spiralfedern kaum zu erzielen ist. Falsche Einstellungen haben Fehler im Gespinst zur Folge; ist der Druck zu groß, entsteht ein schnittiges Band, ist er zu klein, so werden vereinzelt oder in der Gesamtheit Fasern mit höherer Geschwindigkeit durch den Klemmpunkt gezogen.

Der Unterzylinder hat im allgemeinen die normale Riffelung. Der Oberzylinder ist glatt oder so fein geriffelt, daß dadurch nur eine gewisse Rauheit der Oberfläche entsteht. Allein bei Spezialmaschinen für grobe, gedrehte Vorgarne, auf denen ständig sehr hohe Belastungen angewendet werden müssen, sieht man von einer Riffelung der Zylinder ab, weil hier eine schnelle Abnutzung der Riffelung und dadurch ungleichmäßige Verzugsverhältnisse eintreten würden. Man verwendet hier glatte Zylinder und erreicht die benötigte Griffigkeit durch entsprechende Erhöhung des Druckes und durch Einführung von Nuten in die Zylinder, ebenso wie es in der englischen Vorspinnerei durchgeführt ist.

An den Zwischenzylindern sind die Belastungswerte, die oben für Merinoverarbeitung angegeben waren, beim Verspinnen von gedrehtem Vorgarn herabzusetzen. Das gedrehte Vorgarn leistet dem Verzug bereits so viel Widerstand, daß dieser nicht weiter erhöht werden darf. Die Führung an den Zwischenzylindern behält man zwar bei, vermeidet jedoch ein Klemmen durch Verwendung kleiner, leichter Holzwalzen. Da in diesen Fällen eine Riffelung der Unterzylinder zwecklos ist, verwendet man an diesen Spezialmaschinen für grobe Garne auch an dieser Stelle glatte Zylinder.

Der Fadenverlauf im Streckwerk müßte im Gegensatz zum Selfaktor, wo der gesamte Arbeitsvorgang sich der Horizontalen nähert, in der Ringspinnmaschine mit senkrechter Spinnstrecke der Vertikalrichtung genähert sein. Da aber in einem solchen Streckwerk die Oberzylinder nicht mehr durch ihr Eigengewicht von den Unterzylindern angetrieben würden, hat man einen Knick im Fadenverlauf in Kauf genommen und die Streckwerke im Mittel nur um 45° geneigt. Auf diese Weise hat man die Einfachheit des Selfaktorstreckwerks hinsichtlich Konstruktion und Bedienungsmöglichkeit im wesentlichen erhalten können. Auf die Einflüsse des Fadenwinkels am Lieferzylinder auf den Spinnprozeß ist an anderer Stelle noch einzugehen.

Die Verzugsmöglichkeit, die ein solches Streckwerk gibt, ist ähnlich der am Selfaktor.

Wie an allen Streckwerken so spielt auch am Streckwerk der Ringspinnmaschine die ständige Freihaltung der Zylinder von Faserflug und die Verhütung von Wickelbildungen eine große Rolle. An dem besonders gefährdeten Vorderzylinderklemmpunkt hat man deshalb allgemein auf den oberen Druckzylindern eine Putzwalze angeordnet und den Unterzylinder — meist in Verbindung mit dem vorletzten Zylinder — durch eine Streichleiste geschützt. Da alle an der Spindel reißenden Fäden eine besondere Gefährdung für die Nachbarfäden darstellen, hat es sich als zweckmäßig erwiesen, zwischen Streckwerk und Spindelspitze eine besondere Fangwalze anzubringen, die die reißenden Fäden fassen und aufwinden kann. Diese Fangwalze an den Unterzylinder zu legen und so einen besonderen Antrieb zu sparen, hat sich nicht bewährt, da bei starken Wickelbildungen die Walze dann leicht stehenbleibt und mehr schadet als nützt. Außerdem besteht am Unterzylinder die Gefahr, daß diese Walze auch Faserenden von einwandfreien Fäden erfaßt und dadurch — besonders bei gröberen Qualitäten — Fadenbruch verursacht. Aus diesem Grunde muß die Fangwalze, auch wenn sie sich tiefer zwischen Streckwerk und Spindel befindet, verstellbar angeordnet sein.

b) Die Spindel.

Das Spinnprinzip der Ringspinnmaschine gab insofern eine Anregung zur selbständigen Weiterentwicklung der Spindel über die einfache Selfaktorspindel hinaus, als es kein Spinnen auf den schwachen Durchmesser der Selfaktorspindel gestattete. Es würde in diesem Falle der Faden zwischen Läufer und Spindel nahezu in radialer Richtung liegen, also keinen tangentialen Zug auf den Läufer ausüben können. Der Läufer würde daher nicht fortbewegt werden und der Faden müßte reißen. Um eine tangentiale Komponente des Fadenzuges zu erhalten, die den Läufer ziehen kann, mußte der Spindeldurchmesser an der Stelle der Fadenaufwindung verstärkt werden. Dadurch war die Anregung gegeben, den Angriffspunkt der Antriebsschnur, der sich bisher zwischen Hals- und Fußlager befand und ein geschlossenes Lagergehäuse verhinderte, auf eine glockenartige Verlängerung dieser Verstärkung zu legen und das Halslager innerhalb der Glocke bis über die Höhe des Antriebswirtels emporzuziehen. Diese Gesichtspunkte verwirklichte bereits die 1869 gebaute Rabbethspindel.

Diese Spindel wurde später noch durch eine im Lagergehäuse federnd eingehängte Büchse verbessert, wodurch eine ständige Ölzirkulation und ein selbständiges Zentrieren der Spindel beim Lauf ermöglicht wurden (Gravityspindel).

Die zunächst in der amerikanischen Baumwollindustrie entwickelte Spindel mußte für die Bedürfnisse der Kammgarnspinnerei in einigen Punkten verändert werden. Einerseits war in der Kammgarnspinnerei eine Drehzahl von 10000 in der Minute nicht erforderlich, im allgemeinen genügte etwa die halbe Geschwindigkeit, andererseits wurden wesentlich höhere Anforderungen an die Gewichte der herzustellenden Garnkörper gestellt, so daß die Spindel schwerer und wegen der großen Spitzenlast länger gelagert ausgeführt werden mußte.

Während am Selfaktor der Länge der Spindel durch die Konstruktion von Auf- und Gegenwinder bestimmte Grenzen gezogen sind, die im allgemeinen die Länge der Garnkörper mit 160 mm begrenzen, bestehen an der Ringspinnmaschine keine derartig starren Bindungen. Bei Herstellung sehr langer Bobinen müßte lediglich die eintretende große Schwankung der eigentlichen Spinnstrecke zwischen Lieferzylinder und Aufwindungspunkt zu Unterschieden in der Fadenspannung führen, die sich spinntechnisch unvorteilhaft auswirken würden. Auch würde bei Herstellung sehr langer Garnkörper die große Länge zwischen der Fadenführung und dem unteren Aufwindungsende bewirken, daß das lange freie Fadenstück in einem so großen Ballon um die Spindel schwingt, daß nur durch eine sehr große Spindelteilung ein Aneinanderschlagen der benachbarten Fäden oder eine Störung des Ballons durch eingesetzte Zwischenwände verhindert werden könnte.

Aus diesen Gründen wird die größte Länge der Bobinen nie größer gewählt, als es zur Vermeidung unwirtschaftlicher Stillstandzeiten beim Spinnen und in der Weiterverarbeitung vorteilhaft erscheint. Bei Garnen, die der Strick- und Wirkwarenindustrie zugeführt werden, spielt auch die Knotenfrage eine Rolle. Da dort die Knoten in der Ware nicht beseitigt werden können und schon auf der Maschine selbst sehr störend sind, ist in diesem Falle die knotenfreie Länge, also die einzelne Bobine, möglichst groß zu wählen.

Bei Berücksichtigung dieser Gründe sind für Merinomaschinen die größten üblichen Bobinenlängen, aus denen sich die Spindellängen ergeben, im allgemeinen 190 bis 210 mm, für Cheviotmaschinen 210 bis 220 mm.

Ebenso wie die Wahl der größten Bobinenlänge beeinflußt die der größtmöglichen Bobinenstärke nicht nur den Bau der betreffenden Spindel, sondern den der gesamten Maschine. Zunächst ist von dem größten herzustellenden Bobinendurchmesser die Ringweite abhängig. Der Ring ist so zu wählen, daß der Bobinendurchmesser ihn nahezu ausfüllt, damit erstens die Maschinenlänge und zweitens der günstigste Angriffswinkel des Fadenzuges im Läufer möglichst ausgenutzt wird. Denn wie oben bereits angedeutet, benötigt die Läuferbewegung nur die tangentiale Komponente der Fadenspannung; je kleiner also die radiale Komponente ist, d. h. je mehr sich die Richtung des Fadenzugs der Tangente nähert, um so geringer ist die Gesamthöhe der Fadenspannung, um so geringer der Fadenbruch. Hieraus ergibt sich weiter, daß durch die Wahl der Ringweite auch der Spindeldurchmesser selbst, auf den der Faden aufgewunden werden soll, festgelegt ist. Je größer der Ringdurchmesser gewählt wird, um so größer muß auch der Spindeldurchmesser werden, wenn nicht der Fadenzug nahezu in axialer Richtung wirken soll. Ebenso ist aus dieser Tatsache zu folgern, daß, wenn Bobinen mit schwächerem Durchmesser, als es der Ringweite der betreffenden Maschine entspricht, in größerem Ausmaß gesponnen werden sollen, zweckmäßig die Ringe dieser Maschine durch engere zu ersetzen sind. Da die Ringe in einem Futter eingesetzt werden, ist diese Auswechselung möglich.

Durch die Wahl der Ringweite ist weiterhin die Spindelteilung festgelegt, und damit die Länge der Maschine bzw. die Zahl auf einer Seite unterzubringenden Spindeln. Denn wie von der Länge des Spindeloberteils ist die Größe des Fadenballons auch von der Ringweite abhängig. Ein Unterschreiten des erfahrungsgemäß erforderlichen Abstandes würde zu einer wesentlichen Verschlechterung der spinntechnischen Eigenschaften der Maschine führen, wie andererseits eine übermäßige Vergrößerung der Spindelteilung eine nicht durch Leistungssteigerung auszugleichende Verteuerung der Maschine verursachen würde.

Als kleinste spinntechnisch vertretbare Teilung hat sich bei der oben angeführten Bobinenlänge von 200 bis 210 mm das Eineinhalbfache der Ringweite ergeben. Bei einem Ringdurchmesser von 50 mm ist demnach die engste zulässige Spindelteilung 75 mm. Durch eine Überschreitung dieses Mindestmaßes ist jedoch in den meisten Fällen noch eine Verbesserung der Spinnleistung der Maschine zu erzielen.

Infolge des großen Spindeldurchmessers ist es nicht möglich, auf der Ringspindel wie am Selfaktor die nackte Spindel zu bespinnen. Der Garnkörper würde dann außerordentlich leicht beschädigt werden und der Weiterverarbeitung große Schwierigkeiten entgegenstellen. Es wird deshalb auf Papphülsen gesponnen. Da die Drehung des Gespinstes nachträglich durch Dämpfen fixiert wird, müssen die Papphülsen so widerstandsfähig sein, daß sie auch beim Dämpfen durch den Druck des fest aufgewundenen Garnes nicht zusammengepreßt werden können. Die dadurch bedingte Starrheit der zur Verwendung kommenden Papphülsen verhindert es, daß die kleinen Abweichungen im Durchmesser, die schon bei der Herstellung nicht zu vermeiden sind und sich durch die verschiedenartige Abnutzung bei wiederholter Verwendung vergrößern, beim Aufdrücken der Hülse auf die Spindel nicht ausgeglichen werden können.

Es würden also, wenn das Spindeloberteil ebenso wie die Hülse als starrer Konus ausgebildet würde, Differenzen in der Höhe des Hülsensitzes eintreten, die einen nicht zu vernachlässigenden Prozentsatz fehlerhafter Bobinen verursachen würden. Zur Vermeidung dieser Verluste wird das Spindeloberteil so ausgebildet, daß die Hülsen nur an einem Punkt, der elastisch ist, fest aufliegen und außerdem am unteren Ende an einem Anschlag gehalten werden, der die Höhe des Hülsensitzes begrenzt. Man gibt der Spindel deshalb nur am oberen und unteren Ende des Hülsensitzes angenähert die Stärke des inneren Hülsendurchmessers, während man die übrige Länge nur als schwachen Spindelschaft ausführt, auf den man meist zur Führung der Hülse eine Feder setzt. In den meisten Fällen besteht auch die Möglichkeit, den starken Kopf vom Spindelschaft abzuziehen, damit auf den gleichen Spindeln Garne auf konischen Kannetten gesponnen werden können.

Die Lagerung der Ringspindel erfolgt, wie aus Abb. 73 hervorgeht, in einer flexibel aufgehängten Büchse, die einen ständigen Ölkreislauf gewährleistet.

Der Ölbedarf dieser Spindel ist nur ein Bruchteil des Verbrauchs der Selfaktorspindel. Da das Öl infolge der Glockenform des Wirtelaufsatzes auch in der günstigsten Weise gegen Verschmutzung gesichert ist und sich die wenigen Fremdkörper, die in den Ölbehälter gelangen, im unteren Teile des Ölbades absetzen können, sind Ölerneuerungen nur in Zeitabständen von mehreren Monaten erforderlich.

Die Ausführungsform dieses Lagers kann als die beste mit einem Gleitlager zu erzielende Lösung angesehen werden. Es hat daher die Einführung von Wälzlagern hier nicht die Bedeutung wie in der Selfaktorspinnerei, zumal es sich um konstante Geschwindigkeiten handelt, für die spinntechnisch — aus Gründen der Fadenspannung — enge Grenzen gezogen sind, die auch durch Einführung von Wälzlagern nicht erweitert werden können. Von größerer Wichtigkeit als eine weitere Verbesserung der Lagerung ist die Güte und Präzision der Spindelherstellung. Sobald eine Spindel nicht vollkommen ruhig läuft, steigt ihr Kraftbedarf und die Beanspruchung des Lagers außerordentlich. Trotzdem haben auch in der Kammgarnringspinnerei einige Konstruktionen von Wälzlagerspindeln Eingang gefunden, von denen in Abb. 74 die Spindel der SKF Norma wiedergegeben ist.

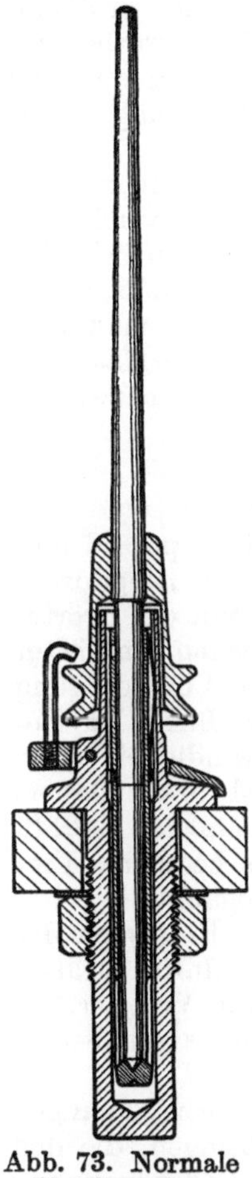

Diese Spindel hat die einzelnen Elemente der Gleitlagerspindel, vor allem auch das Fußlager in der bisherigen Form beibehalten, lediglich das Halslager in ein Rollenlager verwandelt. Die Halslager als Kugellager auszubilden, hat sich nicht bewährt, da der enge, durch den Wirteldurchmesser vorgeschriebene Raum eine derart kleine Dimensionierung der Kugelringe verlangte, daß diese Lager nicht genügend Widerstandsfähigkeit besaßen.

Der Antrieb der Ringspindel ist der gleiche wie in der Selfaktorspinnerei, d. h. der Spindelwirtel wird mittels einer Baumwollschnur von einer Blechtrommel aus angetrieben. Durch die doppelseitige Bauart ergeben sich an der Ringspinnmaschine Möglichkeiten, den Auf- und Ablauf der Schnur am Wirtel nahezu rechtwinklig erfolgen zu lassen, wodurch ein Anliegen der Schnur am äußeren Wirteldurchmesser und damit ein ungewolltes Bremsen der Spindel verhindert werden kann.

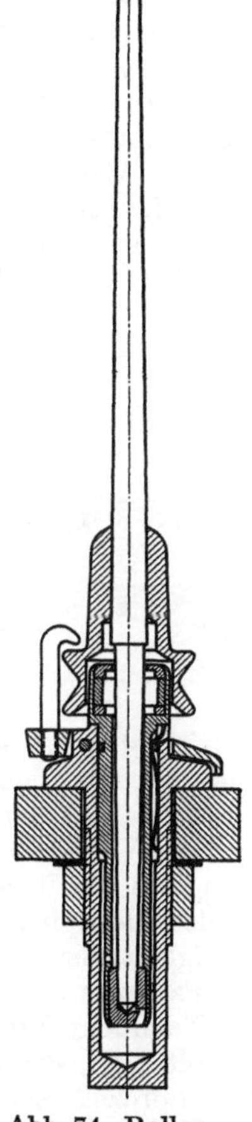

Abb. 73. Normale Gleitlagerringspindel.

Abb. 74. Rollenlagerspindel.

Es werden zu diesem Zweck häufig zwei Trommeln in die Maschine eingebaut und der Antrieb zweier gegenüberliegender Spindeln durch eine einzige Schnur bewirkt. Die der Spindel zunächstliegende Trommel dient in diesem Falle nur als Leittrommel. Die Zusammenfassung von zwei Spindeln in einem Schnurantrieb ist auch deshalb günstig, weil das Reißen der Schnur im allgemeinen in der Nähe des Knotens eintritt, der ständig an die Wirtel anschlägt, und die Knotenzahl durch den Zweispindelantrieb verringert wird. Diese Anordnung ist jedoch nur dann möglich, wenn beide Maschinenseiten einen gemeinsamen Antrieb haben. In vielen Fällen legt man aber Wert darauf, die beiden Maschinenseiten unabhängig voneinander antreiben zu können, um erstens die Stillstandzeiten einer Seite nicht auf die andere zu übertragen und zweitens bei Verarbeitung verschiedener Partien auf beiden Maschinenseiten eine Anpassungsmöglichkeit nicht nur hinsichtlich des Verzuges, sondern auch hinsichtlich der Spindelgeschwindigkeit an die individuellen Erfordernisse jeder einzelnen Spinnpartie zu besitzen.

Bei einer gegenseitigen Abhängigkeit beider Maschinenseiten kann vor allem aus dem letzteren Grunde in Spinnereien, die viel kleine Partien verarbeiten, die Spinnfähigkeit einzelner Partien häufig nicht ausgenutzt werden, weil die auf der Gegenseite spinnende Partie eine Geschwindigkeitssteigerung nicht zuläßt.

Wenn aus diesen Gründen beide Maschinenseiten unabhängig voneinander angetrieben werden, muß auf die günstige Anordnung des Schnurtriebs verzichtet werden. Man kehrt in diesen Fällen entweder zu den Verhältnissen zurück, die am Selfaktor gebräuchlich sind, indem man für jede Maschinenseite eine Trommel verwendet und auf den verbesserten Schnurwinkel verzichtet, oder man legt zwischen Trommel und Spindeln noch eine Führungstrommel, so daß die Maschine zwar 4 Trommeln erhält, aber die günstigen Schnurwinkel am Wirtel erhalten bleiben.

c) Spinnringe und Spinnläufer.

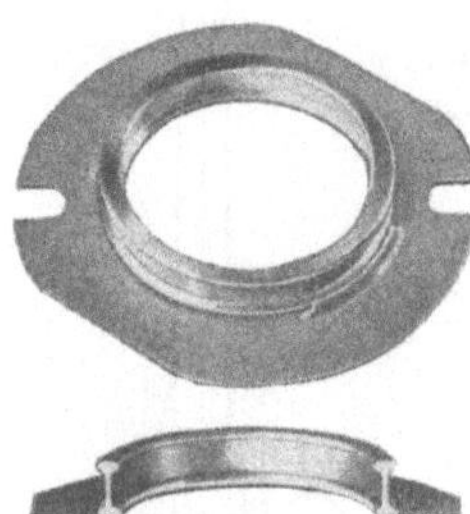

Abb. 75. Spinnringe.

Der Einfluß der Ringweite auf den Spinnprozeß und die Gesichtspunkte für die Wahl des richtigen Ringdurchmessers wurden bereits in Zusammenhang mit der Erörterung des Spindeloberteiles dargelegt. Abgesehen von diesen Dimensionierungsfragen ist die wichtigste Vorbedingung für die Brauchbarkeit der Spinnringe ihre Härte. Die Beanspruchung durch die hohe Läufergeschwindigkeit ist so groß, daß nur wirklich glashartes Material ihr im Dauerbetrieb standhalten kann. Als Profil der Ringe hat sich allgemein das I-Profil durchgesetzt (siehe Abb. 75), das eine gute Führung gibt und ein bequemes Einsetzen der Läufer sowie auch der Spinnringe in die Futter ermöglicht.

Die Verwendung dieser Futter hat gegenüber einem starren Einpassen der Ringe in die Ringbank den Vorteil der Nachstellmöglichkeit, wodurch in allen Fällen die Spindel genau in die Ringmitte gebracht werden kann. Von der Genauigkeit dieser Einstellung ist die Gleichmäßigkeit der Spannungsverhältnisse im Faden in hohem Maße abhängig.

Nachdem durch die Wahl des Ringes und der Spindel die Vorbedingungen erfüllt sind, die die Fadenspannung in eine Größenordnung bringen, die den Spinnprozeß ermöglicht, erfolgt die weitere Regulierung der Fadenspannung durch eine Variierung der Reibung des Ringläufers. Die richtige Wahl von Form und Gewicht des Läufers stellt den Hauptteil der Kunst des Ringspinnens dar, die demnach weitgehend — entgegengesetzt den Verhältnissen am Selfaktor — nicht in der Hand der Maschinenbedienung liegt.

Die Form des Läufers beeinflußt insofern die Fadenspannung, als durch die wechselnden Angriffswinkel des Fadenzuges leicht Verklemmungen des Läufers am Ring eintreten können. Als brauchbarstes Profil hat sich in der Kammgarnspinnerei der C-förmige Läufer aus Runddraht bewährt[1]. Hinsichtlich der

---

[1] Über das Ende 1932 auf den Markt gebrachte N-Profil liegen abschließende betriebliche Bewertungen noch nicht vor.

Gleichmäßigkeit der Bremsung am Ring ist der aus Flachdraht geformte Läufer zwar unter Umständen vorzuziehen, aber dieser Vorteil wird beim Spinnprozeß ausgeglichen durch die günstigere Führung, die der runde Läuferdraht dem Faden gibt. Gerade bei Kammgarn, das eine glatte Fadenoberfläche besitzen soll, spielt die Aufrauhung durch die Reibung am Läufer eine wichtige Rolle.

Nachdem aus diesen Gründen der Fadenschonung die Runddrahtläufer verwendet werden, obgleich sie hinsichtlich der Reibungsverhältnisse am Ring nicht das Optimum darstellen, ist die Frage der Verringerung der Reibung von großer Bedeutung. Als Material für die Läufer kommt nur Stahldraht in Frage, da bei der hohen Umlaufgeschwindigkeit und dem starken Fadenzug weichere Läufer eine so schnelle Abnutzung erleiden, daß ihre Verwendung unwirtschaftlich wäre. Eine Verringerung der Reibung kann, da die Baustoffe für Ringe und Läufer hierdurch als gegeben zu betrachten sind, nur durch ein Schmiermittel erreicht werden.

Voraussetzung für die Verwendbarkeit eines Läuferfettes ist, daß es keine Flecken im Garn verursacht und leicht auswaschbar ist. Es scheiden deshalb zunächst alle gewöhnlichen Mineralöle für diesen Zweck aus. Weiterhin sind an die Viskosität des Läuferfettes besondere Anforderungen zu stellen. Das Fett muß sich einerseits auf dem Ring fein verteilen lassen, andererseits derart konsistent sein und so langsam verbraucht werden, daß am Ende eines Abzuges, der mehrere Stunden läuft, die Schmierung noch nahezu so gut ist wie unmittelbar nach Aufbringung des Fettes. Von der größten Bedeutung ist die Qualität des Läuferfettes beim Spinnen grober Garne, d. h. bei Verwendung schwerer Ringe und dementsprechend eines großen Fadenzuges.

Während Läuferform und Läuferreibung im allgemeinen Größen sind, die über ein gewisses Optimum nicht verbessert werden können und bei den verschiedensten spinntechnischen Anforderungen möglichst gleichmäßig in diesem besten Zustand erhalten werden müssen, erfolgt die eigentliche Regulierung der Fadenspannung bzw. der Bremswirkung des Läufers durch Veränderung des Läufergewichtes.

Dabei ist allerdings die Einschränkung zu machen, daß durch die verschiedenartigen Einflüsse des Aufwindungsvorganges eine bestimmte optimale Fadenspannung während einer ganzen Aufwindungsperiode nicht eingehalten werden kann. Das Läufergewicht kann nur so gewählt werden, daß die Grenzfälle der Fadenspannung, die während der Bildung eines Garnkörpers eintreten, noch im Rahmen der spinntechnischen Möglichkeiten liegen.

Ist die Bremsung des Fadens durch den Läufer zu gering, so erfüllt er seinen Zweck nicht. Er bleibt in diesem Falle nicht um den Betrag der Liefergeschwindigkeit des Streckwerks hinter der Geschwindigkeit des jeweilig zu bewickelnden Spindelumfanges zurück, sondern sucht sich — angetrieben durch die Zentrifugalkraft des Fadenballons — der Spindelumlaufzahl anzupassen. Selbst wenn dieser Fall nur kurzfristig eintritt, muß er zu Fadenbruch führen, da keine oder zu wenig Aufwindung erfolgt, der Fadenballon sich in Sekunden um ein Vielfaches vergrößert, an der Nachbarspindel hängenbleiben und reißen muß. Dieses „Schleudern" tritt am leichtesten ein, wenn der elastische Fadenballon zwischen der Fadenführung über der Spindelspitze und dem Aufwindungspunkt am längsten ist, also bei Beginn des Aufwindungsvorgangs. Erhöht man die Bremswirkung des Läufers so weit, daß sie gerade ausreichend ist, um zu einer Aufwindung der vom Streckwerk gelieferten Fadenlänge zu führen, so wird dieses Schleudern nicht mehr eintreten, aber man erhält Bobinen, die so locker aufgewunden sind, daß sie Transportbeanspruchungen nicht standhalten können und in der Weiterverarbeitung keinen störungsfreien Ablauf des Fadens ermöglichen. Zur Herstellung straff aufgewundener Bobinen ist die Bremswirkung des Läufers demnach über dieses Mindestmaß noch zu erhöhen, allerdings nur so weit, daß die Fadenspannung in den ungünstigsten Momenten, die der Aufwindungsmechanismus bedingt, noch in Bereichen bleibt, die keinen oder wenigstens keinen übermäßig hohen Fadenbruch verursachen.

Abgesehen von der Änderung des Läufergewichtes kann die Bremswirkung der Läufer noch variiert werden durch die Spindeldrehzahl. Die Bremswirkung nimmt zu mit der Erhöhung der Umlaufzahlen des Läufers. Da bei Steigerung der Spindelgeschwindigkeit in den seltensten Fällen auch eine Erhöhung der Fadenspannung in Kauf genommen werden kann, ist bei Drehzahlerhöhungen ein Wechsel des Ringläufergewichtes meist unerläßlich.

Diese Tatsache beleuchtet, von welcher Vielzahl von Umständen die Größe des jeweils in Anwendung zu bringenden Läufergewichtes abhängig ist. Im Handel sind die Läufer mit sehr feinen Gewichtsabstufungen von Nr. 20/0 bis 1/0 und weiter von 1 bis 50 im Gewicht zunehmend erhältlich.

d) Die Aufwindung.

Da wie an das Selfaktorgespinst auch an das Produkt der Ringspinnmaschine im Interesse eines einwandfreien Garnablaufs die Forderung gestellt werden muß, daß es in konischen, spiralförmigen Windungsschichten aufgewunden wird, die sich derart übereinander lagern, daß die Gesamtform des Garnkörpers zylindrisch ist, mußten ähnlich komplizierte Windungsorgane entstehen wie am Selfaktor.

Nach dem Spinnprinzip der Ringspinnmaschine erfolgt die Aufwindung dadurch, daß der von der Spindel in rotierende Bewegung versetzte Faden den Ringläufer nachschleppen muß, und der Ringläufer in dem Maße hinter der Spindelumdrehung zurückbleiben kann, wie Faden durch das Streckwerk nachgeliefert wird. Die theoretischen Grenzfälle sind folgende:

1. Der Läufer hat die gleiche Drehzahl wie die Spindel. Das wäre der Fall, wenn keine Streckwerkslieferung erfolgte. Es würde dann auch nichts aufgewunden.

2. Der Läufer bewegt sich gar nicht. Dieser Fall würde eintreten, wenn das Streckwerk so viel lieferte, wie die Spindel gleichzeitig bei einem bestimmten Windungsdurchmesser aufwinden kann. In diesem Falle würde der Faden keine Drehung erhalten.

Beide Fälle sind praktisch nicht durchführbar. Die Streckwerkslieferung muß zwischen beiden Möglichkeiten, zwischen Stillstand und Spindelumfangsgeschwindigkeit liegen. Je geringer sie ist, je mehr Drehung das Garn erhält, um so näher liegt die Läuferdrehzahl der der Spindel, d. h. um so weniger wird aufgewunden. Demnach kann bei relativ hoher Streckwerkslieferung, also bei losen Drehungen der Läufer wesentlich hinter der Spindeldrehzahl zurückbleiben und viel aufwinden.

Abgesehen von der Drehung je Längeneinheit steht das Zurückbleiben des Läufers in Abhängigkeit vom Windungsdurchmesser. Wenn auf kleinen Windungsdurchmesser gewunden wird, füllt das in der Zeiteinheit gelieferte Fadenstück ein größeres Bogenstück als beim Winden auf großen Durchmesser. Demnach kann der Läufer beim Winden auf kleinen Durchmesser weiter zurückbleiben als beim Winden auf großen.

Da die Aufwindung am Ringläufer erfolgt, ist es nötig, diesem und damit der gesamten Ringbank eine derartige Bewegung in auf- und abgehender Richtung zu erteilen, daß die gewünschte Aufwindungsform entsteht. Diese Bewegung muß sich wie die des Aufwinders am Selfaktor aus mehreren Komponenten zusammensetzen.

Die Hauptbewegung ist die Ausführung der Kreuzwindung, die durch langsames Ansteigen und schnelles Sinken der Ringbank erreicht wird. Die Kreuzung der einzelnen Windungslagen, die zur Erreichung eines guten Fadenablaufes nötig ist, genügt, wenn man die Ringbank etwa dreimal so schnell senkt, als hebt.

Da diese einzelnen Windungslagen jedoch eine konische Form haben müssen, ist es wie am Selfaktor erforderlich, zunächst mit ganz kleinen Windungshöhen zu beginnen und diese mit jedem Ringbankhub zu vergrößern, bis der richtige Konus erreicht ist. Da bei großem Durchmesser kleinere Bogenstücke in der Zeiteinheit aufgewunden werden als auf kleinem Durchmesser, muß sich die Geschwindigkeit der Ringbankbewegung umgekehrt proportional zu den Windungsdurchmessern verhalten. Es ist deshalb zur Erreichung einer gleichförmig ansteigenden Windungsspirale die Ringbank während jeder Hubbewegung entsprechend der Abnahme des Kegeldurchmessers mit wachsender Geschwindigkeit zu heben und mit abnehmender Geschwindigkeit wieder zu senken. Das hat weiterhin den Vorteil, daß, ehe sich die Konusform des Garnkörpers bildet, am unteren Ende jedes Ringbankhubes dichter gewunden wird als am oberen Teil, wodurch die Bildung der konischen Aufwindungsform beschleunigt wird.

Diese komplizierte ständige Variation der Geschwindigkeit wird konstruktiv dadurch ermöglicht, daß als Übertragungsorgan ein vom Streckwerk angetriebener, langsam rotierender Exzenter verwendet wird, der aber nicht herzförmig sein darf, sondern dessen Abstände der Umkehrpunkte sich wie 1:3 verhalten müssen, entsprechend der verschiedenen Dauer von Hub- und Senkbewegung.

An diesen langsam rotierenden Exzenter wird eine Leitrolle angedrückt, die in einem einarmigen Hebel gelagert ist. Dieser Hebelarm führt dadurch die Bewegungskurve aus, die auf die Ringbank zu übertragen ist. Die Übertragung wird mittels Ketten durchgeführt, die die verschiedenen Unterstützungspunkte der Ringbank gleichmäßig nach oben führen und ebenso ein gleichmäßiges Senken gestatten. Damit nicht das gesamte Ringbankgewicht gegen den Exzenter drückt, sind in die Kettenübertragung Gewichtshebel eingebaut, mit deren Hilfe der Hauptteil des Ringbankgewichtes ausbalanciert ist. Die Ringbank muß nur so viel Übergewicht behalten, daß sie die Senkbewegung ausführen kann, ohne starr mit dem Exzenter verbunden zu sein.

Die Bewegungsform der Ringbank ist damit festgelegt. Die Windungshöhe selbst wird durch die Lage der Leitrolle und des Angriffspunktes der Kettenübertragung am Leithebel eingestellt.

Weiterhin ist vom Aufwindungsmechanismus noch die gegenseitige Lage der einzelnen Windungsschichten zueinander zu regeln. An dem Angriffspunkt der Kettenübertragung befindet sich deshalb auf dem Hebel noch ein Schaltmechanismus, der entsprechend der Stärke der Windungsschicht bei jedem Hub eine Kleinigkeit höher schaltet, so daß die Kopsform in ähnlicher Weise wie am Selfaktor gebildet wird. Bei jeder Abwärtsbewegung des Hebels erhält ein Schaltrad durch Sperrklinken, an denen es vorbeigeführt wird, eine bestimmte Verdrehung, die durch die Einstellung der Sperrklinken regelbar ist. Damit verdreht sich ebenso langsam die Scheibe, an der die Übertragungskette im Leithebel befestigt ist, die Kette verkürzt sich, und die Ringbank steigt während der Dauer eines Abzugs um den zur Bildung der Garnkörper vorgeschriebenen Betrag.

Die letzte Komponente der Ringbankbewegung ist die zur Ansatzbildung nötige Variierung der Windungshöhe. Sie wird in sehr einfacher Weise durch ein Zwischenglied in der Kettenübertragung erreicht. Die vom Leithebel kommende Kette endet auf einer Scheibe, die sich im Maße der allmählichen Verkürzung der Kette verdreht. Mit dieser Scheibe starr verbunden sitzt auf der gleichen Welle eine zweite Scheibe, jedoch exzentrisch gelagert und derart profiliert, daß die auf ihr befestigte zweite Übertragungskette anfangs eine ganz kurze Hub- und Senkbewegung auf die Ringbank überträgt, diese aber im Maße der Verdrehung der Scheibe durch die Kettenverkürzung wächst, bis sie nach Bildung des Ansatzes die größte Windungshöhe erreicht hat und sich dann allmählich wieder verkürzt.

So ist unter den veränderten Gesichtspunkten das Aufwindungsproblem in ähnlicher Weise wie am Selfaktor gelöst.

2. Der gegenwärtige Stand des Ringspinnmaschinenbaus.

Die Ausführungsform der eigentlichen Arbeitsorgane zeigt in allen modernen Ringspinnmaschinen keine prinzipiellen Verschiedenheiten. Lediglich die Dimensionierung, die gegenseitige Lage der einzelnen Arbeitsorgane und die Ausführung der Hilfsmechanismen weisen gewisse Abweichungen der einzelnen Fabrikate voneinander auf, so daß an dieser Stelle nur die wichtigsten Typen genannt werden sollen.

In Abb. 76 ist eine Ringspinnmaschine für ausschließliche Merinoverarbeitung mit senkrecht stehenden Spindeln wiedergegeben (Fabrikat Schlumberger).

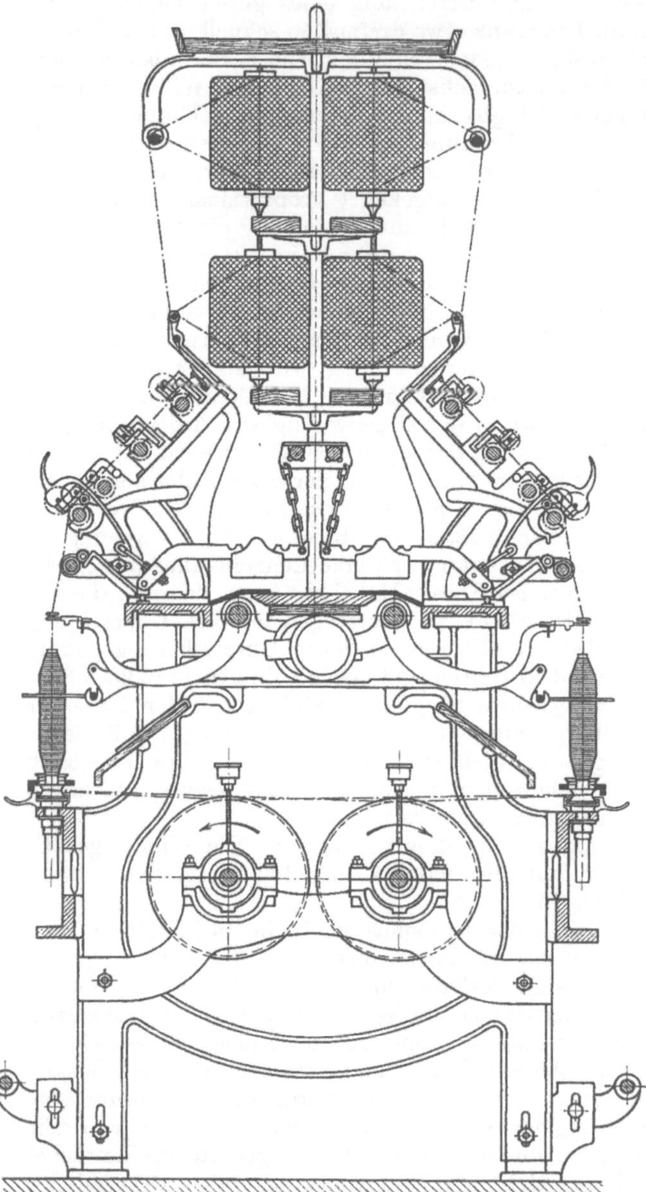

Abb. 76. Ringspinnmaschine für Merinowollen.

Abb. 77 zeigt nochmals eine Maschine für Merinoverarbeitung (Sächsische Textil-Maschinen-Fabrik), jedoch mit schräg stehenden Spindeln.

Die Maschine ist ebenfalls mit doppeltem Antrieb ausgestattet, jedoch ist hier auf Leitrollen für den Schnurantrieb verzichtet, da infolge der Schrägstellung der Spindeln der Abstand von der Trommel so groß ist, daß am Wirtel die Auf-

und Ablaufwinkel der Schnur in unschädlichen Grenzen bleiben. Die durch die Spindelschrägstellung veränderten Winkel der Fadenführung sind in der Schnittzeichnung erkenntlich.

Abb. 78 zeigt den Schnitt einer Maschine des gleichen Fabrikats, aber für die Verarbeitung von Crossbredqualitäten, also von gedrehtem Vorgarn geeignet.

Der Hinterzylinder hat bereits Federdruckbelastung und der Vorderzylinder einen wesentlich vergrößerten Durchmesser (75 mm). Um durch die große Streckwerkslänge nichts an Raum zu verlieren, ist die Neigung außerordentlich steil gewählt. Die Maschine hat doppelten Antrieb.

Schließlich ist in Abb. 79 noch eine Maschine für die Verarbeitung der gröbsten Cheviots wiedergegeben.

Die Maschine, ebenfalls eine Ausführungsform der Sächsischen Textil-Maschinen-Fabrik, besitzt eine so lange Streckwerkseinstellung, daß auf die steile Bauart im Interesse der Bedienungsmöglichkeit verzichtet werden mußte. Der Vorderzylinder besitzt hier sogar 100 mm Durchmesser. Die Vorgarnspulen können, da nur fest gedrehtes Material gesponnen wird, schräg aufgesteckt werden. Der Antrieb ist ebenfalls für jede Seite getrennt.

Eine Sonderstellung innerhalb der Verbesserungen, die die Ringspinnmaschine in den letzten Jahren weiterentwickel-

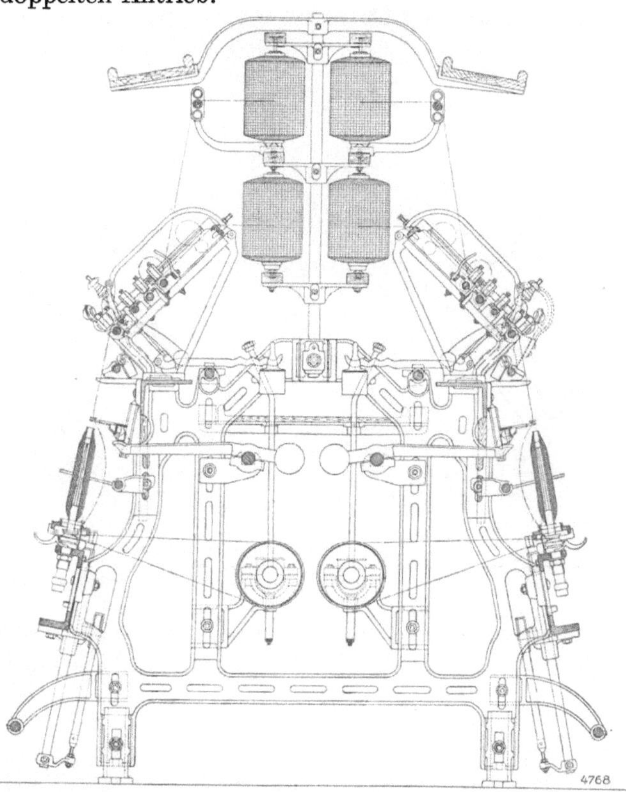

Abb. 77. Ringspinnmaschine für Merinowollen.

ten, nimmt das Hochverzugstreckwerk von Hartmann-Cornibert ein. Nachdem in der Baumwollspinnerei die Hochverzugsfrage seit Jahren bereits Bedeutung hat, ist dieses Streckwerk der erste Übertragungsversuch dieser Idee auf die Kammgarnindustrie.

Die Tatsache, ebenso wie 10fachen auch 20fachen Verzug anwenden zu können, hat nicht nur die Annehmlichkeit der Bewegungsfreiheit in der Verwendung von vorhandenem Vorgarn zur Folge, sondern sie wird in vielen Fällen auch ermöglichen, daß eine etwas knapp bemessene Vorspinnerei durch Herstellung niederer Vorgarnnummern eine höhere Leistungsfähigkeit erhällt.

Erreicht wird diese Möglichkeit beim Hartmann-Cornibert-Streckwerk dadurch (siehe Abb. 80), daß der zweite, dritte und vierte Zylinder von einem endlosen Leder umschlungen werden, so daß nicht nur die Klemmpunkte der Zylinder Auflagestellen für die Lunte darstellen, sondern das Band vom zweiten bis zum vierten Zylinder eine Auflage erhält. Die Wirksamkeit dieser Auflage wird dadurch erhöht, daß der dritte Oberzylinder vom Klemmpunkt aus nach vorn verlegt und hinter dem Klemmpunkt ein weiterer Oberzylinder eingelegt wird. Diese beiden Druckwalzen liegen lediglich auf den Lederbändern auf, wodurch diese straff gehalten werden und eine gute Führung der Lunte, selbst bei einer geringfügigen Längung der Leder, erhalten bleibt. Gegen seitliches Wandern sind die Leder durch Anbringung eines Profileisens gesichert.

Vorbedingung für die Verwendung der Leder ist ein Verzicht auf die Zwischenverzüge vom zweiten bis vierten Zylinder, da diese ein Zerreiben der Leder verursachen würden. Dieser Verzicht hat jedoch nicht zu Schwierigkeiten geführt. Der einzige Nachteil der Leder ist die betriebliche Unbequemlichkeit des Einziehens, was jedoch ziemlich selten zu erfolgen hat. Über die mittlere Lebensdauer der Leder liegen heute noch keine einheitlichen Resultate vor. Eventuell dürfte das Material auch noch zu verbessern sein.

Die mit dem Hartmann-Cornibert-Streckwerk bis jetzt erzielten spinntechnischen Resultate sind je nach den verwendeten Wollqualitäten und den Maschinen, auf denen es eingebaut wurde, gewissen Schwankungen unter-

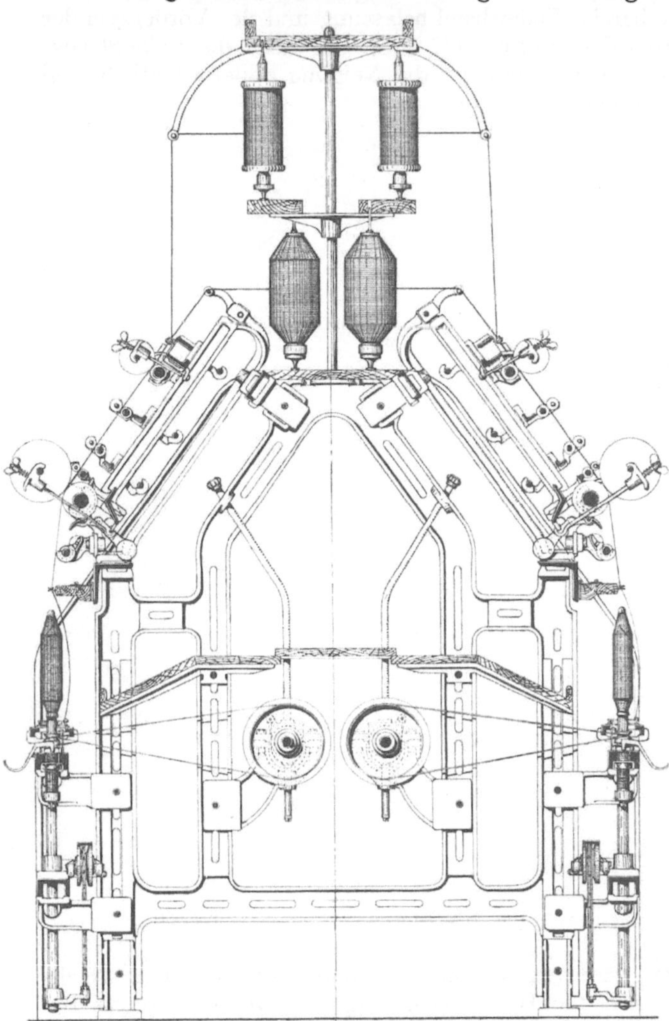

Abb. 78. Ringspinnmaschine für Cheviotwollen.

worfen; im allgemeinen hat sich jedoch ergeben, daß sich mit Verzügen, die um 16- bis 20fach liegen, ein Garn spinnen läßt, das dem auf normalen Maschinen mit 10fachem Verzug gesponnenen an Gleichmäßigkeit und Reißfestigkeit mindestens gleichwertig ist. Für eine Reihe von Qualitäten hat sich außerdem eine Erhöhung der Spinngeschwindigkeit bis zu 10 % erzielen lassen. Die Verbesserung der Spinnbarkeit und damit Verringerung des Fadenbruches ist besonders in der Nähe der Spinngrenze einzelner Qualitäten feststellbar. Und zwar sind die besten Resultate mit feinen Cheviotqualitäten erreicht worden.

Nach den Erfolgen an der Ringspinnmaschine ist das Hartmann-Cornibert-Streckwerk auch in Selfaktoren eingebaut worden. In Abb. 81 ist der Schnitt durch ein umgebautes Selfaktorstreckwerk gezeigt.

3. Entwicklungsgesichtspunkte.

Durch die Schaffung des kontinuierlichen Spinnverfahrens der Ringspinnmaschine wurde es ermöglicht, die Spindellieferung gegenüber der Selfaktorspindel erheblich zu steigern. Im folgenden ist für einige Hauptnummern, die

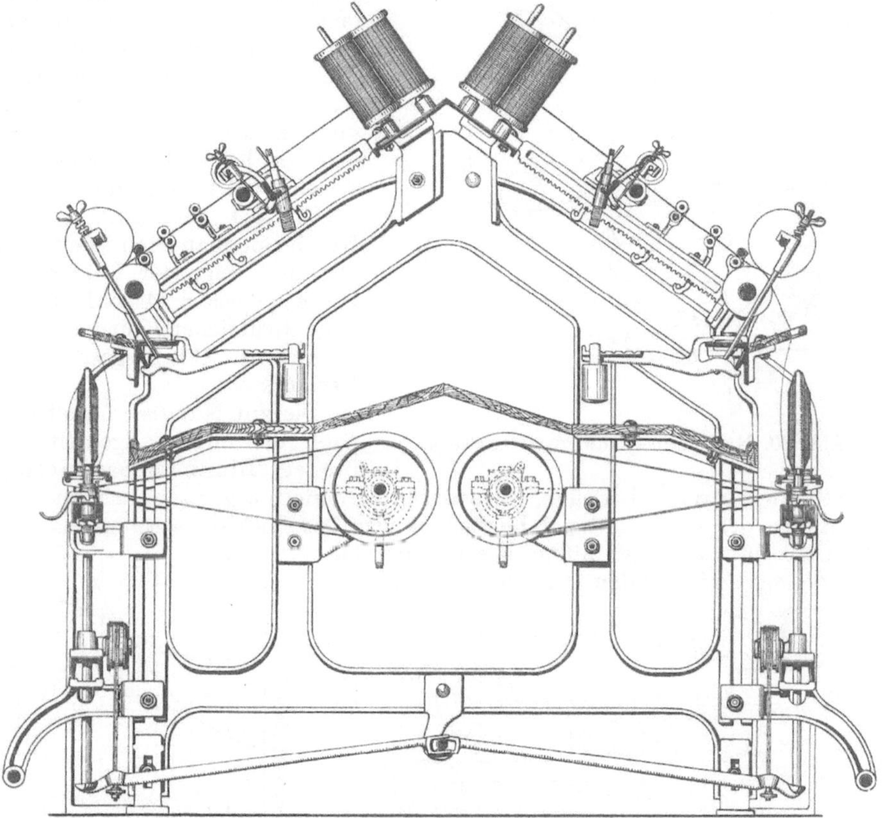

Abb. 79. Ringspinnmaschine für Cheviotwollen.

man heute mit der Ringspinnmaschine spinnt, bei gleicher Drehung die Liefermöglichkeit der Ringspindel der der Selfaktorspindel gegenübergestellt.

Eine Folge dieser größeren Lieferung der Ringspindel ist allerdings, daß sich auch die je Spindel zu leistende Bedienungsarbeit gegenüber dem Selfaktor erhöht, weshalb zwar von einer durchweg höheren Ausnutzung der Spindelzahl nach dem Ring-

Garnnummer	Lieferung in m/min	
	Ringspindel	Selfaktorspindel
32	11,8	7,8
40	10,1	7,2
48	8,8	6,8
56	7,8	6,5

spinnprinzip, nicht aber generell von einer Erniedrigung des Lohnanteils gesprochen werden kann. Im allgemeinen wird in der Selfaktorspinnerei auf

170 bis 180 Spindeln eine Arbeitskraft benötigt, in der Ringspinnerei dagegen auf 130 bis 140 Spindeln.

Trotz dieser Verschiebung in der Zahl der Arbeitskräfte je Spindel arbeitet die Ringspinnmaschine in niedrigen Garnnummern wirtschaftlicher als der Selfaktor, dessen Wirkungsgrad — wie oben erwähnt — in diesen Nummern besonders ungünstig ist. Je weiter man aber die Garnnummer verfeinert, um so mehr macht sich die im Spinnprinzip der Ringspinnmaschine beruhende hohe Beanspruchung des Fadens auf Zugfestigkeit geltend und führt bei den feinsten Garnen und losesten Drehungen bis zu einer vollständigen Unbrauchbarkeit der Ringspinnmaschine. Bei Merinoqualitäten in mittlerer Drehung zeigt der Lohnkostenvergleich beider Maschinentypen in heute üblichen Konstruktionen etwa den in Abb. 82 gezeichneten Verlauf.

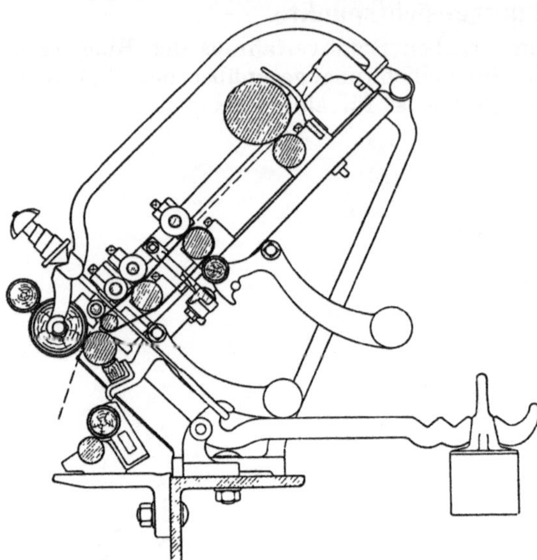

Abb. 80. Hartmann-Cornibert-Streckwerk.

Bis zur Nummer 56 ist demnach der heute allgemein verbreitete Ringspinnmaschinentyp dem Selfaktor bereits überlegen, in niederen Nummern sogar sehr erheblich, bei 30er infolge der merkwürdigen Leistungskurve des Selfaktors schon etwa um 40%. Über 56er aber ist infolge des mit der Geschwindigkeit wachsenden Läuferzuges auf der

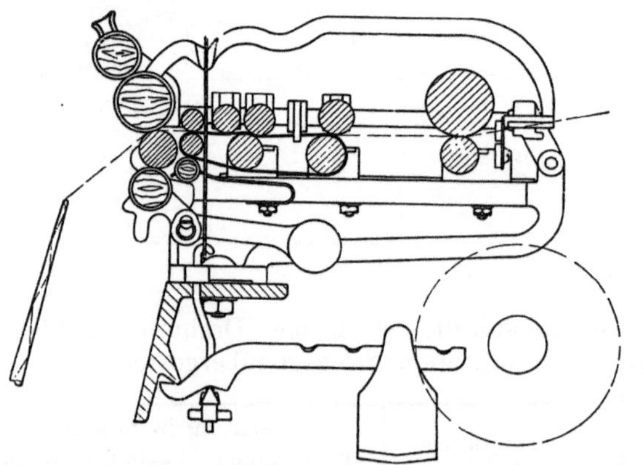

Abb. 81. Hartmann-Cornibert-Streckwerk für Selfaktoren.   Abb. 82.

Ringspinnmaschine keine Geschwindigkeitssteigerung mehr möglich, sondern sogar eine Reduzierung erforderlich und damit scheidet sie hier als Konkurrenz für den Selfaktor aus.

Das Verhältnis war früher noch wesentlich weiter zuungunsten der Ringspinnmaschine verschoben. Im Lauf der letzten Jahre hat man mit Erfolg ver-

sucht, die im Spinnprinzip liegenden Nachteile in ihren Auswirkungen abzuschwächen, so daß es heute bereits Ringspinnmaschinen gibt, bei denen sich das
oben gezeichnete Schema noch etwas zuungunsten des Selfaktors verschiebt.

Die Bemühungen um die spinntechnischen Verbesserungen der Ringspinnmaschine erstrecken sich vor allem auf eine Beeinflussung der Fadenspannung,
eine Beseitigung der Doppelfadengefahr, eine Verbesserung des Spindelantriebs
und eine Vergleichsmäßigung der Drehung.

a) Die Beeinflussung der Fadenspannung.

Innerhalb der Maßnahmen, die zur Verminderung der Fadenbrüche infolge
zu hoher Zugbeanspruchung ergriffen wurden, sind zu unterscheiden solche,
die den Läuferzug nicht verändern, nur seine Auswirkungen mildern, und solche,
die sich gegen die Größe des Läuferzuges selbst richten.

Die empfindlichste Stelle des Fadens ist naturgemäß dort, wo er noch keine
Drehung hat, also direkt am Auslauf aus dem Streckwerk. Es muß deshalb angestrebt werden, die Drehung in voller Höhe bis unmittelbar an den Klemmpunkt heranzubringen. Dieser günstigste Fall tritt nicht ein, wenn der Faden
nach Verlassen des Klemmpunktes auf dem Unterzylinder aufliegt. Dann teilt
sich die Drehung dem Faden nur bis zu dem Punkte mit, an dem er den Unterzylinder verläßt. Das Stück vorher bleibt ohne Drehung, hält also größere Zugbeanspruchung nicht aus. Dieses Fadenstück wird jedoch der gleichen Zugbeanspruchung ausgesetzt wie der gedrehte Faden. Dadurch wird die Bruch-
grenze an derartigen Ringspinnmaschinen nicht durch die Reißfestigkeit des
gedrehten Fadens, sondern durch die des kurzen, ungedrehten Stückes bestimmt.

Als erste Maßnahme gegen die Schäden des Läuferzuges wurde deshalb ein
freier Fadenauslauf aus dem Streckwerk angestrebt. Das wurde erreicht, indem
man die früher nahezu horizontal liegenden Streckwerke stark neigte, im allgemeinen heute 45°, in Einzelfällen sogar 55°. Man ließ den Faden frei auslaufen
und führte ihn mit dieser Neigung bis zu irgendeinem Führungsorgan über der
Spitze der vertikalstehenden Spindel. Da man den Winkel von 135 bis 150°, den
der Faden bei dieser Streckwerksneigung über der Spindelspitze zu durchlaufen
hat, für zu spitz hielt, hat man auf der einen Seite versucht, einen Teil dieses
Winkels ins Streckwerk selbst zu legen, und zwar zwischen den letzten und vorletzten Zylinder, wo die steile Neigung den Walzenlauf nicht mehr stört. Die
meisten Streckwerke haben heute an dieser Stelle einen — wenn auch unwesent-
lichen — Knick. Auf der anderen Seite hat man den vom Faden zu durchlaufenden
Winkel dadurch der Geraden anzunähern versucht, daß man die Spindeln neigte.
Die Mehrzahl der in den letzten Jahren gebauten Kammgarnringspinnmaschinen
besitzt diese schräg stehenden Spindeln. Die Nachteile, die man dadurch hinsichtlich Kraftverbrauch und Maschinenbreite in Kauf nimmt, scheinen diese
Maßnahme jedoch ziemlich aufzuwiegen, zumal in den meisten Fällen diese
Spindelneigung um etwa 10° in Maschinen eingebaut wird, die nur eine Streckwerksneigung von 45° besitzen. Da eine Streckwerksneigung von 55° durchaus möglich und langjährig erprobt ist, kann man bei den genannten Verhältnissen durch erhöhte Streckwerksneigung den gleichen Effekt erzielen, ohne auf
die senkrecht stehenden Spindeln zu verzichten. Außerdem darf nicht übersehen
werden, daß gerade der Winkel, den der Faden zwischen Streckwerk und Spindelspitze in irgendeinem Fadenführer durchlaufen muß, eines der Mittel ist, das die
Schwankungen des Läuferzuges abfangen und am Streckwerksausgang eine gewisse Gleichmäßigkeit der Spannung herstellen kann.

Ein anderer Versuch, die Auswirkungen des Läuferzuges, vor allem Spitzen-
werte und Stöße an der gefährdeten Stelle am Streckwerksausgang zu mildern,

ging von dem Gesichtspunkt aus, daß ein sehr langes Fadenstück zwischen Streckwerk und Spindel, das sich im Spinnprozeß in mehrere Ballons unterteilt, eine Pufferwirkung entwickeln muß, die es verhindert, daß die Schwankungen des Läuferzuges sich bis ans Streckwerk bemerkbar machen. Dieser Gedanke wurde von der Firma Karl Hamel, Chemnitz, einer Konstruktion zugrunde gelegt, und es entstand eine Ringspinnmaschine, deren Streckwerk über einen halben Meter nach oben gerückt ist. Der Fadenverlauf an dieser Maschine ist aus Abb. 83 ersichtlich.

Der Fadenzug an dieser Maschine ist tatsächlich äußerst weich und elastisch, so daß eine Fadenbruchverringerung eintritt, wodurch wiederum die Möglichkeit gegeben ist, schneller zu spinnen. Andererseits muß als Nachteil in Kauf genommen werden, daß die Bedienung des hochliegenden Streckwerks und besonders des Aufsteckrahmens beschwerlich ist. Es werden besondere fahrbare Treppen benötigt. Außerdem wird die Übersichtlichkeit und das Licht der Arbeitssäle von diesen hohen Maschinen ungünstig beeinflußt. In Abb. 84 und 85 ist diese Konstruktion in Schnitt und Ansicht wiedergegeben.

Ein dritter, äußerst interessanter Versuch, den Läuferzug auf ein Fadenbereich zu beschränken, das schon die volle Drehung besitzt, ist erst in allerletzter Zeit in England bekannt geworden, wo er in der Baumwollindustrie entwickelt wurde. Da er aber für Wolle die gleiche prinzipielle Bedeutung hat, darf er hier nicht übergangen werden.

Der Faden wird hier nicht durch einen Fadenführer geleitet, sondern vom Streckwerk direkt zur Spindelspitze geführt, die allerdings wesentlich verlängert ist. Der Faden wickelt sich dann ebenso wie am Selfaktor um das Spindeloberteil und erhält seine Drehung — wie am Selfaktor — auf dem Stück zwischen Streckwerk und Spindelspitze. Erst weiter unten an der Spindel bildet sich ein kleiner Ballon, auf den sich die Schwankungen des Läuferzuges übertragen. Infolge der Windung des Fadens um das Spindeloberteil ist das gefährdete Fadenstück zwischen Streckwerk und Spindelspitze vollkommen spannungsfrei. Die Aufwindung des Garnes geschieht in der gleichen Weise wie an der gewöhnlichen Ringspinnmaschine. Die Anordnung dieses Fadenverlaufes ist in Abb. 86 an einer Maschine von Dobson & Barlow, Bolton, gezeigt.

Abb. 83. Verlängerte Spinnstrecke.

Während bei der Verarbeitung von Baumwolle der Wert dieses Spinnverfahrens sich bereits erwiesen hat, befinden sich die Versuche mit Wolle noch im Anfangsstadium, so daß sich noch nicht sagen läßt, in welchem Ausmaß dieses Prinzip Erfolg haben wird. Es erscheint aber so folgerichtig gedacht, daß seine Anwendbarkeit auch für die Kammgarnspinnerei anzunehmen ist. Gewisse Schwierigkeiten werden sich wahrscheinlich hinsichtlich einer brauchbaren Lagerung dieser überlangen Spindel ergeben, aber diese Hindernisse dürften nicht unüberwindlich bleiben.

Während sich alle diese Maßnahmen nicht mit der direkten Beeinflussung des Läuferzuges, sondern nur mit seinen Auswirkungen beschäftigen, sind nun noch die Verfahren zu nennen, die sich mit dem Läuferzug selbst befassen.

Wie oben bereits gestreift wurde, ist das Störendste am Läuferzug seine Ungleichmäßigkeit. Diese ist, abgesehen von der Verkürzung der Ballonlänge im Laufe der Füllung des Garnkörpers, bedingt durch den wechselnden Aufwindedurchmesser der Kopse, der im Läufer einen ständig sich ändernden Winkel des Fadens zur Zugrichtung bewirkt.

Eine generelle Herabsetzung des absoluten Läuferzuges ließe sich demnach

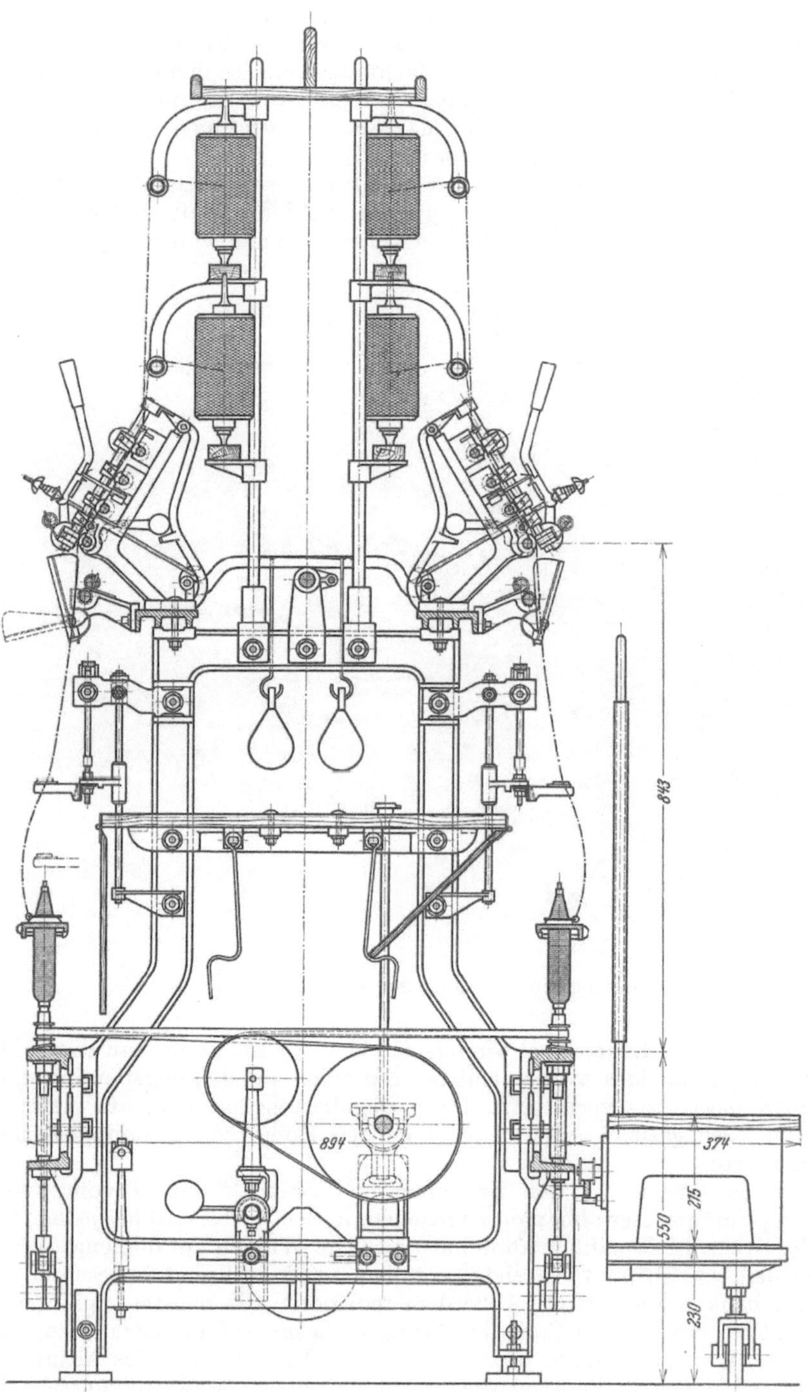

Abb. 84. Ringspinnmaschine mit verlängerter Spinnstrecke.

sofort erreichen, wenn man die ungünstigsten Fadenwinkel beseitigte durch Verwendung von stärkeren Hülsendurchmessern und größeren Ringweiten. Eine derartige Maßnahme würde jedoch die Nachteile in sich schließen, mit schwereren Hülsen arbeiten zu müssen und infolge der größeren Ringweite weniger Spindeln, als es heute üblich ist, auf der Maschine unterbringen zu können. Dieser Weg ist deshalb nicht beschritten worden.

Dagegen hat man versucht, zwar nicht den ungünstigsten Fadenwinkel, aber doch die hohe Zugbeanspruchung beim Winden mit diesem ungünstigsten Fadenwinkel herabzusetzen. Da die Zugbeanspruchung von der Läuferreibung

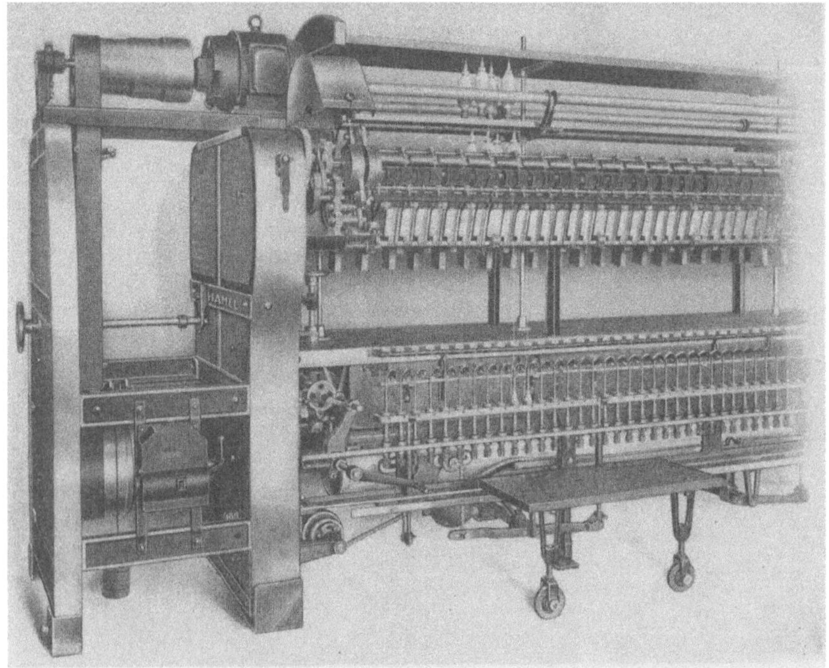

Abb. 85. Ringspinnmaschine mit verlängerter Spinnstrecke.

und diese von der Läufergeschwindigkeit abhängig ist, kann man durch Herabsetzung der Spindelgeschwindigkeit beim Winden auf den engsten Durchmesser die Spitzenbelastung verringern. Diese Regulierung hat man auf elektrischem Wege zu lösen gesucht, was zu einer ganzen Reihe von Spinnreglerkonstruktionen führte.

Allen gemeinsam ist das Bestreben, die Spindeldrehzahl vom jeweiligen Windungsdurchmesser abhängig zu machen, in der Weise, daß bei jedem Wagenhub die Drehzahl allmählich abnimmt und beim Winden auf den engsten Durchmesser den Umkehrpunkt erreicht, von dem an sie während der Senkungsdauer der Ringbank wieder steigt. Außerdem reduzieren die meisten Spinnregler die Drehzahl bei Beginn und Ende des Abzuges, da im Anfang jedes Abzugs im allgemeinen die meisten Fäden anzulegen sind und gegen Ende des Abzuges durch die sich verkürzende Ballonlänge die Spannungsverhältnisse am ungünstigsten sind.

Theoretisch läßt sich auf diese Weise der Läuferzug bei den verschiedensten Windungsdurchmessern auf die gleiche Größe bringen. Man könnte daher annehmen, daß man auf dem engsten Durchmesser mit der ohne Spinnregler üblichen Spindeldrehzahl spinnen kann und die gesamte Steigerung bis zum Winden auf den stärksten Durchmesser durch den Spinnreglereinbau zu gewinnen ist.

Diese Vermutung hat sich nicht bestätigt. Es ist nicht möglich, die normale Arbeitsgeschwindigkeit als untere Geschwindigkeitsgrenze beim Spinnreglerbetrieb anzuwenden. Die Schwankung des Fadenballons beim Arbeiten ohne Spinnregler — speziell die Vergrößerung des Ballons bei der Zunahme des Windungsdurchmessers — scheint eine Fadenreserve zu bilden, die den ungünstigsten Belastungsmoment zu überbrücken hilft. Diese Reserve entfällt beim Betrieb mit Spinnregler, so daß hier die Grundgeschwindigkeit tiefer gelegt werden muß als bei der normalen Arbeitsweise.

Die mit dem Spinnreglerbetrieb zu erzielende Leistungssteigerung hält sich daher, während die Drehzahlvariierung zwischen 10 und 20% der Grundgeschwindigkeit liegt, in sehr engen Grenzen.

Dazu kommt, daß die Windungsgeschwindigkeit bei jeder Garnnummer eine andere ist, daß also bei jedem Partiewechsel · der Rhythmus der Drehzahlregelung neu einzustellen ist. Bei den Spinnreglern älterer Konstruktion erforderte diese Einstellung außer komplizierten Verstellungen noch ein langes Probieren, so daß nur größte Gewissenhaftigkeit es verhindern

Abb. 86. Ringspinnmaschine mit verlängerter Spindel.

konnte, daß der Spinnregler mehr schadete, als nützte. Bei den neuesten Konstruktionen ist diese Verstellmöglichkeit einfach und zuverlässig. Immerhin bedeutet seine Einführung in die Kammgarnspinnerei, wo im Gegensatz zur Baumwollspinnerei relativ kleine Partien verarbeitet werden, eine fühlbare Belastung des Aufsichtspersonals. Weiterhin erfordert der Spinnreglerantrieb die Verwendung eines Kollektormotors mit Drehzahlregulierung. Dieser Antrieb ist nicht nur in der Anschaffung teuer, sondern auch im Betrieb, da er nur im Bereich einer einzigen Geschwindigkeitsstufe mit normalem Wirkungsgrad läuft, in allen Fällen aber, in denen aus spinntechnischen Gründen andere Geschwindigkeiten gewählt werden müssen, unwirtschaftlicher arbeitet als eine mit konstanter Drehzahl laufende Maschine, sofern sie richtig dimensioniert ist.

Diese verschiedenen Nachteile haben eine allgemeine Verbreitung der Spinnregler in der Kammgarnspinnerei verhindert.

b) Die Verringerung der Doppelfadengefahr.

Die Doppelfadengefahr ist an der Ringspinnmaschine bedeutend geringer als am Selfaktor. Der Grund hierfür ist die meist nahezu doppelt so große Spindelteilung der Ringspinnmaschine und die starke Verkürzung der Spinnstrecke, in der die Fäden frei nebeneinander laufen. Daher ist es im allgemeinen möglich, auf der Ringspinnmaschine ohne besondere Schutzvorrichtungen gegen Doppelfadenbildung zu arbeiten. Immerhin sind selbst bei zuverlässigem Bedienungspersonal Garnfehler infolge von Doppelfäden nicht vollständig zu vermeiden. Es spielen deshalb die Bemühungen zur Schaffung von brauchbaren Hilfsmitteln gegen Doppelfadenbildung auch an der Ringspinnmaschine eine Rolle. Während sich aber am Selfaktor eine ganze Reihe brauchbarer Doppelfadenbrechersysteme entwickelt haben, die absolut zuverlässig arbeiten und die Maschinenbedienung nicht stören, sind diese beiden Forderungen gleichzeitig noch von keinem an Ringspinnmaschinen verwendeten Doppelfadenbrecher erfüllt.

Die meisten Konstruktionen verfolgen das Prinzip, trennende Blechwände zwischen den einzelnen Fäden anzuordnen, sind also eigentlich keine Doppelfadenbrecher, sondern nur Vorbeugungsmittel gegen Überspringen von Fäden. Sie haben jedoch alle die großen Nachteile, daß sie die Übersichtlichkeit der Maschine verschlechtern und vor allem alle Fasern, die beim Spinnvorgang abfallen, auffangen. Dadurch besteht die Gefahr, daß Faseransammlungen gelegentlich vom Faden erfaßt und mitgerissen werden und Fehler im Garn verursachen.

Eine Abart dieser Doppelfadenbrecherkonstruktionen besteht darin, daß in die Spinnstrecke unterhalb des Streckwerkes messerartige Fadenführungen eingebaut sind, die den Faden, sobald er weiter zur Seite geht als es die Changiervorrichtung gestattet, abschneiden. Derartige Vorrichtungen müssen jedoch sehr genau eingestellt werden und verlangen viel Wartung, wenn sie einerseits wirksam sein, andererseits nicht unnötigen Fadenbruch verursachen wollen. Dabei hat keine dieser Schutzvorrichtungen eine Möglichkeit, den Prozentsatz von Doppelfäden zu verhindern, der im Bereiche des Ballons entsteht.

Auch die Antimariagevorrichtung von Dethier, die einen trennenden Luftstrom zwischen die einzelnen Fäden legt, wird an Ringspinnmaschinen eingebaut. Die Wirkung ist allerdings in den meisten Fällen nicht so gut wie am Selfaktor, da dort der Luftstrom die Fäden rechtwinklig kreuzen konnte, was an den meisten Ringspinnmaschinen nicht möglich ist. Vor allem kann an vielen Maschinen der Luftstrom, der die gerissenen Fäden an die Wickelwalze herandrücken soll, nicht geradlinig entweichen und verursacht daher Luftwirbel, die die freien Enden von gerissenen Fäden oft in der unerwünschtesten Richtung weiterführen und so Anlaß zu Anflug und Fadenbrüchen geben.

Eine universelle Lösung, die die Doppelfadengefahr vollkommen beseitigt, wie dies am Selfaktor geschehen ist, ist demnach für die Ringspinnmaschine noch nicht gefunden. Der wirksamste Schutz ist bisher nach wie vor, die Spindelteilung so weit zu wählen, daß wenig Fäden überspringen. Aber gerade von diesem Schutz wird im Interesse der Raumausnutzung sehr wenig Gebrauch gemacht.

c) Änderungen im Spindelantrieb.

Darüber, daß der Spindelantrieb mittels Schnur eine sehr unvollkommene Lösung ist, herrscht allgemein kein Zweifel. Je schwerer die anzutreibende Spindel ist, um so mehr treten seine Nachteile in Erscheinung. Aus diesem Grunde hat das Problem der Antriebsverbesserung an der Ringspinnmaschine größere Bedeutung als am Selfaktor.

Die Hauptfehler des Schnurantriebs sind folgende:

1. Die Schnurspannung ist starken Änderungen unterworfen. Damit schwankt auch der Schlupf, der in diesem Antrieb liegt, und Drehungsunregelmäßigkeiten im Gespinst sind nicht zu vermeiden. Selbst wenn gut vorgestreckte Schnuren eingezogen werden, die sich wenig mehr dehnen, ändert sich ihre Spannung mit den Feuchtigkeitsschwankungen des Saales. Und bevor eine Schnur reißt, lockert sie sich im allgemeinen derart, daß der Schlupf sich auf ein Vielfaches erhöht. Während unter normalen Verhältnissen etwa 3 bis 5% Schlupf im Schnurantrieb liegen, entstehen durch solche Fehler Abweichungen um 10 bis 15%. In manchen Fällen wird der Übelstand rechtzeitig bemerkt, in vielen aber nicht.

2. Selbst eine geübte Arbeiterin kann die Schnuren nicht stets mit der gleichen Spannung einziehen. Noch viel weniger sind die Schnuren von einer großen Zahl Arbeiterinnen mit der gleichen Spannung eingezogen. Es läßt sich also in keinem Falle eine einigermaßen exakte Feststellung des Schlupfes für einen bestimmten Maschinentyp durchführen. Im besten Falle kann man den Mittelwert treffen, womit man die Drehungsschwankungen im Garn jedoch nicht beseitigt.

3. Weiterhin ist zu beobachten, daß gerade besonders gewissenhafte Arbeiterinnen dazu neigen, um lose Drehung zu vermeiden, die Schnuren mit einer Spannung einzuziehen, die so hoch ist, daß sie die Lagerdrücke und damit den Kraftverbrauch von Spindeln und Trommeln vervielfacht. Untersuchungen des Verfassers im Deutschen Forschungsinstitut für Textilindustrie, Dresden, die 1921 in der Textilen Forschung veröffentlicht wurden, ergaben für Gleitlagerspindeln folgende Abhängigkeit des Schlupfes und des Kraftverbrauches von der Schnurspannung (siehe Abb. 87).

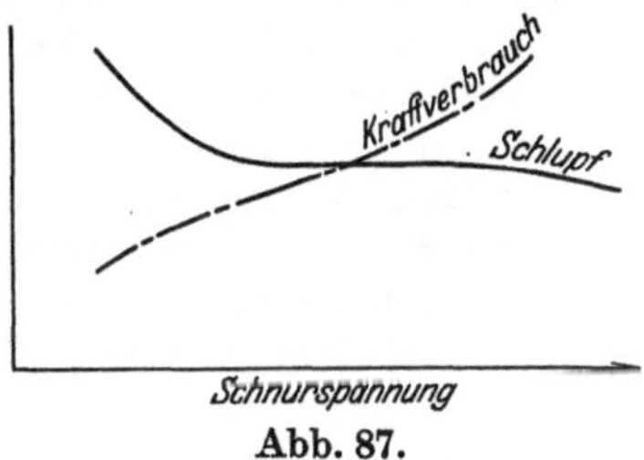

Abb. 87.

Aus dem Kurvenbild ist zu entnehmen, daß es zwecklos ist, mit besonders hohen Schnurspannungen zu arbeiten. Diese Spannungserhöhung vermindert den Schlupf nur ganz unwesentlich, verursacht aber ein steiles Ansteigen des Kraftverbrauches, sowie eine schnelle Abnutzung der Spindelschnuren.

4. Selbst wenn es zu erreichen wäre, daß die Schnuren einer Maschine gleichbleibend mit gleichmäßigem Schlupf liefen, gibt der Knoten der Schnur, sobald er über den kleinen Wirtelumfang läuft, einen Schlag, der den gleichmäßigen Lauf der Spindel und damit die Drehung beeinflußt.

5. Abgesehen von der qualitativen Schädigung ist auch der wirtschaftliche Effekt dieses Antriebs ein schlechter. Die Kraftverbrauchsfrage wurde oben schon berührt. Zu ergänzen ist noch, daß beim Bremsen einer Spindel die Schnur über den Wirtel schleift, was bereits bei einer einzigen Spindel den Kraftverbrauch der Maschine meßbar beeinflußt. Die durchschnittliche Lebensdauer einer Spindelschnur schwankt zwischen vier und acht Wochen. Das bedeutet bei vierhundert Schnuren auf einer Maschine im Mittel einen täglichen Verbrauch von 10 Schnuren. Da man an den meisten Maschinentypen die Schnuren nur bei Stillstand einziehen kann, verursachen die stehenden Spindeln einen fühlbaren Produktionsausfall. Dazu kommt der Zeitverlust der Arbeiterin beim Schnureinziehen. Ferner entsteht Fadenbruch und Abgang durch das Reißen der Schnur. Und schließlich ist noch eine unangenehme Beigabe, daß reißende Schnuren sich mit Vorliebe in die Trommellager hineinziehen und dadurch zu heimlichen Kraftfressern werden.

Trotzdem man diese spinntechnischen und wirtschaftlichen Nachteile erkannte, hat man ihre Auswirkungen bisher nur wenig einschränken können.

Versuche, anderes Material als Baumwolle für die Schnuren zu verwenden, verliefen bisher erfolglos. Apparate zum Schnureinziehen unter gleicher Spannung haben sich nicht bewährt. Die Verwendung von knotenlosen — also stoßfreien — Schnuren wird von den verschiedensten Seiten immer wieder aufgegriffen, ohne daß bis jetzt eine dieser Schnuren sich durchsetzen konnte. Ebenso sind alle Maßnahmen, die Lebensdauer der Schnuren wesentlich zu erhöhen und die mit dem Reißen verbundenen Schädigungen zu vermindern, bis jetzt ohne wirklichen Erfolg geblieben.

Nur indirekt hat man die Größenordnung der entstehenden Fehler etwas reduzieren können. Man verwendet keine zu kurzen Schnurantriebe mehr, um die Schläge zu mildern. Aus den gleichen Gründen führt man den Ab- und Auflauf der Schnur möglichst rechtwinklig zum Spindelwirtel. Um bei zu fest aufgezogenen Schnuren den Kraftverbrauch in erträglichen Grenzen zu halten, legt man die Trommeln heute fast ausnahmslos in Kugellager. Und schließlich führen die Rollenlagerspindeln für sich ins Feld, daß nicht nur der Kraftverbrauchsanstieg bei zu fest aufgezogener Schnur durch ihre Verwendung gebessert ist, sondern daß auch vor allem bei zu lose laufender Schnur der Schlupf in schwächerem Maße zunimmt als bei der Gleitlagerspindel, also die Gleichmäßigkeit des Fadens erhöht wird. Befriedigend ist jedoch auch die Summe dieser Verbesserungen nicht.

Von den Versuchen, die den Schnurantrieb beseitigen wollen, hat bis heute nur der Bandantrieb Verbreitung gefunden. Seine konstruktive Durchbildung ist vor allem in England erfolgt und hat in letzter Zeit mehr und mehr den Vierspindelantrieb bevorzugt. In Abb. 88 und 89 ist die verbreitetste Anordnung des Bandantriebes (Fabrikat Wegmann & Cie.) wiedergegeben.

Seine wichtigsten Vorteile sind folgende:

1. Durch den Einbau von Spannrollen können alle Spannungsdifferenzen und damit Drehungsfehler im Garn, die durch ungleichmäßiges Einziehen oder durch Dehnung beim Schnurantrieb entstehen, als beseitigt angesehen werden.

2. Auch der Schlag des Knotens und die durch ihn bewirkte Drehungsbeeinflussung fällt weg, da die Bänder mit der Maschine genäht und die Nahtstellen nicht hart werden.

3. Die Laufzeit der Bänder ist eine wesentlich höhere als die der Schnuren, und dementsprechend sind die Spindelstillstände geringer als beim Schnurantrieb.

Diesen Verbesserungen stehen Schwächen, sogar direkte Nachteile des Bandantriebes gegenüber, die es bewirkt haben, daß er in der Spinnerei feiner Kammgarne den Schnurantrieb noch nicht hat verdrängen können.

1. Das Einziehen eines Bandes kann nur ein geübter Arbeiter mit einer Spezialnähmaschine vornehmen.

2. Da der Bandantrieb auf jeder Maschinenseite zwei Spindeln umschlingt und an jeder Maschine im allgemeinen zwei bis drei Arbeiterinnen beschäftigt sind, kann der Fall eintreten, daß von diesen 4 Spindeln zwei zum Zweck des Fadenanlegens gleichzeitig gebremst werden. Diese 2 stillstehenden Spindeln bremsen das Band so stark ab, daß die beiden noch laufenden Spindeln eine beträchtliche Geschwindigkeitsverringerung erfahren und Fadenstücke mit loser Drehung entstehen. Da man den Fehler durch technische Maßnahmen nicht ausschalten kann, bleibt nur die Forderung, die Maschinenbedienung so zu erziehen, daß die sich gegenüberstehenden Arbeiterinnen nie gleichzeitig Spindeln mit dem gleichen Bandantrieb bremsen. Aber selbst bei der bestgeschulten Arbeiterschaft wird man diese Fehlerquelle nicht vollständig beseitigen.

Beim Anhalten einer einzigen Spindel tritt die Bremsung der Bandgeschwindigkeit auch schon ein, ist aber dann so gering, daß man sie ohne Bedenken in Kauf nehmen kann.

3. Als letzter Nachteil des Bandantriebes ist anzuführen, daß er dem Bestreben nach erhöhter Maschinenausnutzung durch doppelseitigen Antrieb entgegensteht, da er in der üblichen Weise lediglich auf Maschinen eingebaut werden kann, die für beide Seiten nur einen Antrieb besitzen, und dadurch alle

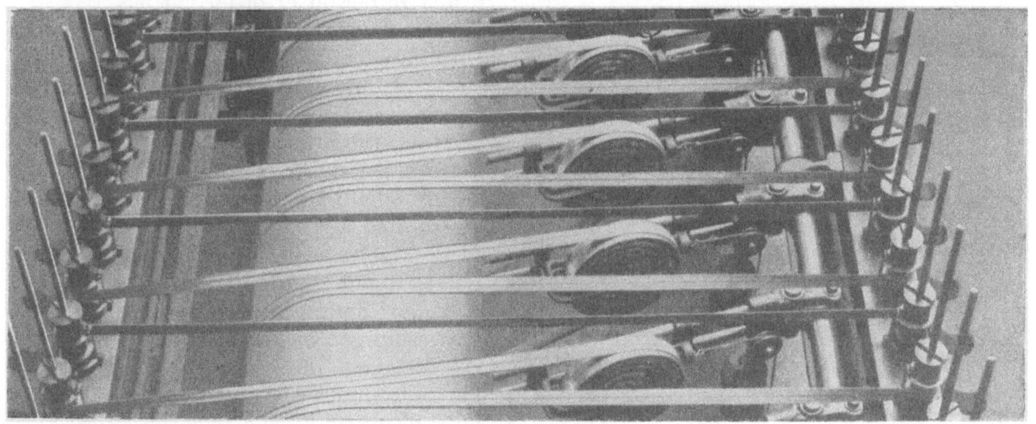

Abb. 88. Bandantrieb.

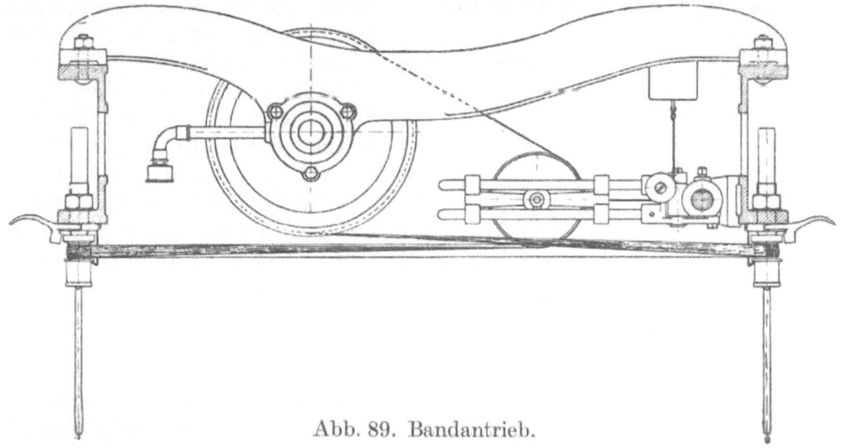

Abb. 89. Bandantrieb.

Stillstände und Geschwindigkeitsreduzierungen einer Maschinenseite auf die andere übertragen.

Also auch der Bandantrieb beseitigt noch nicht die im Spindelantrieb beruhenden Fehlerquellen der heutigen Ringspinnmaschinen.

Erst in allerletzter Zeit ist ein Spindelantrieb entstanden, der die sämtlichen Fehler der aufgezählten Antriebe vermeidet. Diese Konstruktion stammt von der Perfektspindel-A.G. und bringt erstmalig für Spindeln mit hohen Drehzahlen einen starren Antrieb. Das Prinzip dieser Lösung ist in Abb. 90 gezeigt.

Die Spindeln werden mit Hilfe von Schraubenrädern aus einer fiberartigen Masse betrieben. Der Antrieb liegt für eine ganze Maschinenseite in einem gekapselten Ölbad, das durch die Räderbewegung ständig umgetrieben wird. Die

Hauptschwierigkeit dieser Antriebsart, die die Forderung erfüllen muß, daß jede Spindel einzeln angehalten werden kann, bestand in der Durchbildung einer zuverlässigen Kuppelung zwischen dem starr angetriebenen Spindelunterteil und dem Spindeloberteil, auf dem die Hülse steckt. Diese Kuppelung ist bei der Perfektspindel als Fliehkraftkuppel ausgebildet und auf ein Vielfaches des Läuferzuges eingestellt, so daß zum Anhalten der Spindel ein schnelles, festes Zufassen erforderlich ist.

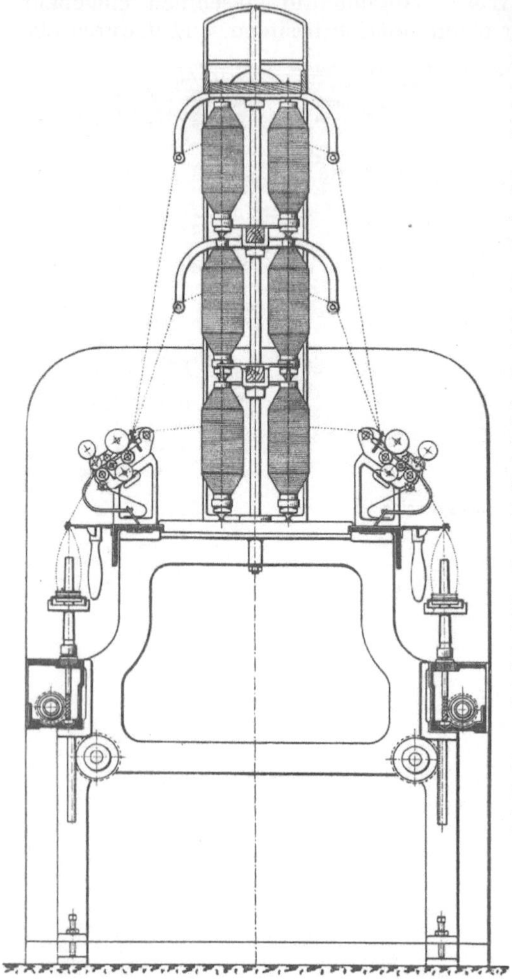

Der Fortfall des Wirtels gibt dieser Maschine neue Möglichkeiten in der Verwendung von Kugellagern. Beim Schnurantrieb erfordert die Größe des Wirteldurchmessers, an die man gebunden ist, daß das unter dem Wirtel befindliche Lager mit kleinsten Dimensionen auskommt. Diese Begrenzung macht sich beim Einbau von Kugelringen besonders störend bemerkbar, denn diese anormal kleinen Abmessungen beeinträchtigen die Zuverlässigkeit des Antriebs. Bei der Perfektspindel bestehen diese Beschränkungen hinsichtlich des Durchmessers nicht, weshalb normale, handelsübliche Kugellager eingebaut werden, die eine erhöhte Sicherheit des Antriebs gewährleisten. Diese Halskugellager sind außerdem radial federnd, wodurch den Spindeln die Möglichkeit der selbständigen Einstellung während des Laufes gegeben ist.

Der Entwicklung der Ringspinnmaschine ist durch den Übergang zum starren Spindelantrieb ein neuer Impuls gegeben.

Abb. 90. Schema des Spindel- und Spindelbankantriebs an den Perfektmaschinen.

d) Verbesserungen des Aufwindemechanismus.

Beinahe noch schwerwiegender als die Fehlerquelle im Spindelantrieb ist diejenige, die der Aufwindemechanismus der Garnkörper im Hinblick auf die Drehungsgleichmäßigkeit in sich schließt.

Die Drahtgebung, die zwischen Ring und Lieferzylinder erfolgt und abhängig ist vom Verhältnis der Spindel- zur Liefergeschwindigkeit, ist nicht gleichbleibend. Die Schwankungen entstehen durch die Bewegung der Ringbank beim Aufwindungsvorgang. Die Ringbank geht abwechselnd dem Lieferzylinder entgegen, erhält dadurch bei gleicher Zylindergeschwindigkeit erhöhte Lieferung und entfernt sich dann wieder vom Streckwerk, wodurch sie weniger Garn in der Zeiteinheit erhält, als der Zylinder liefert. Auf diese Weise kommt während des Aufwärtsganges zu wenig, beim Abwärtsgang der Ringbank zu viel Drehung ins Garn. Der Fehler ist demnach um so größer, je schneller die Ringbankbewegung ist. Die Größenordnung, in der er liegt, ergibt sich aus folgendem Beispiel. Wenn die Zylinderlieferung 10 m je Minute, der Wagenhub 6 cm beträgt, die Aufwärtsbewegung des Wagens 18 Sek., die Abwärtsbewegung 6 Sek. benötigt, dann erhält das Garn beim Aufwärtsgang des Wagens 2% zu wenig, beim Abwärtsgang dagegen 6% zu viel Drehung. Hierbei sind die Wagenspielzeiten einer mittleren Garnnummer — um 32er — zugrunde gelegt. Bei feineren Nummern verlangsamen sich diese, verringert sich also der Fehler, während er sich bei gröberen Nummern noch stärker auswirkt als in diesem Beispiel. Allerdings erfolgt ein gewisser Ausgleich, der in seinem Ausmaß von der Länge der Spinnstrecke abhängig ist. Deshalb wird man bei vielen Garnen diese Fehlergröße als unbedenklich ansehen können, in den meisten Waren tritt diese Unterschiedlichkeit nicht in Erscheinung. Sobald man jedoch Garn herstellt, bei dem an die Gleichmäßigkeit der Drehung die höchsten Anforderungen gestellt werden müssen, wie z. B. Jaspégarne, die aus zweifarbigen Vorgarnbändern bestehen, sind diese Schwankungen bereits störend.

Der Fehler würde ohne weiteres durch eine Verlangsamung der Wagenbewegung abzuschwächen sein, und diese könnte erzielt werden mit Hilfe einer weniger steilen Aufwindungsspirale des Garnes. Man kann aber nicht zu dieser Maßnahme greifen, da dann der Ablauf des Fadens bei der Weiterverarbeitung auf Schwierigkeiten stößt, indem eine Windungslage bei zu schwacher Kreuzung leicht die nächstfolgende mit abzieht.

Dagegen begannen schon vor Jahrzehnten andere Versuche, diesen Übelstand zu beseitigen. Man ordnete die Ringbank feststehend an und ließ die Spindeln auf- und niedergehen. Am bekanntesten geworden sind die „Springspindeln" von Martinot und Galland, die aber eine solche Unruhe in den Spinnprozeß brachten und außerdem so hohe Kraftverbraucher waren, daß sie sich nicht durchsetzen konnten und aus vielen der gelieferten Maschinen wieder ausgebaut wurden.

Die erste befriedigende Lösung auch dieses Problems brachte wieder die Perfektspindel. In der in Abb. 90 im Schnitt dargestellten Maschine ist die Ringbank feststehend. Die Spindelbank wird in Zahnstangen auf- und abgeführt und übernimmt die Tätigkeit der Ringbank der normalen Maschine. Ein äußerst sinnreiches, gekapseltes Getriebe ermöglicht eine Regelung dieser Bewegung in den weitesten Grenzen. Die Spinnstrecke ist dadurch gleichbleibend geworden, die durch ihre Veränderung hervorgerufenen Drehungsschwankungen sind ausgeschaltet, und gleichzeitig entfallen damit alle Einwirkungen, die der ständig länger und kürzer werdende Ballon auf die Lage des Läufers ausübte. Der Läufer führt bei der üblichen Ringspinnmaschine — der wechselnden Ballonlänge angepaßt — ständig Kippbewegungen aus und variiert damit wieder die Fadenspannung. Durch die Beseitigung dieser Kippbewegung an der Perfektspindel entsteht bereits ein wesentlich ruhigerer Ballon, der mit Hilfe des ersten bekanntgewordenen mechanischen Spinnreglers weiterhin so ausgeglichen wird, daß man den Eindruck eines gleichbleibenden Ballons gewinnt. Als besonders glücklich gelöst kann auch der die Spindelbankbewegung kommandierende Antriebskopf der Maschine bezeichnet werden, der einen Bruchteil des Raumes der üblichen Antriebsböcke einnimmt.

Inwieweit diese den bisherigen Ringspinnmaschinenbau revolutionierend umwälzenden Ideen Erfolg haben werden, wird davon abhängen, wie groß der Verschleiß und die Reparaturen dieser mit großer Präzision zu bauenden Maschine im Dauerbetrieb sich gestalten, und ob die bei dem starren Spindelantrieb benötigte Kuppelung, von der die Genauigkeit der Drehung abhängig ist, diesem Dauerbetrieb gewachsen ist.

C. Glockenspinnerei.

Als Abart der Ringspinnmaschine kann die Glockenspinnmaschine angesehen werden, da beide Maschinen nach dem gleichen Spinnprinzip arbeiten. Bei der Glockenspinnmaschine ist lediglich die Bremsung des Fadens nicht mit Hilfe eines Läufers erreicht, sondern wird durch die Reibung des Fadens am unteren Rand einer Glocke hervorgerufen, die sich über den Spindeln befindet. Da diese Bremsung viel geringer ist als bei Verwendung von Ringläufern, und die Fadenspannung außer von dieser Bremsung noch von der Spindeldrehzahl, also vom Luftwiderstand, den der Ballon findet, abhängig ist, muß die untere Geschwindigkeitsgrenze, bei der kein Schleudern mehr, sondern ein Aufwinden stattfindet, an der Glockenspinnmaschine wesentlich höher liegen als an der Ringspinnmaschine. Daraus folgt, daß auf der Glockenspinnmaschine höhere Spindeldrehzahlen als auf der Ringspinnmaschine mit der gleichen Fadenbeanspruchung angewandt werden können.

Die übrigen hauptsächlich von der Veränderung der radialen Zugkomponente abhängigen Einflüsse auf die Fadenspannung sind an beiden Maschinentypen die gleichen, weshalb der Durchmesser der Glocke — ebenso wie der Ringdurchmesser — bei einem gegebenen kleinsten Bewickelungsdurchmesser an relativ enge Grenzen gebunden ist.

Ein Vorteil der Glockenspinnmaschine liegt weiterhin darin, daß die Länge des Fadenballons zwischen Streckwerk und Aufwindungspunkt unveränderlich ist. Dadurch ist — wie an der Ringspinnmaschine mit feststehender Ringbank — einer der die Fadenspannung und die Drehung verändernden Einflüsse in Wegfall gekommen.

Erreicht wird diese Konstanz der Spinnstrecke durch einen Aufwindungsmechanismus, der sich aus der englischen Vorspinnerei heraus entwickelt hat. Die Spindel der Glockenspinnmaschine ist zu diesem Zweck vollständig stillgesetzt und kann deshalb als Träger der ebenfalls stillstehenden Glocke benutzt werden. Die Drehung erhält nur eine auf der Spindel sitzende Messingbüchse, die in einem Wirtel eingesetzt ist.

Im übrigen — vor allem in der Konstruktion des Streckwerkes — ist die Maschine nach den gleichen Prinzipien wie die Ringspinnmaschine durchgebildet. Als Besonderheit ist noch anzuführen, daß infolge der kleinen Zugbeanspruchung des Ballons dieser die Neigung hat, sich sehr kugelig auszubilden. Da eine derartige Ballonform eine unwirtschaftlich große Spindelteilung verlangen würde, mußten zwischen die einzelnen Glocken Trennwände — Antiballonvorrichtungen — eingefügt werden, die es erlaubten, die Spindelteilung auf das an der Ringspinnmaschine übliche Maß herabzusetzen. Die Nachteile, die die Verbreitung der Antiballonvorrichtung an der Ringspinnmaschine beeinträchtigen, treten an der Glockenspinnmaschine kaum in Erscheinung. Vor allem ist die Bedienung durch sie nicht behindert, da hier beim Anlegen das Durchführen des Fadens durch den Läufer wegfällt. Außerdem ist die Wirksamkeit der Antiballonvorrichtungen durch die gleichbleibende Ballonlänge an der Glockenspinnmaschine wesentlich verbessert.

Entwickelt wurde die Glockenspinnmaschine in England und wird auch heute noch vor allem von den führenden englischen Spinnereimaschinenfabriken hergestellt. In Abb. 91 ist eine Glockenspinnmaschine zur Herstellung von Merinogespinsten von Hall & Stells, in Abb. 92 eine gleiche zur Verarbeitung von Cheviotwollen von Prince Smith dargestellt.

Die Maschine ist in England ein starker Konkurrent des Selfaktors geworden, zumal das Streckwerk besonders zur Verarbeitung von gedrehtem Vorgarn geeignet ist, das in der englischen Vorspinnerei auch in feinen Merinoqualitäten hergestellt wird.

Auf dem Kontinent hat die Maschine im Anschluß an die französische Vorspinnerei, also für die hier als offenes Vorgarn zur Verspinnung gelangenden Merinoqualitäten keine Bedeutung erlangt. Sie hat hier lediglich für die Herstellung von Strickgarnen in mittleren Nummern in beschränktem Maße Fuß fassen können. Eine weitergehende Verbreitung hat sie trotz ihrer Vorteile auch

Abb. 91. Glockenspinnmaschine für Merinogarne.

in diesem Spezialgebiet nicht gefunden, da durch das Spinnprinzip die Dimensionierung der Glocken sehr beschränkt und die Aufwindung großer knotenfreier Längen, die gerade in der Strickgarnspinnerei gefordert wird, nicht möglich ist.

Bis vor einer Reihe von Jahren stand der Ausdehnung des Anwendungsbereiches noch äußerst hemmend entgegen, daß das Abziehen der vollen Spulen beträchtliche Zeitverluste verursachte, da von jeder Spindel zunächst die Glocke entfernt werden muß. Gerade bei Herstellung gröberer Garnnummern, dem Verwendungsbereich der Maschine in Deutschland, wirkte sich dieser Nachteil infolge der schnellen Füllung der Spulen besonders fühlbar aus. Ein wichtiger

Fortschritt war daher die Schaffung von mechanischen Abziehvorrichtungen, die in den letzten Jahren erfolgte.

Daß die Glockenspinnmaschine im englischen Maschinenbau durchgebildet wurde, hatte zur natürlichen Folge, daß sie sich den englischen Konstruktionstypen anpaßte und so unter anderem als Besonderheit den dort üblichen einfachen Maschinenantrieb erhielt, der ohne Wechsel der Antriebsriemenscheibe keine Veränderung der Spindeldrehzahl zuläßt.

Diese Primitivität hat an der Glockenspinnmaschine nicht nur einen wirtschaftlichen, sondern auch einen spinntechnischen Nachteil. Eine Veränderung der Fadenspannung, die im Gegensatz zur Ringspinnmaschine, wo das Läufer-

Abb. 92. Glockenspinnmaschine für Cheviotgarne.

gewicht gewechselt werden kann, an der Glockenspinnmaschine nur durch Änderung der Zentrifugalkraft des Fadenballons, also der Spulendrehzahl zu erreichen ist, wird hierdurch derart erschwert, daß sie in vielen Fällen, in denen sie spinntechnisch vorteilhaft wäre, nicht angewandt wird.

Erst in allerletzter Zeit ist der englische Maschinenbau zur Verbesserung dieses Antriebs übergegangen. Angeregt wurde er dabei vor allem durch die Entstehung brauchbarer Kettenübertragungen, die ein Übertragen auf kurze Entfernungen und eine bequeme Änderung des Übersetzungsverhältnisses ermöglichen.

D. Flügelspinnerei.

Zeitlich früher als die Ringspinnerei hat sich das Flügelspinnverfahren entwickelt. Es wird deshalb häufig die Ringspinnmaschine als ein Abkömmling der Flügelspinnmaschine bezeichnet, bei dem die zu bewegenden Massen des Flügels auf den Ringläufer reduziert worden sind. Das Prinzip der Flügelspinnerei ist dem der Ringspinnerei jedoch gerade entgegengesetzt.

Die Flügelspinnmaschine ist aus den Endpassagen der englischen Vorspinnerei hervorgegangen und wie dort erhält der Faden die Drehung durch den angetriebenen Flügel und muß das Aufwindungsorgan — im allgemeinen eine lose auf dem Spindelschaft steckende Holzspule — nachziehen. Die Umfangsgeschwindigkeit des jeweiligen Wickeldurchmessers der Holzspule bleibt dadurch um den Betrag der Streckwerkslieferung hinter der Flügelumdrehung zurück, wodurch die Aufwindung erfolgt.

1. Die Arbeitsorgane der Flügelspinnmaschine.

a) Das Streckwerk.

Konstruktiv unterschied sich die Flügelspinnmaschine bis vor einer Reihe von Jahren nur durch die veränderten Größenverhältnisse von den Endpassagen der englischen Vorspinnerei. Das Streckwerk konnte, da nur gedrehtes Vorgarn verarbeitet wird, sich mit primitiven Führungsorganen begnügen. Auf den drei Zwischenzylindern müssen daher nur leichte Holzwalzen aufliegen. Dagegen mußten — der Zugfestigkeit des gedrehten Vorgarns entsprechend — die eigentlichen Klemmpunkte besonders griffig durchgebildet werden. Beim Hinterzylinderklemmpunkt hat man deshalb allgemein Federdruckbelastung gewählt und die Griffigkeit meist durch Anwendung einer sehr feinen Riffelung verbessert. Der Klemmpunkt des Vorderzylinders ist wie an den verwandten Maschinentypen durch Filz- und Lederbezug der Oberzylinder elastisch gestaltet. Da jedoch die benötigte Griffigkeit nur durch Anwendung sehr hohen Druckes erlangt werden kann, hat sich hier die an der Ringspinnmaschine übliche Belastung durch Gewichte mit Hebelübertragung nicht durchgesetzt, sondern es wird allgemein auch für die Vorderzylinderbelastung Federdruck — verstärkt durch Hebelwirkung — verwendet. Diese starke Belastung würde bei tief geriffelten Unterzylindern zu einer schnellen Abnutzung der elastischen Oberwalzen führen. Die Unterzylinder werden deshalb — wie auch an den meisten Glockenspinnmaschinen — nur genutet.

Als Neigungswinkel des Streckwerks wird zur Erzielung eines günstigen Auslaufwinkels des Fadens aus dem Vorderzylinderklemmpunkt im allgemeinen 45^0 gewählt.

Die durch Wickelbildung für das Streckwerk entstehenden Gefahren sind durch starke Zylinderdurchmesser so weit verringert, daß der Einbau besonderer Putz- und Fadenfangwalzen am Streckwerk nicht erforderlich ist und man sich im allgemeinen mit einer Streichleiste an den beiden letzten Zylindern begnügen kann.

b) Die Spindel.

Ebenso wie das Streckwerk ist die Spindel von den Vorspinnmaschinen übernommen. Sie hat demzufolge eine primitive Hals- und Fußlagerung und trägt auf einem langen, freien Oberteil, das mindestens die doppelte Länge der zu bewickelnden Spulen haben muß, den Spinnflügel.

Der lichte Durchmesser des Spinnflügels ist gegeben durch die Stärke der Spulen, die man bewickeln will. Von ihm ist wiederum die Spindelteilung abhängig, und zwar braucht hier kein Fadenballon berücksichtigt zu werden wie an der Ring- und Glockenspinnmaschine, da der Faden um die Flügelarme geschlungen ist. Andererseits muß infolge der Fliehkraft mit einem Ausschwingen der Flügelarme gerechnet werden, dessen Ausmaß abgesehen von Material und

Konstruktion der Flügel und von der Umfangsgeschwindigkeit auch von der Länge der Flügelarme, also von der zu bewickelnden Spulenhöhe, abhängig ist.

Der Antrieb dieser Spindeln erfolgt meist mit Schnur von einer Trommel aus auf den Wirtel, der zwischen Hals- und Fußlager auf der Spindel sitzt. Je nach der Spindelgröße verwendet man entweder die gleichen Schnuren wie in der Ringspinnerei, die man knotet, oder Hakenspindelschnüre wie in der englischen Vorspinnerei, die in abgepaßten Längen hergestellt werden und deren Enden mit einer C-förmigen Stahldrahtöse verbunden werden.

Abb. 93. Flügelspinnmaschine.

c) Die Aufwindung.

Da das Gespinst der Flügelspinnmaschine in den meisten Fällen zur weiteren Verarbeitung auf Zwirnmaschinen gelangt, auf denen ein radialer Garnablauf von den Spulen möglich ist, mußte hier die Forderung der konischen Aufwindung nicht erhoben werden.

Das Aufwinden des Fadens auf die lose auf der Spindel sitzende Scheibenspule geschieht deshalb zylindrisch durch Auf- und Abwärtsbewegung der die Spulen tragenden Spulenbank. Die Geschwindigkeit dieser Spulenbankbewegung wird durch einen einfachen, symmetrischen herzförmigen Exzenter bestimmt. Auf alle Schaltmechanismen zur Verlagerung und Veränderung der Aufwindungshöhe kann in diesem Falle verzichtet werden. Die Spulen bewegen sich während des ganzen Abzuges mit gleichbleibender Geschwindigkeit um die gesamte freie Bewickelungslänge zwischen den Holzscheiben auf und nieder. Da die Aufwindung stets an der Öse am unteren Flügelende stattfindet, muß sich beim tiefsten Stand der Spulenbank die gesamte zu bewickelnde Spulenlänge unterhalb des Spinnflügels befinden, während sie umgekehrt beim höchsten Stand der Spulenbank vollständig innerhalb des Spinnflügels Platz finden muß. Die freie Spindellänge über dem Halslager wird somit durch die Spulenhöhe bestimmt und muß mehr als deren doppelte Länge betragen. Ebenso ist dadurch die Flügellänge festgelegt, deren Höhe größer als die einfache Spulenlänge sein muß.

Die Bremsung der Spulen, die notwendig ist, damit die Aufwindung zuverlässig erfolgt und nicht durch Voreilen der Spulen ein Schleudern des Fadens eintritt, wird mit Hilfe von Filzscheiben erreicht, die zwischen Spulen und Spindelbank gelegt werden. Durch Veränderung dieser Scheiben kann die Bremsung und damit die Fadenspannung reguliert werden.

Eine Regulierung durch Änderung der Spindelgeschwindigkeit ist an den gewöhnlichen Flügelspinnmaschinen nicht gebräuchlich, da die Höchstgrenze der Spindelgeschwindigkeit infolge ihrer Konstruktion so niedrig liegt, daß diese höchstmöglichen Drehzahlen ständig angewendet werden und an den Maschinen deshalb eine Änderungsmöglichkeit der Spindeldrehzahlen gar nicht vorgesehen ist.

Die Übertragung der Fadenspannung an der Spule auf die eigentliche Spinnstrecke zwischen Streckwerk und Flügel wird dadurch weitgehend abgeschwächt, daß der Faden mehrfach um den Flügel geschlungen wird. Auf diese Weise bildet sich kein Fadenballon, und es ist möglich, die Fadenspannung zwischen Streckwerk und Flügel zu regulieren.

Eine Störung an Nachbarspindeln durch Reißen eines Fadens kann infolge dieser Fadenführung am Flügel im allgemeinen nur zwischen Streckwerk und Spindelspitze eintreten. Man bringt deshalb Schutzbleche zwischen den Spindeln, meist nur im Bereich der Spindelspitze, an. Eine Maschine der üblichen Konstruktion ist in Abb. 93 (Fabrikat Prince Smith) wiedergegeben.

2. Entwicklungsgesichtspunkte.

Die Vorteile des Flügelspinnverfahrens, die auf qualitativem Gebiet liegen, sind folgende. Der Fadenzug, der zum Nachziehen der Spule benötigt wird, ist wesentlich geringer als der Läuferzug an der Ringspinnmaschine. Außerdem verursacht der Läufer eine — wenn auch unbedeutende — Aufrauhung des Fadens, während der Flügel im Gegenteil eher ein Glätten des Fadens bewirkt. Weiterhin entfallen hier alle Schwierigkeiten, die an der Ringspinnmaschine durch die Bewegung der Ringbank auftreten, da an der Flügelspinnmaschine das Problem, die Spinnstrecke konstant zu halten, bereits gelöst ist.

Eine vollkommene Ausschaltung aller Schwankungen ist zwar auch an der Flügelspinnmaschine nicht erreicht, denn die nachzuziehende volle Spule ist schwerer als die leere. Außerdem muß bei wachsendem Bewickelungsdurchmesser die Drehzahl der Spule sich erhöhen, da diese je Spindelumdrehung stets nur um die gleiche Fadenlänge zurückbleiben kann, diese aber bei wachsendem Bewickelungsdurchmesser ein immer kleiner werdendes Stück des Kreisumfanges je Spindelumdrehung ausmacht.

Eine Gegenwirkung gegen dieses Wachsen der Fadenspannung mit dem Spulendurchmesser bildet die damit verbundene allmähliche Abnahme der radialen Zugkomponente des Fadens in der Öse des Flügels. Dadurch, daß bei Zunahme des Spulendurchmessers die Richtung des ziehenden Fadens sich mehr und mehr der Tangente nähert, wird die Zunahme der Fadenspannung wesentlich herabgemildert. Die trotzdem noch bestehenden Unterschiede haben bei weitem nicht den Einfluß auf den Spinnprozeß wie die Schwankungen an der Ringspinnmaschine, da sie sich, wie oben dargelegt, nur zu einem geringen Prozentsatz bis an den Klemmpunkt der Lieferzylinder übertragen können. Außerdem besteht die Möglichkeit, durch richtige Wahl des Spulenformates die während des Abzuges abnehmenden und zunehmenden Zugbeanspruchungen nahezu zum Ausgleich zu bringen.

Die Summe der spinntechnischen Vorzüge gegenüber der Ringspinnmaschine bewirkt, daß das Flügelgespinst für eine Anzahl Verwendungszwecke eine qualitative Überlegenheit über das Ringgespinst besitzt und — mindestens bei Garnen mit loser Drehung — eine leichtere Verspinnung ermöglicht.

Daß sich trotz dieser Vorzüge die Flügelspinnmaschine nur ein beschränktes Gebiet gegenüber der Ringspinnmaschine behaupten konnte, liegt an wirtschaftlichen und arbeitstechnischen Erwägungen.

Die lange Spindel, die am Kopf den schweren Flügel trägt, kann, wenn sie nur unterhalb der Holzspule gelagert ist, nur bis zu einem Bruchteil der Geschwindigkeit der Ringspindel ausgenutzt werden. Während es keine Schwierigkeiten bereitet, eine reguläre Ringspindel mit 8000 Umdrehungen je Minute laufen zu lassen — aus spinntechnischen Gründen wird diese Steigerungsmöglichkeit allerdings nicht über 6000 Touren ausgenutzt —, können normale Flügelspindeln kaum bis 2500 Umdrehungen je Minute leisten, ohne zu schleudern.

Ein weiteres Moment, das die Flügelspinnmaschine auf ein beschränktes Arbeitsgebiet verwies, ist die Aufwindung auf Holzspulen. Diese machen den Versand von einfachem Garn direkt von der Spinnmaschine aus unmöglich, nicht nur wegen der Frachtkosten, sondern auch wegen der außerordentlichen Kapitalien, die dann von den Spinnereien in Holzspulen investiert werden müßten. Aber auch bei Weiterverarbeitung des einfachen Garnes innerhalb des gleichen Werkes bereitet die zylindrische Aufwindung auf Holzspulen Schwierigkeiten. Je feiner das Garn ist, um so größer sind die Ablaufschwierigkeiten. Während des Spinnprozesses wird die Spule nur sehr langsam gedreht, während sie vom Flügel aus bewickelt wird. Beim Ablauf des Garnes auf einer Spulmaschine oder Weife dagegen, wo Geschwindigkeiten bis zu 150 m in der Minute üblich sind, würde durch Verwendung von Holzspulen eine starke Verminderung der Arbeitsgeschwindigkeit erforderlich werden. Lediglich beim direkten Aufstecken auf Zwirnmaschinen ist der Ablauf wirtschaftlich zu gestalten.

Eine weitere Beeinträchtigung der Flügelspinnmaschine bildet die Tatsache, daß die Holzspulen kein Dämpfen vertragen, alle hartgedrehten Garne jedoch ohne vorheriges Dämpfen nicht weiter verarbeitet werden können.

Schließlich ist als Nachteil noch zu nennen, daß die Bedienung der Flügelspinnmaschine schwieriger, die Arbeitsvorgänge zeitraubender sind als an der Ringspinnmaschine. Das Auswechseln der vollen Spulen ist ebenso langwierig wie an der Glockenspinnmaschine, da zum Abziehen der Spulen die Flügel von den Spindeln abgeschraubt werden müssen. Dazu kommt noch die Unannehmlichkeit, daß bei jedem Fadenbruch der schnell rotierende Flügel von Hand angehalten werden muß.

Aus all diesen Gründen hat sich die Flügelspinnmaschine nur dort durchsetzen können, wo ihre spinntechnischen Vorteile am meisten, ihre Nachteile am wenigsten in Erscheinung treten, das ist im Bereich der gröbsten für Kammgarn gebräuchlichen Garnnummern und bei sehr losen Drehungen, im wesentlichen also in der Strickgarnspinnerei.

In diesem Garnnummer- und Drehungsbereich muß sich an der Ringspinnmaschine infolge der Begrenzung der Verzugsgeschwindigkeit die Spindeldrehzahl in sehr engen Grenzen halten, so daß die Flügelspinnmaschine hier nicht wesentlich teurer arbeitet. Und andererseits spielen die durch die Verwendung von zylindrischer Aufwindung auf Holzspulen entstandenen Verarbeitungsschwierigkeiten bei diesen Garnen, die alle direkt verzwirnt werden, keine Rolle.

Immerhin verengte sich das Anwendungsgebiet der Flügelspinnmaschine im Maße der Entwicklung der Ringspinnmaschine mehr und mehr, bis in den letzten Jahren, nachdem sie jahrzehntelang konstruktiv am Übernommenen festgehalten hatte, eine sprunghafte Entwicklung einsetzte, die die Nachteile der Maschine außerordentlich gemildert hat.

Die Verbesserungen begannen in erster Linie an der Spindelkonstruktion und hatten eine Erhöhung des Drehzahlbereiches sowie eine Vereinfachung der Bedienungsarbeit zum Ziel.

Zunächst wurde eine gewisse Verbesserung der Spindelkonstruktion durch Übernahme der an der Ringspindel entwickelten Lagerung erreicht. Dadurch wurde die Spindel wesentlich verkürzt und durch die bessere Führung ein ruhigerer Lauf geschaffen, so daß die Drehzahl der Flügel bereits etwas erhöht werden konnte.

Grundlegend wurde die Spindelkonstruktion jedoch erst dadurch verbessert, daß das schwere, frei schwingende Oberteil über dem Halslager durch Einbau eines Lagers an der Spindelspitze beseitigt wurde. Gleichzeitig wurde der Antrieb, der an diesen Maschinen allgemein als Bandantrieb mit Spannrolle ausgeführt wird, an dieses Lager an der Spindelspitze verlegt. Damit verließ man wieder den Weg der Nachahmung der Ringspindelkonstruktion, denn durch diese Lösung wurde die große Länge der

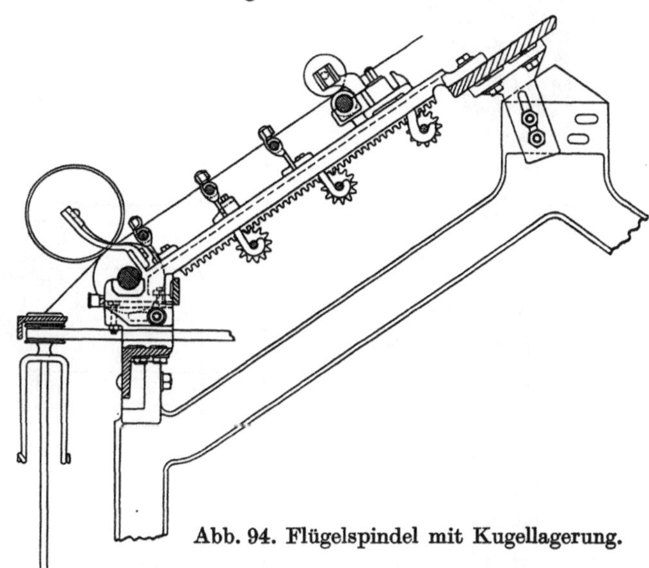

Abb. 94. Flügelspindel mit Kugellagerung.

Spindel nahezu bedeutungslos, da keine Knickbeanspruchung mehr auftritt. Zunächst bestand eine gewisse Schwierigkeit, die Ölung dieses oberen Lagers so durchzubilden, daß der Faden nicht in Mitleidenschaft gezogen wurde. Die primitive Lösung, die in der Vorspinnerei genügt, konnte bei den hohen Drehzahlen der Spinnmaschine nicht angewendet werden. Es wurde zunächst eine Konstruktion ausgebildet, in der der Innenraum des unten geschlossenen Wirtels gleichzeitig als Ölbehälter diente und so geformt war, daß durch die Zentrifugalkraft das Öl an dem in den Wirtel hineinreichenden Lagerzapfen emporstieg und durch besondere Kanäle wieder in den Behälter im Wirtel zurückfloß.

Da diese Konstruktion aber ziemlich kompliziert war, setzte sich sehr bald an dieser Stelle das Kugellager durch, bei dem die Schwierigkeiten der Ölung infolge des minimalen Ölbedarfes gänzlich zurücktraten. Verschiedene brauchbare Anordnungen des Kugellagers im Wirtel oder unmittelbar über dem Wirtel wurden auf den Markt gebracht. In Abb. 94 ist eine schematische Darstellung dieses Antriebs von einer Prince-Smith-Maschine gezeigt.

Da der Antrieb des Flügels nunmehr von oben erfolgt, ging man sogar so weit, daß man auf die eigentliche Spindel verzichtete, den Flügel lediglich in einem doppelten Kugelring am Kopf lagerte, und die Spulen auf einen fest-

stehenden Stift, der als Spindelersatz diente, aufsteckte. In Abb. 95 ist eine solche
Konstruktion von Prince Smith wiedergegeben.

Der Verzicht auf die rotierende Spindel hat außer einer Reduzierung des
Kraftverbrauchs und einer Vereinfachung der Maschinenkonstruktion noch eine
Erleichterung des Spulenwechsels zur Folge.

Die Konstruktion hat sich jedoch nicht allgemein durchsetzen können, vor
allem nicht an Maschinen, die nicht speziell zur Verspinnung der gröbsten Num-

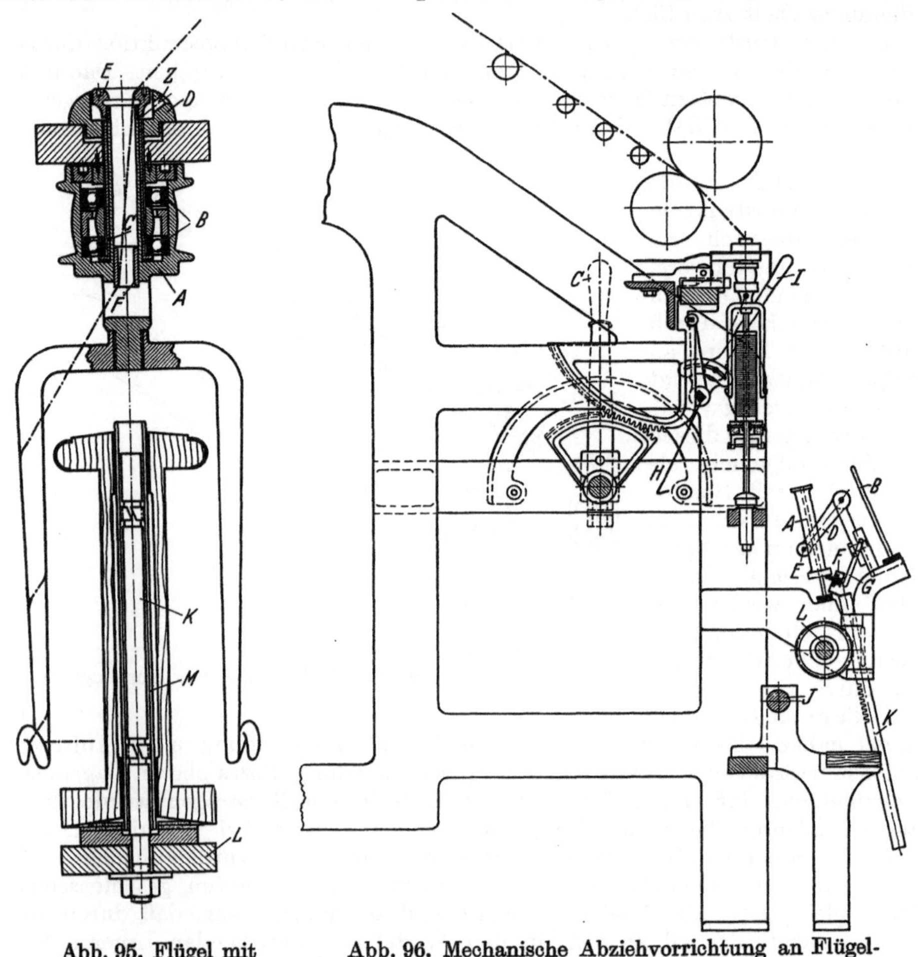

Abb. 95. Flügel mit
Kugellagerung.

Abb. 96. Mechanische Abziehvorrichtung an Flügelspinnmaschine.

mern dienen, da der Fadenzug mit dem Wegfall der rotierenden Spindel wesentlich erhöht wird. Der Faden muß zwar in beiden Fällen die zu bewickelnde Holzspule nachziehen, aber wenn die Spule an einer rotierenden Spindel anliegt, erhält sie von dieser bereits einen derartigen Impuls, daß dem Faden das Ziehen
der Spule wesentlich erleichtert wird. Aus diesem Grunde ist gerade bei einer
Steigerung der Flügeldrehzahl, die man durch eine Verbesserung der Lagerung
erreichen kann, die durchgehende Spindel vorzuziehen.

Die erreichbare Höhe der Drehzahlsteigerung ist auch bei der durchgehenden
Spindel begrenzt durch die mit der Drehzahl wachsende Fadenspannung. Die

Spindeln würden 4500 bis 5000 Umdrehungen je Minute ohne Schwierigkeiten zulassen, das spinntechnische Moment begrenzt jedoch die Leistungsfähigkeit der Maschine bei etwa 3000 bis 3500 minutlichen Spindeltouren.

Hand in Hand mit der Änderung der Spindelkonstruktion ging die Durchbildung von mechanischen Abziehvorrichtungen, die den Wirkungsgrad der Maschine verbesserten. Verhältnismäßig einfach konnte der Spulenwechsel dort mechanisiert werden, wo die eigentliche Spindel durch einen feststehenden Aufsteckstift ersetzt war. In diesem Falle brauchte lediglich die Spulenbank mit den Stiften auswechselbar gemacht und für das Fadenanwinden an der leeren Spule sowie das Abschneiden der Fäden an der vollen Spule Sorge getragen zu werden. Das Abziehen läßt sich an derartigen Maschinen innerhalb von 20 Sekunden durchführen.

Da jedoch aus den oben dargelegten Gründen diese Maschine keine Allgemeinverbreitung fand, mußten Abziehvorrichtungen auch an den Maschinen mit durchlaufenden Spindeln geschaffen werden. Im Zwang dieser Notwendigkeit entwickelten sich verschiedene Konstruktionen.

Die Firma Hall & Stells hat das Problem in der Weise gelöst (siehe Abb. 96), daß das Fußlager und die Spulenbank außer Eingriff mit der Spindel gebracht werden kann, die Spulen in der Zwischenzeit von einem Spulenhalter gehalten werden und die Spindeln dann so weit geschwenkt werden, daß

Abb. 97. Kettentrieb in Flügelspinnmaschine.

die Spulen beim Herabgleiten von der Spindel auf einen feststehenden Stift rutschen, von dem sie später abgenommen werden können.

Die Spindeln werden darauf um die Hälfte der vorher ausgeführten Schwenkbewegung zurückgebracht, so daß sie sich in axialer Verlängerung einer zweiten Stiftreihe befinden, auf der die leeren Holzspulen sitzen. Diese Holzspulen werden nun mit Hilfe einer Zahnstange auf die Spindeln geschoben und die Spindeln in die senkrechte Stellung zurückgebracht, worauf auch Spulenbank und Fußlager wieder in ihre Normalstellung gebracht werden können. Nachdem die Spindeln einige Touren gelaufen sind und der Faden sich um die leeren Holzspulen geschlungen hat, wird ein Fadenschneider rasch an den von der Spindel zur vollen Spule laufenden Fäden entlang geführt, wodurch der Zusammenhang mit der vollen Spule unterbrochen wird und die Bewickelung der neuen Spule beginnen kann.

Diese Vorrichtung arbeitet einwandfrei und ermöglicht einen außerordentlich schnellen Spulenwechsel. Vielfach werden allerdings Konstruktionen bevorzugt, die ein Schwenken der Spindel vermeiden. So baute Prince Smith an eine Maschine mit rotierender Spindel eine Abziehvorrichtung ein, die nur mit horizon-

Abb. 98. Flügelspinnmaschine für feinere Wollen.

talen und vertikalen Verschiebungen und mit zwei Spulenschienen arbeitet, wodurch ein Versetzen von Spulen und Unterlegscheiben während des Abziehens unnötig gemacht wird.

Abb. 99. Flügelspinnmaschine für gröbste Wollen.

In Deutschland wurde als Abziehvorrichtung vor allem der Spulenrevolver nach Hampe gebaut, der in „Lüdicke, Spinnerei"[1] eingehend beschrieben ist.

[1] Dieses Handb. II, 1.

Bei dieser Konstruktion bleibt die Spindel ebenfalls in ihrer Benutzungsstellung. Es ist hier zur Erleichterung des Spulenwechsels lediglich auf das Fußlager der Spindel verzichtet, die man am angetriebenen Kopf in einem Kugellager aufhängt und in der Spulenbank nochmals in einem Halslager führt.

In zwangsläufigem Zusammenhang mit der Umgestaltung der Spindelkonstruktionen ging die Einführung des Bandantriebs für die Flügelspindeln. Der Vierspindelantrieb hat sich an diesen Maschinen nahezu vollständig durchgesetzt. Der durch ihn bedingte, in der starren Kuppelung der beiden Maschinenseiten liegende Nachteil tritt dadurch nicht hemmend in Erscheinung, daß die Abzugszeiten — also die wesentlichsten Stillstandszeiten — durch die Mechanisierung des Spulenwechsels so kurz geworden sind, daß sie am Wirkungsgrad der Maschine sich kaum bemerkbar machen. Aus diesem Grunde wäre es zwecklos, an diesen Maschinen zum getrennten Antrieb für jede Seite überzugehen. Selbst dort, wo neuerdings mittels Kettenantrieb der Trommel die Möglichkeit zum Wechseln der Spindeldrehzahl gegeben wird (siehe die Konstruktion von Prince Smith in Abb. 97), hält man heute noch an der Zusammenfassung des Antriebs für beide Seiten fest.

Diese neue Entwicklungswelle, die die obere Lagerung der Spindeln, den Bandantrieb und die mechanischen Abziehvorrichtungen brachte, hat der Flügelspinnmaschine in einem Moment, als sie in der Kammgarnspinnerei sich nur noch in einem ganz engen Verwendungsbereich behaupten konnte, zu einer erweiterten Konkurrenzfähigkeit verholfen. In Abb. 98 ist dieser neue Maschinentyp in einer Ausführungsform der Deutschen Spinnereimaschinenbaugesellschaft für die Verarbeitung feinerer Wollen, in Abb. 99 für gröbste Cheviots in einer Konstruktion von Prince Smith veranschaulicht.

Das Prinzip der Flügelspinnerei erscheint in diesen Ausführungen so vollkommen gelöst, daß im Gegensatz zur Ringspinnmaschine die Entwicklung dieser Maschine vorläufig zu einem gewissen Abschluß gekommen sein dürfte.

III. Doublierung.

1. Aufgabe und Arbeitsprinzip der Doublierung.

Das Doublieren stellt nicht in dem Sinne wie das Spinnen eine selbständige Produktionsstufe dar, da dieser Arbeitsgang nur eine qualitative und quantitative Leistungssteigerung der nachfolgenden Zwirnerei beabsichtigt und notfalls ausgeschaltet werden kann. Die Aufgabe des Doublierens besteht in qualitativer Hinsicht darin, daß die im Garn enthaltenen Spinnfehler möglichst weitgehend beseitigt und die zu zwirnenden Fäden in eine Aufwindungsform gebracht werden, die auf der Zwirnmaschine eine gleichmäßige Fadenspannung für alle Komponenten des Zwirnes gewährleistet. Der quantitative, mit Hilfe der Doublierung in der Zwirnerei zu erzielende Vorteil liegt darin, daß infolge dieser Vorarbeit der Fadenbruch auf der Zwirnmaschine minimal ist und hohe Spindelgeschwindigkeiten erlaubt, und weiterhin der Wirkungsgrad der Zwirnmaschine durch Vorlage von großen Garnlängen, die nur selten ein Nachstecken und Anknoten erfordern, verbessert wird.

Gelöst wird diese Aufgabe dadurch, daß man zunächst den Faden durch enge Schlitzführungen leitet, in denen alle Unsauberkeiten hängen bleiben bzw. dicke Stellen im Faden reißen müssen. Weiterhin läßt man die Anzahl der zu zwirnenden Einzelfäden gemeinsam auf eine Spule parallel auflaufen, so daß beim Ablauf in diesen Fäden gleiche Spannungsverhältnisse vorhanden sind. Diese Spulen macht man im allgemeinen so groß, wie es die Zwirnmaschine gestattet, damit die durch das Aufstecken neuer Spulen bedingten Stillstandszeiten und Bedienungsarbeiten soweit wie möglich reduziert werden.

Um sicher zu gehen, daß nicht durch Reißen eines Fadens die miteinander zu verzwirnenden Fäden unvollzählig auf der Spule aufgewunden werden und dadurch später ein fehlerhafter Zwirn entsteht, ist es nötig, die einzelnen Fäden durch Kontrollorgane laufen zu lassen, die, sobald ein Faden fehlt, automatisch die hiervon betroffene Spule anhalten.

Die Bewickelung der Spulen mit den parallel liegenden zum Zwirnen vorbereiteten Fäden muß in der Weise erfolgen, daß einerseits ein störungsfreier Ablauf gewährleistet und andererseits der Faden beim Aufwinden einer möglichst niedrigen Beanspruchung auf Reißfestigkeit ausgesetzt ist. Beide Forderungen widersprechen sich in gewissem Grade, denn je energischer man durch Fadenführungsorgane die Aufwindung beeinflußt, um so mehr erhöht sich die Fadenspannung. Die Forderung nach niedriger Fadenspannung ist, obgleich es sich um fertiges Gespinst handelt, so wichtig, weil die Fadengeschwindigkeit in der Doublierung außerordentlich hoch gewählt werden muß — im Mittel 100 bis 150 m in der Minute —, um die Kosten dieses dem Zwirnen vorgeschalteten Arbeitsganges in Grenzen zu halten, die diese Einschaltung rechtfertigen. Eine untere Grenze der Fadenspannung ist allerdings auch gegeben. Sie ist bedingt durch die Festigkeit, die die aufgewundenen Spulen besitzen müssen, um nicht deformiert zu werden und dadurch Ablaufschwierigkeiten zu verursachen.

2. Die Arbeitsorgane der Doubliermaschine.

a) Die Fadenreinigung.

Konstruktiv sind die Doubliermaschinen allgemein derart durchgebildet, daß die Fäden zunächst einen Fadenreiniger durchlaufen, der meist aus scharfen Blechen mit genau einstellbarer Schlitzweite besteht.

Wenn eine besonders enge und dabei glatte und geschmeidige Führung benötigt wird, ergänzt man diese Kontrollorgane durch Einbau von Kämmen.

b) Die Aufwindungsmechanismen.

Die Aufwindung der für die Verzwirnung bestimmten Fäden geschieht im allgemeinen auf zylindrische Spulen, da auf der nachfolgenden Zwirnmaschine die Fadengeschwindigkeit nicht so groß ist, daß ein Abziehen des Fadens über den Spulenkopf nötig wäre. Der Faden kann auf der Zwirnmaschine wie das Vorgarn auf der Spinnmaschine in radialer Richtung von der Spule ablaufen. Die Herstellung derartiger zylindrischer Kreuzspulen wird ebenso einfach wie in der Vorspinnerei durch Andrücken der zu bewickelnden Spulen an eine geriffelte Walze durchgeführt, deren Umfangsgeschwindigkeit die Wickelgeschwindigkeit unabhängig von dem jeweiligen Bewickelungsdurchmesser bestimmt. Die Art der gegenseitigen Anordnung von Spule und Wickelwalze ist von Einfluß auf die Arbeitsweise der Maschine. Vor allem ist, je kleiner der Durchmesser der Wickelwalze ist, um so härter der Anzug, um so größer also die Fadenbeanspruchung nach jedem Stillstand. Im Hinblick auf die Höhe des Fadenbruches ist daher eine große Wickelwalze vorzuziehen.

Die Aufwindung selbst wird außer mit Kreuzwindung auch mit Parallelwindung durchgeführt. Bei Anwendung von Parallelaufwindung müssen Scheibenspulen verwendet werden, bei Kreuzwindung genügen Papphülsen. Die Parallelaufwindung hat den Vorteil, daß der Fadenführer sich sehr langsam bewegen kann und den Faden nicht ruckartig beansprucht. Ein Nachteil dieser Aufwindung ist, abgesehen von dem Zwang der Verwendung von Scheibenspulen, die Schwierigkeit, die in der Auffindung der zusammengehörigen Fäden auf der Spule besteht. Bei der weiter verbreiteten Kreuzwindung sind die zusammengehörigen Fäden sehr leicht zu erkennen. Es besteht dafür die Schwierigkeit, den Fadenführer so schnell vor der Spule hin und her zu führen, daß bei 100 bis 150 m Aufwindung je Minute eine richtige Kreuzung der Fäden entsteht, die ein Abrutschen an den Umkehrstellen verhindert, und andererseits die ruckartig bewegten Massen keinen Schlag auf die Maschine ausüben. Dieses Ziel suchen die wichtigsten Doubliermaschinen auf drei verschiedenen Wegen zu erreichen.

In den meisten Fällen werden Exzenter als Fadenführungsorgan verwendet. Es wird dann parallel zur Wickelwalze eine Welle gelegt, die so viel Exzenter besitzt, wie Spulen auf einer Maschinenseite enthalten sind. Diese Exzenter laden nach jeder Maschinenseite um eine halbe Spulenlänge aus und verschieben bei ihrer Umdrehung einen in unmittelbarer Nähe der Wickelwalze auf einem Draht beweglichen Fadenführer. Die exzentrischen Scheiben sind derart gegeneinander verdreht, daß sich die Stöße, die jede einzelne von ihnen auf die Maschine ausüben würde, vollkommen aufheben.

Ein anderer Maschinentyp hat die Schläge dadurch zu vermeiden gesucht, daß er die hin und her bewegten Massen soweit wie möglich reduziert hat. Es wird deshalb auf jeder Maschinenseite nur ein einziger Draht hin und her geführt, an dem die Fadenführer starr befestigt sind. Da von der Exaktheit der Drahtbewegung die Güte der Aufwindung abhängt, muß der Draht, an dessen Ende sich ein Ansatz befindet, mit diesem in einer sehr präzis gebauten, exzentrischen Nut geführt werden. Die an den Umkehrpunkten auftretenden Stöße sind durch kräftige Federn weitgehend gemildert.

Die dritte Konstruktion schließlich vermeidet den Schlag vollständig dadurch, daß sie die hin und her zu bewegenden Führungsorgane vollkommen masselos gestaltet. Sie erreicht das, indem sie die Wickelwalzen als große Trommeln ausbildet und durch eine ausgesparte Schlitzführung die Hin- und Herbewegung des Fadens vorschreibt. Auf diese Weise wird auch der Faden von dem Führungsorgan sehr schonend behandelt, da er nicht nur in einem Punkt gefaßt, sondern auf eine längere Strecke geführt wird. Außerdem ermöglicht diese Konstruktion, die Führung bis unmittelbar an den jeweiligen Aufwindungspunkt heranzubringen, was infolge des zunehmenden Bewickelungsdurchmessers bei keiner anderen Konstruktion möglich ist und die Exaktheit der Aufwindung merkbar erhöhen kann.

Die Fadenbeanspruchung, auf die die Bewickelungsart von Einfluß ist, steht außerdem in Abhängigkeit von den Winkeln, die der Faden innerhalb der Maschine zu durchlaufen hat. Die ideale Doubliermaschine muß einen geraden Fadenverlauf vom Kopsablauf bis zur Aufwindung auf die Spule besitzen. Vollkommen ist diese Forderung nicht erfüllbar, in vielen Fällen wird jedoch weit mehr als nötig gegen sie verstoßen.

In erster Linie zwingt die Notwendigkeit, die Fadenspannung regelbar zu machen, den geraden Fadenverlauf durch Einbau von Bremsungsmöglichkeiten etwas zu beeinträchtigen. Die stärkste Knickung des Fadenverlaufes wird jedoch in den meisten Konstruktionen durch die Ausrückvorrichtung der einzelnen Spulen verursacht.

Die Festigkeit der aufzuwindenden Spule, ist abgesehen von dieser Bremsung des Fadens und der Entfernung des Fadenführers vom Aufwindungspunkt, abhängig von dem Druck, mit dem die Spule an der Wickelwalze anliegt. Daher wird, wenn der Druck bei Beginn der Aufwindung infolge des leichten Spulengewichtes gering ist und allmählich zunimmt, die Spule im Kern lose und außen

straff gewickelt, was ein Zerdrücken des Spulenkernes und eine Deformation
der Spule zur Folge haben muß. Ein gleichbleibender Druck auf die Wickelwalze
ist deshalb vom Beginn bis zum Ende der Spulenbildung unerläßlich.

c) Die Abstellvorrichtung.

Die Abstellung bei Fadenbruch wird im allgemeinen mit Hilfe von Spannungsfühlern ausgelöst. Der Faden durchläuft die Öse einer Nadel, die, sobald der Faden
ihr Gewicht nicht mehr tragen kann, nach unten fällt und dort gegen eine Flügel-
walze oder eine ähnliche Vorrichtung anschlägt. Diese Flügelwelle kippt die
Nadel und damit den gesamten Nadel-
kasten, wodurch eine Rast freigegeben
wird, so daß ein durch Gewicht oder
Federzug belasteter Hebelarm ebenfalls
umschlägt und ein Zwischenglied zwischen Wickelwalze und Spule einschiebt, wodurch die Spule stillgesetzt
wird. Ein Ausrücken durch Anhalten
des Aufwindemechanismus ist nicht
möglich, da die Wickelwalze der Einfachheit halber für die ganze Maschinenseite ungeteilt gebaut wird. Die einzelne
Spule muß daher, wenn sie angehalten
werden soll, von der Wickelwalze abgehoben werden. Diese Forderung erfüllen die verschiedenen Maschinentypen alle in ähnlicher Weise. Um die
Sicherheit des Auslösens dieser Abstellung möglichst zu erhöhen, führt man
an verschiedenen Doubliermaschinen
die Abstellvorrichtung so kräftig aus,
daß der Faden mit großer Spannung
durch die Nadelöse laufen muß, damit
nicht schon bei kleinen Schwankungen
im Fadenzug die Abstellung in Tätig-

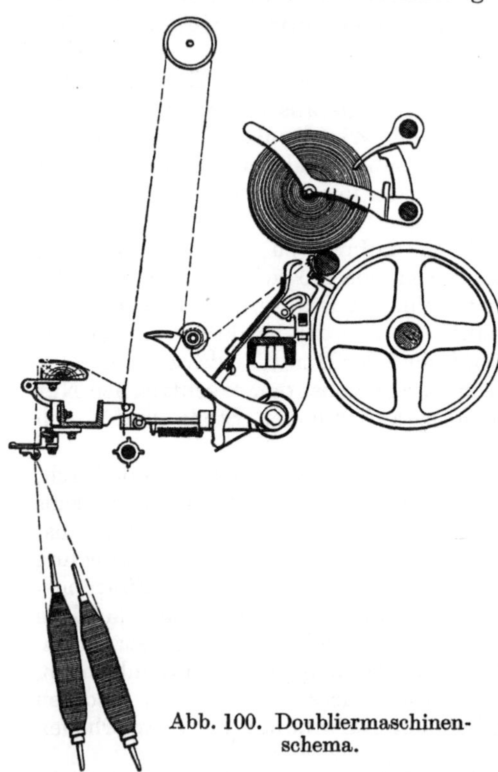

Abb. 100. Doubliermaschinen-
schema.

keit treten kann. In vielen Fällen läßt
man deshalb, um sicher zu gehen, den
Faden in der Öse sogar einen scharfen
Knick durchlaufen. Eine derartige Fadenführung macht jedoch bei feinen Garnnummern die Anwendung hoher Fadengeschwindigkeiten unmöglich und beeinträchtigt außerdem die glatte Oberflächenbeschaffenheit des Fadens. Deshalb
ist Konstruktionen mit einem möglichst geraden Fadenverlauf — wie oben bereits erwähnt — der Vorzug zu geben.

3. Der gegenwärtige Stand des Doubliermaschinenbaus.

Die nach dem Prinzip der Fadenführung unterschiedenen drei Hauptgruppen
von Doubliermaschinen sind im einzelnen wie folgt durchgebildet:

a) Jeder einzelne Faden wird durch ein exzentrisches Rad geführt. Die Wirkungsweise dieses Maschinentyps ist in den Abb. 100 und 101 an einer Ausführungsform der Firma Carl Hamel, Chemnitz, veranschaulicht.

Die Spule liegt mit ihrem eigenen Gewicht und dem zweier Hebelarme, in
denen sie seitlich geführt wird, auf dem verhältnismäßig kleinen Antriebszylinder
auf, dessen Drehzahl die Fadengeschwindigkeit bestimmt. Hinter diesem Wickel-

zylinder liegt eine Welle mit exzentrischen Rädern. Die Fadenführer, die lose
auf einer Schiene in möglichster Nähe des Klemmpunktes von Spule und Wickelzylinder sitzen, umfassen doppelseitig den Radkranz dieser exzentrischen Räder,
wodurch ihre Bewegung festgelegt ist.

Der Winkel der Fadenkreuzung — also das Geschwindigkeitsverhältnis zwischen Umfangsgeschwindigkeit der Wickelwalze und der Exzenterräder — wählt
man derart, daß einerseits der Faden nicht unnötig stark vom Fadenführer bewegt wird, andererseits die entstehende Spule so viel Kreuzung besitzt, daß an
den Stirnflächen nicht einzelne Fadenschichten abrutschen können.

Die Kontrolle des Fadens auf
Unreinheiten und die Einstellung
der gewünschten Fadenspannung
erfolgt unmittelbar nach Ablauf des
Fadens vom Kops. Anschließend
folgt die Überwachung des Fadenbruches. Die Abstellvorrichtung ist
nach dem oben beschriebenen Prinzip ausgeführt. Die fallende Nadel
wird durch eine Flügelwelle mit dem
gesamten Nadelbett gekippt, wodurch ein Bolzen, der mit Federkraft in eine Rast des Abstellhebels
drückt, zurückgezogen wird und den
Hebel freigibt. Dieser schnellt durch
Federkraft nach oben und hebt mittels eines besonders durchgebildeten
Fingers die Spule vom Wickelzylinder ab. In Abb. 102 ist die Ansicht
einer nach dem Exzenterrädersystem
gebauten Doubliermaschine — Fabrikat Sächsische Textil-Maschinen-
Fabrik — wiedergegeben.

b) Die Fadenführung erfolgt für
alle Spulen einer Maschinenseite gemeinsam durch einen in exzentrischen Nuten geführten Draht.

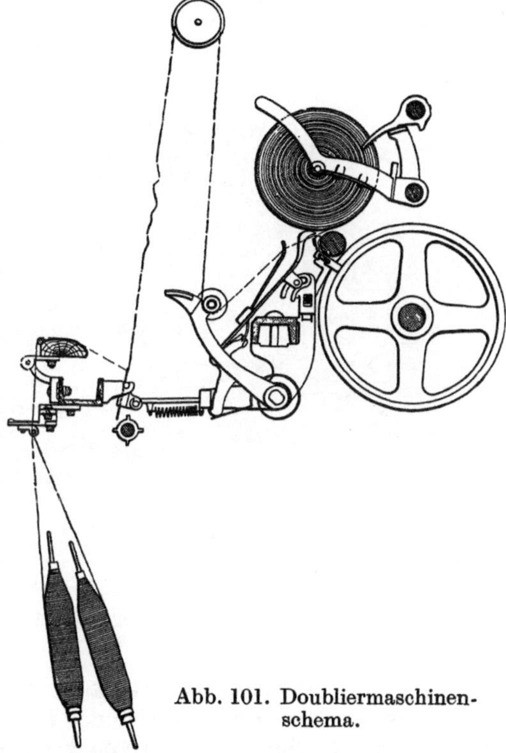

Abb. 101. Doubliermaschinen-
schema.

Eine gebräuchliche Konstruk-
tion ist in der Schnittzeichnung Abb. 103 (Fabrikat Hamel) veranschaulicht.

Sie gibt eine Maschine wieder, die vor allem zur Verarbeitung feiner Garne,
die wenig Zugbeanspruchung vertragen, geeignet ist, da der Faden nahezu in
einer Geraden geführt ist und lediglich an der Fadenwächternadel einen schwachen Knick durchlaufen muß. Außerdem hat die Maschine vergrößerte Durchmesser der Wickelzylinder, was das Anzugsmoment günstig beeinflußt. Die Spulen liegen nicht durch ihr eigenes Gewicht, sondern durch das von belasteten
Hebeln auf dem Wickelzylinder auf. Der gerade Fadenverlauf hatte zur Voraussetzung, daß der Faden von oben nach unten geführt wird, damit die Bedienungsarbeit in handlicher Höhe vorgenommen werden kann und nur das Aufstecken der einfachen Garne in Kopfhöhe auszuführen ist.

Ein Nachteil des großen Durchmessers der Wickelwalzen ist allein, daß die
Fadenführer nicht so dicht an den jeweiligen Aufwindungspunkt herangebracht
werden können wie bei kleinen Wickelzylindern. Es leidet dadurch die Präzision
der Aufwindung und die Festigkeit der Spule.

Die Abstellung bei Fadenbruch ist hier dadurch von der oben beschriebenen abweichend, daß die Nadel infolge ihrer horizontalen Lage nicht direkt ins Bereich der Flügelwelle fallen kann, sondern bei Fadenbruch nach oben kippt, wodurch ein Ansatz durch die Flügelwelle erfaßt wird. Im übrigen wird durch die Flügelwelle wieder das Nadelbett gekippt und dadurch ein Hebel freigegeben, der durch Gewichtsbelastung nach unten fällt und hierbei einen Lederstreifen zwischen Wickelwalze und Spule schiebt, so daß die Stillsetzung erfolgt. Sobald die Spule den gewünschten, einstellbaren Durchmesser erlangt hat, wird sie ebenfalls von der Wickelwalze abgehoben, so daß eine gleichmäßige Spulengröße entsteht.

Abb. 104 ist eine Ansicht dieses Maschinentyps (Fabrikat Sächsische Textil-Maschinen-Fabrik).

Abb. 102. Doubliermaschine.

In dem lagerschalenartigen Gehäuse an der Stirnseite der Maschine erfolgt in exzentrischen Nuten der Antrieb des Fadenführerdrahtes, dessen starker Stoß am Umkehrpunkt durch Einbau von Federn gemildert ist.

c) Der Faden wird durch Schlitztrommeln geführt.

In Abb. 105 ist eine derartige Maschine der Firma Rudolf Voigt, Chemnitz, wiedergegeben.

Die Bedienung der Schlitztrommelmaschine ist dadurch besonders einfach, daß der Faden nicht in einen Fadenführer eingelegt werden muß, sondern die Trommel selbsttätig den Faden fängt. Die Vorteile dieses Systems wurden bereits oben dargelegt. Infolge ihrer Fadenschonung eignet sich die Maschine besonders zur Verarbeitung feiner Garne. Die exakte Aufwindung durch die Heranbringung des Führungsorganes bis unmittelbar an den Aufwindungspunkt ermöglicht die Herstellung von Spulen, die gegen alle Transportbeanspruchungen besonders gesichert sind.

Dieser letzte Maschinentyp wird insonderheit zum Spulen von gezwirntem Garn verwendet, das in Kreuzspulaufmachung zu überführen ist.

Die Bedingungen, die bei diesem Arbeitsgang an die Maschinen zu stellen sind, weichen nicht unwesentlich von denen ab, die beim Doublieren zu erfüllen sind.

Zunächst entfällt die Forderung der Fadenreinigung. Weiterhin ist die selbsttätige Abstellung der Spule bei Fadenbruch nicht mehr unerläßlich, da durch
Weiterlaufen der Spule kein Fehler im Garn entstehen kann. Und schließlich

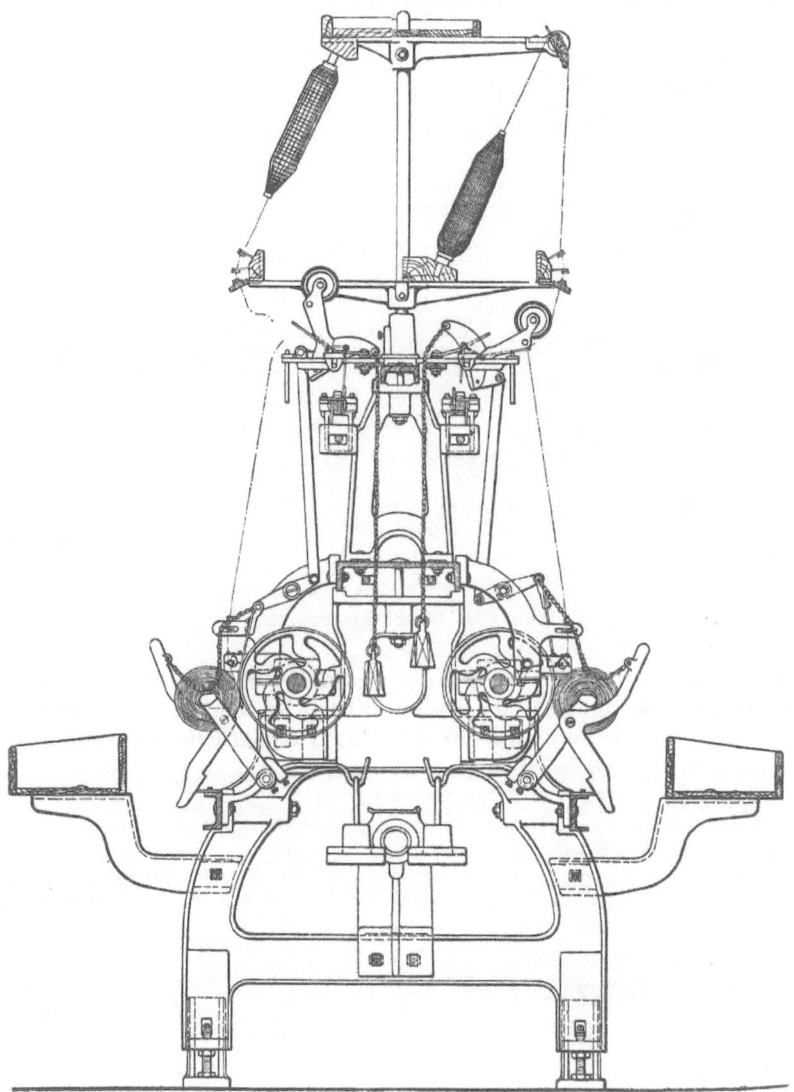

Abb. 103. Doubliermaschine.

ist die Reduzierung der Fadenspannung bei der Verarbeitung des widerstands-
fähigen gezwirnten Fadens nicht von solcher Wichtigkeit wie beim Doublieren.

Dagegen besteht beim Spulen von Zwirngarnen in erhöhtem Maße der Zwang,
daß die Kreuzspulen eine außerordentlich feste, allen Transportbeanspruchungen
widerstehende Aufwindung erhalten. Nur Spulen, die in diesem Zustand gefärbt
werden sollen, sind lose aufzuwinden, damit sie dem Durchdringen der Farbflotte keinen Widerstand entgegenstellen. Außerdem steigert man beim Ver-

arbeiten von Zwirn die Wickelgeschwindigkeit der Spulmaschinen so hoch, wie es das Material erlaubt.

Für diese Verbindung von Geschwindigkeitserhöhung und Festigkeitssteigerung der herzustellenden Kreuzspulen ist am wenigsten der zweite der be-

Abb. 104. Doubliermaschine.

sprochenen Maschinentypen geeignet, der die Fadenführer an einem hin und her gehenden Draht befestigt hat. Die Fadenführung ist hierbei für die Anwendung höchster Geschwindigkeiten nicht exakt genug. Außerdem bestehen an diesem

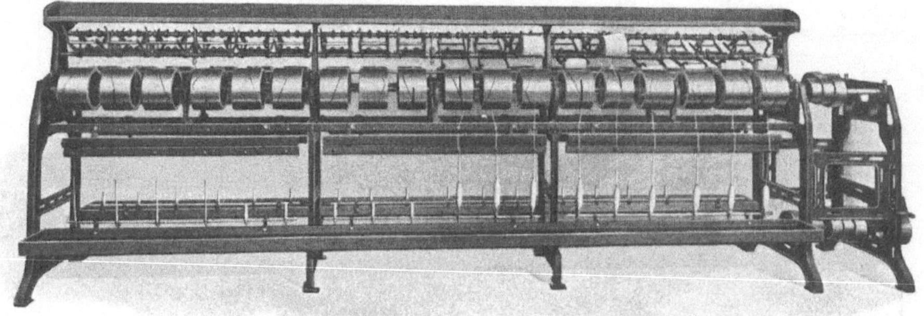

Abb. 105. Schlitztrommelspulmaschine.

Maschinentyp Schwierigkeiten, den Spulenkern so straff zu wickeln, daß bei Füllung dieser Spulen die inneren Lagen nicht durch den Druck teilweise deformiert werden. Man verwendet deshalb für diese Zwecke vorteilhaft nur Spulmaschinen des Exzenterräder- oder des Schlitztrommeltyps. In vielen Fällen geht man hierbei von der zylindrischen Spulenform zur konischen über.

Dagegen ist bei langsamer Arbeitsweise, wie es z. B. das Spulen von Garnsträngen verlangt, ohne Schwierigkeiten die Anwendung jenes zweiten Maschinentyps — wie in Abb. 106 (Fabrikat Sächsische Textil-Maschinen-Fabrik) — möglich.

Bei diesem Arbeitsvorgang müssen, da der Fadenablauf von den Strängen nicht so gleichmäßig erfolgt wie von Bobinen, besondere Vorkehrungen getroffen werden, die eine gleichmäßige Fadenspannung an der Spule gewährleisten. Zunächst muß der ablaufende Garnhaspel, damit ein Verlaufen und Verwirren der Fäden verhindert wird, gebremst werden, was entweder durch einfache Gewichtsbelastung oder durch Federdruck erfolgt. Vor allem müssen jedoch die nicht zu vermeidenden Stockungen im Fadenablauf dadurch gemildert werden, daß der Faden durch nachgiebige Führungsorgane geleitet wird. In Abb. 106 ist er lediglich in seinem Umkehrpunkt über eine federnde Rolle geführt. In vielen Fällen verwendet man außerdem noch Wippen in einfacher und auch doppelter Anordnung, die bei Ablaufstockungen eine außerordentlich große Nachgiebigkeit besitzen und andererseits auch bei plötzlichem Vorlauf des Haspels den Faden straffen. Um einen lockeren Fadeneinlauf an der Spule unter allen Umständen zu verhüten, bremst man den Faden so stark wie möglich, was durch die geringe Fadengeschwindigkeit, die der Ablauf von Haspeln erfordert, erleichtert wird. Eine Umspulmaschine, die das Abarbeiten der Stränge nach dem Schlitztrommel-

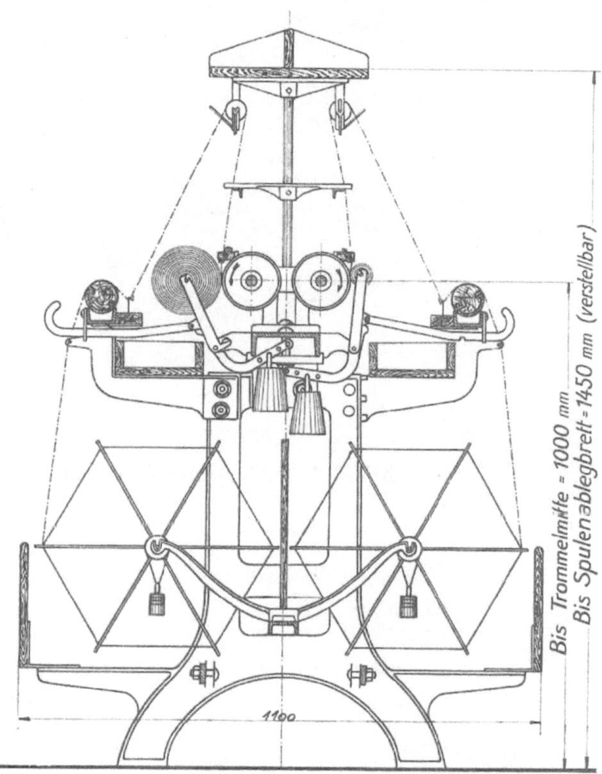

Abb. 106. Umspulmaschine für Weifgarne.

prinzip durchführt, ist in Abb. 107 dargestellt (Fabrikat Hall & Stells).

Soll das Umarbeiten — für Verwendung des Garnes als Schuß — vom Strang auf Bobinen erfolgen, so wählt man in den meisten Fällen Umspulmaschinen, wie sie vor allem die Kunstseidenindustrie entwickelt hat, bei denen jede Spindel durch Schraubenräder einzeln angetrieben ist und — in horizontaler Lage — um den Betrag der Windungslänge hin und her geführt wird. Der Faden wird hierbei durch einen, sich im Maße der Füllung der Hülse weiterschaltenden, der Windungsform angepaßten Konus geführt (siehe Abb. 108, Fabrikat Schlafhorst & Co.).

Auch diese Umspulmaschinen benutzen Wippen als Führungsorgane und sind mit Abstellvorrichtung bei Fadenbruch und nach Bespulung einer einstellbaren Bobinenlänge ausgerüstet.

4. Entwicklungsgesichtspunkte.

Im Gegensatz zur Baumwollspinnerei wird dem einfachen Kammgarnfaden im Interesse der Fülligkeit und des Griffes meist nur so viel Drehung erteilt,

Abb. 107. Schlitztrommelspulmaschine für Weifgarne.

Abb. 108. Umspulmaschine für Weifgarne.

wie für den Halt bei der Weiterverarbeitung unbedingt erforderlich ist. Es spielt deshalb an den Maschinen, die diesen einfachen Kammgarnfaden weiterverarbeiten, die Größe der Zugbeanspruchung, der sie diesen Faden aussetzen, eine wichtige Rolle.

Bei der Erörterung des Arbeitsprinzips der Doubliermaschinen sowie der heute üblichen Ausführungsformen wurde bereits betont, welchen Einfluß die Fadenspannung innerhalb der [Maschinen und die Art des Aufwindens auf die Zugbeanspruchung und damit auf den Fadenbruch und die Leistungsfähigkeit der Maschine besitzt. Ebenso wurde dargelegt, welcher Maschinentyp die günstigsten Bedingungen für die Herstellung einer gut aufgewundenen Spule unter Anwendung des geringsten Fadenzuges bietet.

Es wird sich deshalb der Bau von Doubliermaschinen, soweit er sich auf die Bedürfnisse der Kammgarnindustrie spezialisiert, mehr und mehr der Erfüllung dieser Forderungen anpassen müssen.

Dabei dürften Maschinen mit Präzisionswickelung, bei denen der Abstand des aufzuwindenden ·Fadens und damit das Muster der Spule konstant bleibt, auch in der Kammgarnverarbeitung eindringen.

Außerdem bietet der Vorgang des Doublierens, der von dem Bedienungspersonal eine gute Handgeschicklichkeit verlangt, die Möglichkeit, bei der Maschinenkonstruktion die Forderung nach Bequemlichkeit für die Bedienung in den Vordergrund zu stellen. Dieser Gesichtspunkt ist in den meisten aus der Tradition gewachsenen Konstruktionen noch wenig berücksichtigt.

IV. Zwirnerei.

1. Aufgabe und Prinzip des Zwirnens.

Unter Zwirnen versteht man das Zusammendrehen mehrerer Einzelfäden zu einem neuen Fadengebilde. Dieser Arbeitsvorgang ist erforderlich, da in den meisten Fällen der einfache Faden den Beanspruchungen hinsichtlich Zugfestigkeit nicht nur in der Weiterverarbeitung, sondern auch in der späteren Verwendung nicht gewachsen ist. Auch wenn man den einfachen Faden in der doppelten Stärke spinnen würde, wäre, abgesehen von anderen Nachteilen, die Festigkeit nicht die gleiche wie bei einem zweifachen Zwirn von der gleichen Gesamtstärke.

Für mittlere Drehungen an Webgarnen sind von Zwirn und einfachem Faden in der nebenstehenden Tabelle die Festigkeitsverhältnise in einigen Nummern in ihrer angenäherten Größenordnung einander gegenübergestellt.

Garnnummer	Reißfestigkeit	
	im einfachen Faden	im Zwirn
78	50 Gr.	150 Gr.
64	60 ,,	180 ,,
56	70 ,,	205 ,,
52	75 ,,	225 ,,
48	80 ,,	236 ,,

Wollte man eine erhöhte Festigkeit der einfachen Garne durch verstärkte Drehung zu erreichen suchen, so wäre das nur auf Kosten der Weichheit und Fülligkeit des Fadens möglich. Um diese tunlichst zu erhalten, wählt man beim Zwirnen meist die der einfachen Drehung entgegengesetzte Drehrichtung. Der einfache Faden dreht sich dabei zu einem geringen Teil wieder auf und gibt ein fülliges Aussehen, während die Festigkeit infolge der Zwirndrehung nur wenig beeinträchtigt wird. Garne für Webzwecke werden in den meisten Fällen zweifach, höchstens dreifach, Garne für Strick- und Wirkzwecke zweifach bis sechsfach gezwirnt.

Die Höhe der Zwirndrehung schwankt je nach dem Verwendungszweck bei zweifachen Webgarnen von der halben bis etwa zur eineinhalbfachen Spinndrehung. Bei Strickgarnen liegt die Zwirndrehung im allgemeinen niedriger, da hier das Garn einen besonders offenen, fülligen Charakter besitzen muß.

Durchgeführt wird das Zwirnen mit den in der Spinnerei entwickelten Drahtgebungsorganen, mit Ring-, Glocken- oder Flügelspindel. Lediglich das Selfaktorprinzip hat man in der Zwirnerei nicht verwendet, da seine qualitativen Vorzüge hier vollkommen bedeutungslos wären, seine wirtschaftlichen Nachteile dagegen besonders in Erscheinung treten würden.

2. Die Arbeitsorgane der Zwirnmaschinen.

Der veränderte Verwendungszweck erforderte eine selbständige Durchbildung der Maschine nach anderen Gesichtspunkten, als sie die Spinnerei ergab, ganz abgesehen davon, daß das Streckwerk wegfallen konnte und durch ein Lieferzylinderpaar ersetzt werden mußte.

Gemeinsam für alle gebräuchlichen Zwirnverfahren hat sich die Notwendigkeit ergeben, die Maschinen mit Abstellvorrichtung bei Fadenbruch auszurüsten. Da kein Streckwerk vorhanden ist, bereitete der Einbau keine Schwierigkeiten und gewährte die folgenden Vorteile:

1. Der Abgang wird verringert, da sich keine Wickel bilden können. Während in der Spinnerei das Verhältnis der fehlenden Fäden zur Spindelzahl etwa gleichzusetzen ist dem Verhältnis des Gewichtes der Wickel zur Gesamtpartie, übt in der Zwirnerei der Fadenbruch infolge der Lieferungsabstellung nur einen minimalen Einfluß auf die Abgangshöhe aus.

2. Die Bedienung der Maschine wird vereinfacht. Die Beseitigung von Wickelbildungen ist bereits in der Spinnerei bei ungedrehtem Fasermaterial mit Schwierigkeiten verbunden. Diese würden sich bei Wickeln, die aus gedrehtem Garn bestehen, außerordentlich erhöhen.

3. Erst die automatische Abstellung der Lieferung bei Fadenbruch gibt die Gewähr, daß der Zwirn wirklich diejenige Anzahl Einzelfäden enthält, die er erhalten soll.

Dieser letzte Vorteil tritt vor allem dort in Erscheinung, wo undoubliertes Garn verzwirnt wird. In diesen Fällen ist es unbedingt erforderlich, daß jeder Einzelfaden vor dem Zusammendrehen durch einen Fadenwächter geführt wird, wie sie in der Doublierung verwendet werden. Vor allem bei vieldrähtigen Zwirnen ist es für die Bedienung vollständig unmöglich, zu übersehen, ob irgendwo ein Faden fehlt. Verwendet man aber eine Abstellvorrichtung, die die Lieferung bei Bruch jedes Einzelfadens unterbricht, so ist es nötig, gleichzeitig mit der Lieferung auch die Spindeldrehung zu unterbrechen. Bei Weiterlauf der Spindel werden die nicht gerissenen Einzelfäden so lange zusammengedreht, bis sie reißen oder den Zug des Spindelantriebs überwinden, so daß diese stehenbleiben. Bei Kontrolle des Einzelfadens ist somit die Komplizierung der Maschine durch Einbau einer selbsttätigen Spindelabstellung nicht zu umgehen.

Wird dagegen doubliertes Garn verarbeitet, so kann man mit einer Abstellvorrichtung, die nur den Gesamtzwirn kontrolliert, auskommen, und hierbei ist eine Spindelabstellvorrichtung zwecklos. Der Bruch eines Einzelfadens ist bei doubliertem Garn sehr selten, da die Zugbeanspruchung, sobald ein Einzelfaden nachgibt und sich dehnt, von den restlichen Fäden übernommen werden muß, so daß meist entweder kein Faden oder alle Fäden reißen.

Reißt trotzdem nur ein Einzelfaden, so ist auch das nicht gefährlich, solange es sich um zweifachen Zwirn handelt, der den Hauptanteil aller zu zwirnenden Webgarne bildet. In diesem Falle wird der dann noch laufende einfache Faden durch die Zwirndrehung so weit aufgedreht, daß auch er der Zugbeanspruchung nicht mehr gewachsen ist und ebenfalls reißt.

Nur bei sehr empfindlichen und zu Fadenbruch neigenden drei- und mehrfachen Zwirnen ist es nicht zu empfehlen, an der Zwirnmaschine auf die Abstellvorrichtung für jeden Einzelfaden zu verzichten.

Im allgemeinen soll aber beim Zwirnen so gut wie kein Fadenbruch eintreten, so daß die Abstellvorrichtung nur beim Ablauf von Spulen in Tätigkeit tritt und im übrigen eine Sicherheitsmaßnahme darstellt.

Durchgeführt wird die automatische Abstellung der Lieferung in ähnlicher Weise wie an der Doubliermaschine. Die Fäden laufen durch die Öse einer Nadel, die, sobald sie der Faden nicht mehr trägt, niederfällt, wodurch mittels verschiedener Hebelübertragungen eine schwingende Schiene die Möglichkeit bekommt, den Oberzylinder vom Unterzylinder wegzuschieben und so den Klemmpunkt zu lösen und die Fadenlieferung zu unterbrechen.

Wenn die Abstellvorrichtung nur den Gesamtfaden überwachen soll, läuft der Faden nach Verlassen des Lieferzylinders durch die Nadelöse. Soll dagegen jeder Einzelfaden kontrolliert werden, müssen die Nadeln zwischen Aufsteckrahmen und Lieferzylinder angeordnet sein. Die in diesem Fall benötigte Spindelabstellung wird meist unabhängig von der Unterbrechung der Lieferung ausgelöst. In den meisten Konstruktionen bewirkt die über der Spindel befindliche Fadenführeröse die Stillsetzung der Spindel dadurch, daß sie an einem Hebelarm sitzt und sich bei Wegfall des Fadenzuges nach oben bewegt. Diese Kippbewegung wird nach zwei verschiedenen Prinzipien zur Spindelausrückung benutzt. Entweder das Antriebsorgan für die Spindel — Schnur oder Band — läuft über eine Spannrolle, dann wird mit Hilfe von Hebelübertragungen ein Lockern der Spannrolle bewirkt. Läuft jedoch, wie in den meisten Fällen, die Schnur lediglich über Trommel und Wirtel, so muß die Trommel zwischen den einzelnen Spindeln abgesetzt und mit einem fest stehenden Blech überdeckt sein, das den gleichen Durchmesser hat wie die Lauffläche der Trommel. Die Ausrückung wird dann dadurch hervorgerufen, daß im Moment des Fadenbruches die Schnur durch eine an einem Hebel sitzende Führungsgabel auf das stillstehende Trommelblech geschoben wird.

In Zusammenhang mit der Abstellvorrichtung hat sich an allen Zwirnmaschinen gleichmäßig auch die Anordnung des Lieferzylinders entwickelt. Die Durchbildung des Klemmpunktes ist insofern sehr bedeutungsvoll, als von ihm die Geschwindigkeit der Fadenlieferung bestimmt wird. Ist die Lieferung geringer, erhält bei gleich bleibender Spindeldrehzahl der Zwirn eine höhere Drehung. Es muß also unter allen Umständen ein unvollkommenes Greifen des Klemmpunktes verhindert werden.

Die Griffigkeit, die an der Spinnmaschine durch Druck in Verbindung mit elastischer Oberfläche gesteigert werden konnte, muß an der Zwirnmaschine außerordentlich niedrig gehalten werden, da der Oberzylinder bei Fadenbruch bereits durch einen leichten Anstoß abzuheben sein muß, so daß der Klemmpunkt allein keine Gewähr für eine gleichmäßige Fadenlieferung bieten kann.

Um diese zu erreichen, legt man die Fäden um den gesamten Umfang des Oberzylinders herum und läßt sie zweimal den Klemmpunkt passieren. Damit die Fäden sich bei diesem doppelten Durchgang nicht stören, läßt man sie, ehe sie das zweitemal in die Klemmstelle einlaufen, durch einen Fadenführer gehen, der bewirkt, daß diese beiden Durchläufe in einem der Teilung der Maschine angepaßten Abstand erfolgen. Auf diese Weise ist die Gleichmäßigkeit der Liefergeschwindigkeit mit voller Zuverlässigkeit gewährleistet, ohne daß es nötig ist, den Klemmpunkt wie in der Spinnerei hinsichtlich der Art des verwendeten Materials und der Druckbelastung zu komplizieren. Selbst auf die Riffelung des Unterzylinders ist zu verzichten. Diese würde sogar eher schaden als nützen.

Im übrigen haben sich die Organe der Zwirnmaschine, vor allem die Spindeln, nach unterschiedlichen Gesichtspunkten entwickelt und zu Konstruktionstypen geführt, die im einzelnen zu erörtern sind.

3. Der gegenwärtige Stand des Zwirnmaschinenbaues.

a) Ringzwirnerei.

An das wichtigste Organ, die Spindel, werden beim Zwirnen noch höhere Anforderungen gestellt als in der Ringspinnerei. Zunächst fällt die durch die Spinnfähigkeit hervorgerufene Begrenzung der Drehzahlsteigerung fort, oder wird zum mindesten stark erweitert, so daß die Höhe der zur Verwendung kommenden Drehzahlen in häufigen Fällen schon davon abhängig gemacht werden muß, ob sie von der Spindel noch ohne Vibration geleistet werden kann. Es

treten also zunächst an die Lagerung und an die Stabilität der Spindel höhere
Ansprüche als beim Spinnen. Diese werden noch weiter dadurch gesteigert, daß
mit stärkerer Fadenspannung als in der Spinnerei aufgewunden wird, um möglichst feste Garnkörper
zu erhalten. Dadurch ist
erstens das Gewicht, das
die Spindel oberhalb der
Lagerung zu tragen hat,
größer, und zweitens die
seitliche Beanspruchung
durch den vom Ring-
läufer kommenden Fa-
denzug stärker als in der
Ringspinnerei, wodurch
weiterhin die Lagerung
erhöht   beansprucht
wird.

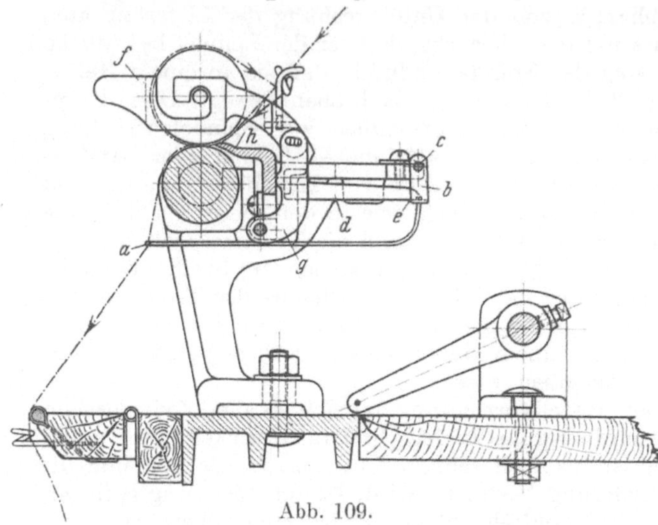

Abb. 109.

Dementsprechend wer-
den die Lagerkonstruk-
tionen der Zwirnspin-
deln im allgemeinen
länger ausgeführt und
die Spindel selbst sta-
biler gebaut, als es für
Spinnzwecke üblich ist.

Abb. 109 und 110. Abstellvorrichtung bei Fadenbruch an Zwirnmaschinen.

Wenn bei der Konstruktion der Ringspinnmaschine noch gewisse Gründe
für eine Schrägstellung der Spindeln sprachen, ist diese an der Zwirnmaschine
ohne jede Begründung,
da der Winkel, in dem
der Faden vom Liefer-
zylinder abläuft, voll-
kommen belanglos ist.

Da infolge der höhe-
ren Drehzahlen und des
verstärkten Fadenzuges
der Kraftverbrauch eine
größere Rolle spielt als
an der Spinnspindel,
haben sich Rollenlager-
spindeln hier mehr ein-
geführt als in der Ring-
spinnerei. Aber es über-
wiegen auch an moder-
nen Ringzwirnmaschi-
nen noch die Gleitlager-
spindeln. Der Antrieb

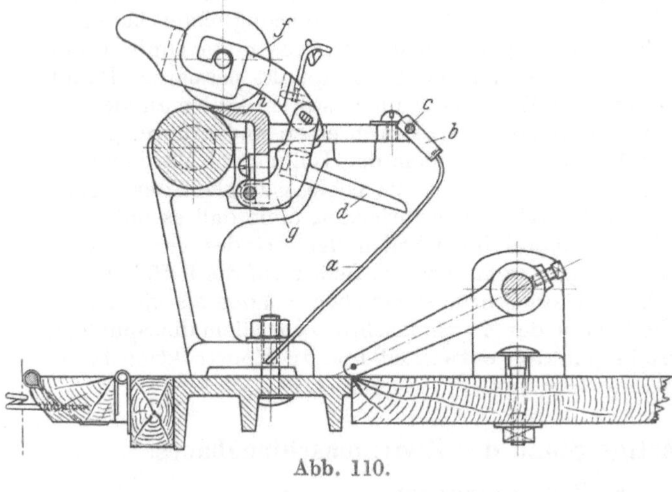

Abb. 110.

der Spindel erfolgt in den meisten Fällen mittels Schnur. Neuerdings tritt auch
der Bandantrieb mehr in Erscheinung.

Da die Höhe der Fadenspannung nicht so eng wie in der Spinnerei begrenzt
werden muß, konnte das Stärkenverhältnis zwischen Spindel- und Ringdurchmesser etwas erweitert werden. Es können also auf den gleichen Hülsen etwas
stärkere Garnkörper hergestellt werden als in der Spinnerei. In vielen Fällen ist

es dabei nicht nötig, die Teilung der Maschine zu vergrößern, da infolge der höheren Zugfestigkeit des Fadens der Ballon straffer als in der Spinnerei gehalten werden kann, so daß die Gefahr des Zusammenschlagens hier weniger groß ist, auch stören Antiballonvorrichtungen weniger als beim Spinnprozeß.

Während man für die Ringe meist wie in der Spinnerei das I-Profil verwendet, zieht man es vor, nicht Runddraht-, sondern Flachdrahtläufer zu benutzen. Der Einfluß der Oberflächenform des Läufers auf den Faden, der beim Spinnen dem Runddrahtläufer den Vorzug gab, ist hier unwesentlich, so daß die gleichmäßigere Lage und Führung im Ring, die beim Flachdrahtläufer die Gefahr des Klemmens und Springens herabsetzt, diesem den Vorzug gab.

Die Aufwindung und damit der Bewegungsmechanismus der Ringbank ist vollkommen übereinstimmend mit der Ringspinnmaschine, da an den Ablauf des Zwirnes die gleichen Forderungen gestellt werden müssen wie an den des einfachen Garnes.

Die Ausführungsform der Maschine wird — abgesehen von der Teilung der Maschine — vor allem dadurch beeinflußt, ob Lieferungsabstellung nur bei Bruch des Gesamtzwirnes oder schon beim Reißen eines Einzelfadens erfolgen soll. Im letzteren Falle ist, wie oben dargelegt, gleichzeitig eine automatische Spindelausrückung eingebaut.

Für die Webgarnspinnerei kommt, da hauptsächlich

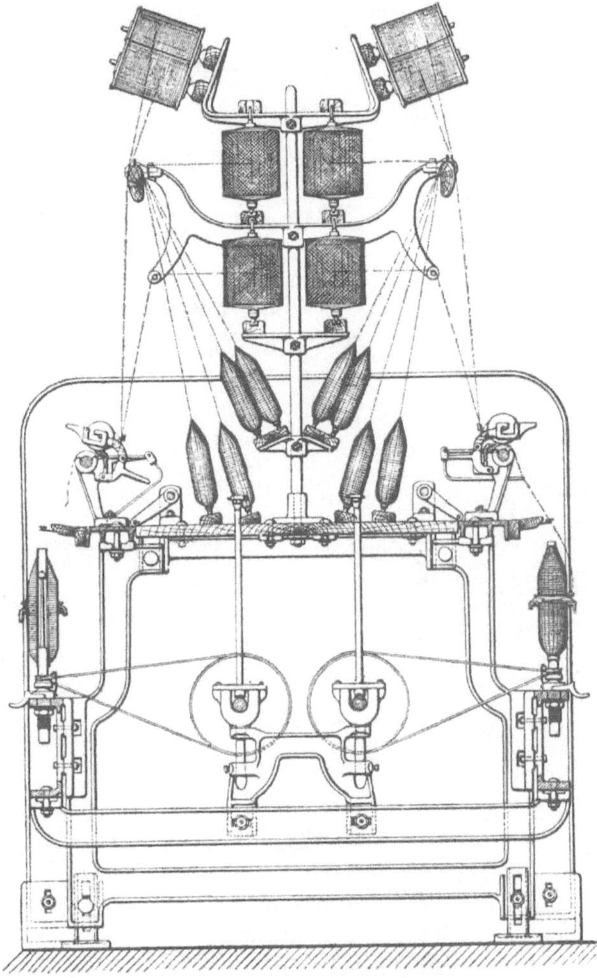

Abb. 111. Zwirnmaschine mit Lieferungsabstellung bei Fadenbruch.

zweifach doubliertes Garn verzwirnt wird, im allgemeinen nur eine Abstellvorrichtung bei Bruch des Gesamtfadens in Anwendung. In den Abb. 109 und 110 ist diese Abstellvorrichtung in der Ausführungsform der Firma Carl Hamel wiedergegeben.

Der Faden läuft hier nach Verlassen des Klemmpunktes durch die Öse der Nadel a. Bei Fadenbruch fällt die bei c aufgehängte Nadel nach unten. Die bei b befindliche Rast gibt dadurch den Zapfen d frei, der ebenfalls nach unten fällt, und, da er starr mit dem Hebel verbunden ist, auch diesen um seinen Drehpunkt schwenkt. Auf diese Weise wird gleichzeitig der Bügel f zurückgezogen, in dessen

Schlitzführungen die Zapfen des Oberzylinders laufen. Der Oberzylinder wird
so auf die bis dicht an den Klemmpunkt heranreichende feststehende Fläche h
gezogen, wo er zum Stillstand kommt, und die Lieferung unterbricht.

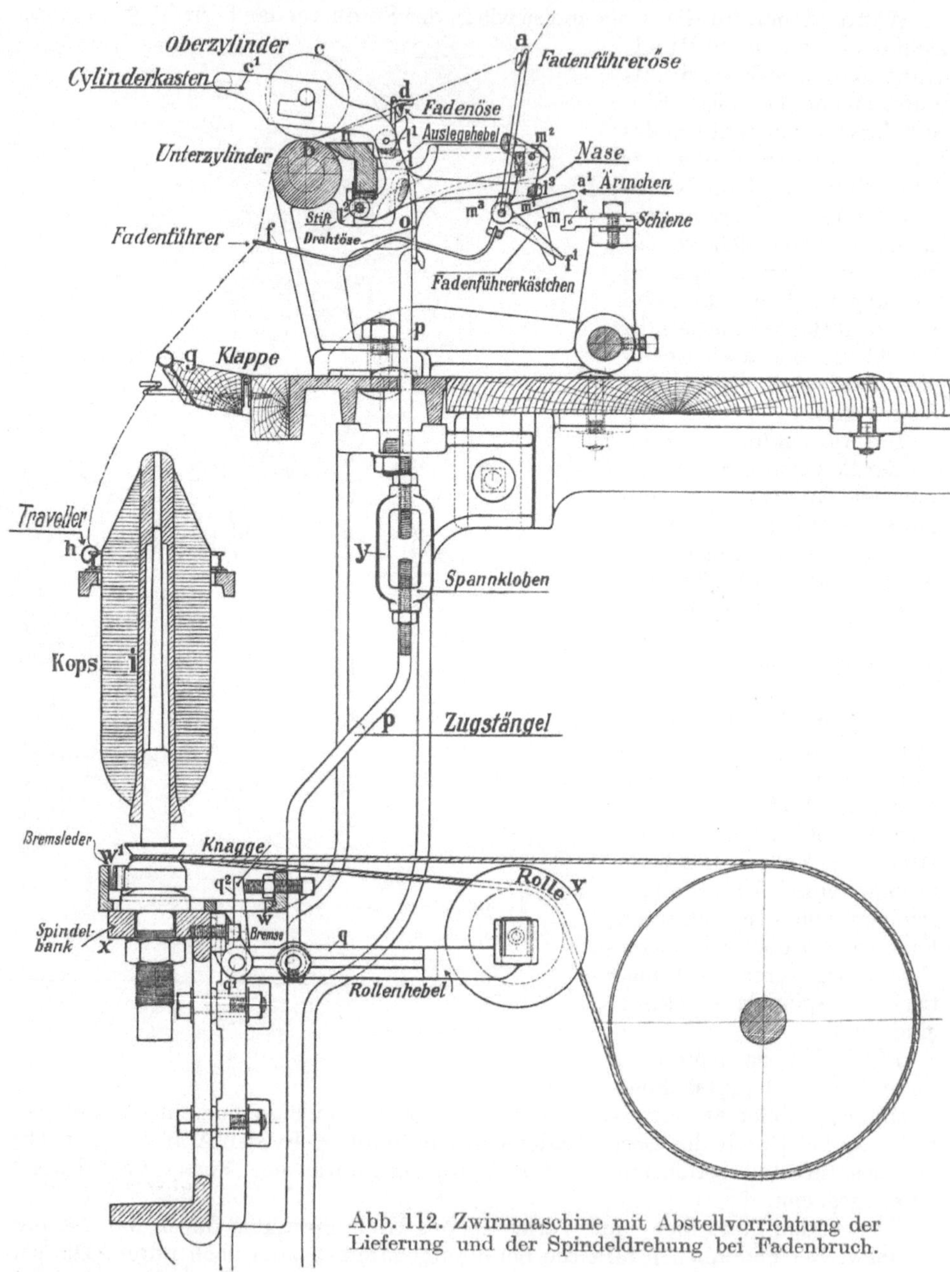

Abb. 112. Zwirnmaschine mit Abstellvorrichtung der
Lieferung und der Spindeldrehung bei Fadenbruch.

Beschleunigt wird das Inkrafttreten dieser Abstellung noch durch die Fadenspannung zwischen der aufgesteckten Spule und den Klemmpunkt, da diese in-

folge der aus Abb. 109 ersichtlichen Umwicklung des Oberzylinders das Bestreben hat, diesen zurückzuziehen.

Die mit dieser Einrichtung ausgestattete Zwirnmaschine ist in Abb. 111 ebenfalls in einer Konstruktion der Firma Carl Hamel, Chemnitz, dargestellt.

Werden Zwirne aus mehr als zwei Einzelfäden hergestellt, wobei es, wie oben ausgeführt wurde, zweckmäßig ist, jeden dieser Einzelfäden durch einen Fadenwächter zu kontrollieren, so kompliziert sich die Maschine durch die gleichzeitig damit benötigte Spindelabstellvorrichtung.

In Abb. 112 ist eine derartige doppelte Ausrückvorrichtung wiedergegeben, die mit dem oben bereits erwähnten Spannrollensystem für die Spindelabstellung arbeitet.

Diese Anordnung entstammt ebenfalls einer von der Firma Carl Hamel gebauten Zwirnmaschine. Es werden an dieser Maschine sowohl vor dem Klemm-

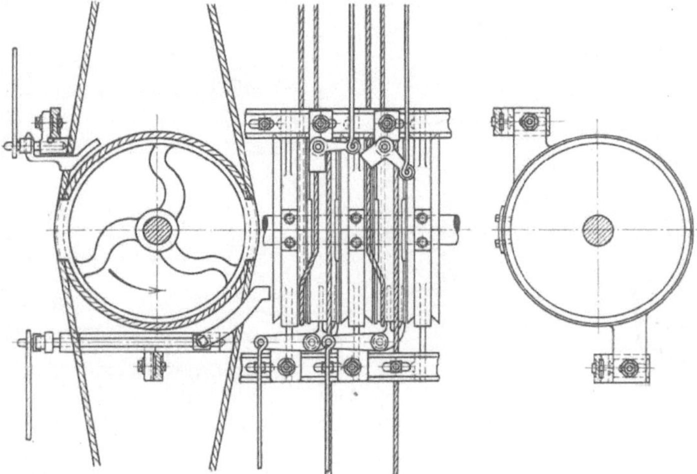

Abb. 113. Ausrückvorrichtung der Spindeldrehung bei Fadenbruch.

punkt Einzelfäden als nach dem Klemmpunkt der Gesamtfaden überwacht. Die beiden Fadenführerdrähte a und b bewirken beim Herunterfallen mittels der Zapfen a_1 und b_1, die auf der gleichen Welle sitzen, ein Zurückziehen und Stillsetzen des Oberzylinders und durch Verschieben der Zugstange p ein Sinken der Spannrolle v und damit Abstellung des Spindelantriebes.

Besonders zur Verarbeitung sehr grober Garne hat man in der Ringzwirnerei auch die in der Flügelzwirnerei entwickelte — oben bereits kurz angeführte — Spindelabstellvorrichtung übernommen, bei der die Spindelschnuren bei Fadenbruch seitlich auf der Trommel auf ein feststehendes Blech verschoben werden. Diese Schnurführung auf der Trommel ist in Abb. 113 in einer Weise, wie sie Prince Smith verwenden, dargestellt.

Eine besondere Stellung nimmt innerhalb der Ringzwirnmaschinen ebenso wie in der Ringspinnerei die von der Perfekt-Spindel A.G. entwickelte, in Abb. 114 wiedergegebene Maschine ein.

Das Prinzip der Maschine ist anläßlich der Darlegung der Ringspinnerei bereits erörtert. Die Bedeutung der Maschine liegt in der Zwirnerei nicht in der Vergleichmäßigung der Fadenspannung durch die stillstehende Ringbank, da beim Zwirnen diese Schwankungen die Produktion nicht beeinträchtigen. Die Vorteile der Perfektmaschine beruhen hier lediglich in der Vergleichmäßigung der Drehungen. Denn die durch das Ringspinnprinzip und den Spindelantrieb bedingte Ungleichmäßigkeit der Drehungen tritt beim Zwirnen ebenso in Erscheinung wie beim Spinnen. Während sie beim einfarbigen Zwirn in Grenzen liegt, die im allgemeinen nicht als störend empfunden werden, kommt bei hartgedrehten Zwirnen, wenn sie aus verschiedenfarbigen Einzelfäden bestehen, die Unregelmäßigkeit, die schon theoretisch nicht zu vermeiden ist, so stark zum Vorschein, daß sie in empfindlichen Waren ein unruhiges, wenn nicht gar streifiges Bild verursacht. Der starre Spindelantrieb und die feststehende Ringbank bewirken, daß die Perfektmaschine der gewöhnlichen Ringzwirnmaschine für die Herstellung derartiger Moulinégarne vorzuziehen ist, vorausgesetzt, daß sie sich im Dauerbetrieb bewährt.

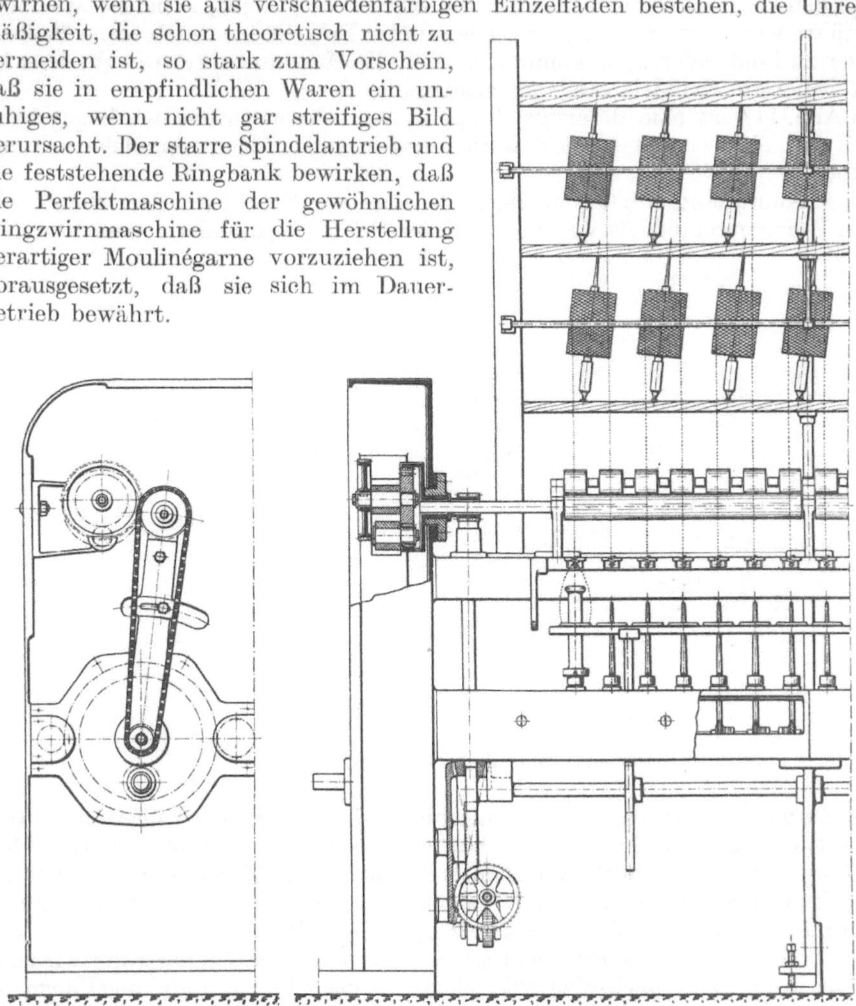

Abb. 114. Schema der Perfekt-Zwirnmaschine.

Wegen ihrer konstruktiven Besonderheit ist noch eine Maschine anzuführen, die ebenfalls nach dem Ringzwirnsystem arbeitet, jedoch auf den Klemmpunkt, der die Liefergeschwindigkeit bestimmt, vollkommen verzichtet. Diese Maschine hat nur die Oberzylinder beibehalten und diese senkrecht gestellt. Abb. 115 veranschaulicht die Arbeitsweise dieses Typs an einer von Hall & Stells gebauten Maschine.

Der Faden ist nur hier mit Hilfe der Umschlingung des vertikalen Zylinders geführt. Die Abstellung der Lieferung bei Fadenbruch wird dadurch bewirkt, daß der durch Kegelräder getriebene Zylinder, sobald die Fadenführeröse bei Wegfall der Spannung hochklappt, außer Eingriff mit diesem Antrieb kommt.

Die Maschine hat aber nur eine sehr beschränkte Verbreitung gefunden, da der Antrieb der stehenden Zylinder ziemlich umständlich ist.

b) Flügelzwirnerei.

Während beim Ringzwirnen die Spindelgeschwindigkeit gegenüber dem Spinnen infolge der größeren Widerstandsfähigkeit des Fadens noch erheblich gesteigert werden konnte, besteht beim Flügelzwirnen die gleiche Begrenzung der Geschwindigkeit wie beim Spinnen, da es hier die Spindelkonstruktion ist, die nur eine beschränkte Drehzahl zuläßt. Diese Grenze liegt an der Zwirnmaschine in den meisten Fällen sogar noch tiefer als an der Spinnmaschine, da die aufzuwindenden Garnkörper im allgemeinen schwerer sind und die Spindeloberteile sowie die Flügeldurchmesser entsprechend größer sein müssen.

Die Leistung der Flügelzwirnmaschine kann demnach hinsichtlich der in der Zeiteinheit zu liefernden Meterzahl bei weitem nicht die der Ringzwirnmaschine

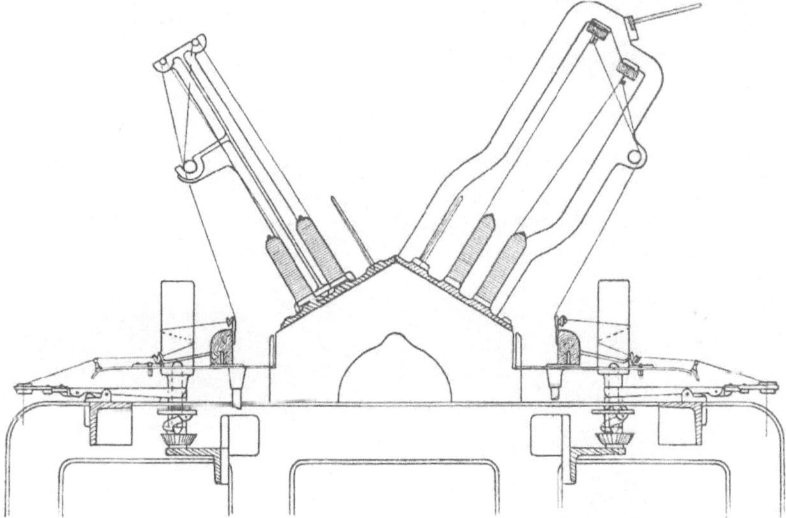

Abb. 115. Zwirnmaschine mit stehenden Zylindern.

erreichen. Sie kann erst dort konkurrenzfähig werden, wo die Zwirndrehung so niedrig ist, daß die Lieferung nicht mehr durch die Spindeldrehzahl, sondern durch die übrigen Arbeitsorgane, vor allem den Aufwindeorganismus begrenzt wird. Ebenso ist die Flügelzwirnmaschine dort überlegen, wo große Gewichte je Längeneinheit in Frage kommen, also in ganz groben Garnnummern und bei Zwirnen aus möglichst viel Einzelfäden. Abgesehen davon, daß in diesen Fällen die Drehung allgemein niedrig ist, hat die Maschine hier einen günstigeren Wirkungsgrad als die Ringzwirnmaschine, da dort durch die Begrenzung des Verhältnisses zwischen kleinstem und größtem Windungsdurchmesser keine so große Fadenlänge aufgewunden werden kann wie auf der Flügelzwirnmaschine, an der die Flügel mit beliebigem Durchmesser ausgestattet werden können. Diese Möglichkeit, sehr große Garnkörper herzustellen, hat qualitativ den Vorteil im Gefolge, daß das Garn bei der Weiterverarbeitung nur selten geknotet werden muß, ein Vorteil, der vor allem in der Strickwarenindustrie Bedeutung hat.

Außerdem ist die qualitative Überlegenheit des mit Flügel gezwirnten Garnes gegenüber dem mit Ring gezwirnten die gleiche wie in der Spinnerei. Der Zwirn wird etwas glatter und dadurch perliger, als wenn er mit Hilfe des Ringläufers hergestellt wird.

Andererseits scheidet die Verwendungsmöglichkeit der Flügelzwirnmaschinen dort vollkommen aus, wo ein Versand des Zwirnes auf Hülsen in Frage kommt, also beinahe in der gesamten Webgarnindustrie, da der Aufwindungsmechanismus der Flügelzwirnmaschine nur eine zylindrische Aufwindung gestattet und damit die Verwendung von zweischeibigen Holzspulen verlangt, die für den Versand infolge ihres Gewichtes nicht in Frage kommen.

Diese Vorzüge und Nachteile bewirkten, daß die Maschine sich in den gleichen Industriezweigen entwickelte wie auch die Flügelspinnmaschine, im wesentlichen also in der Strickgarnspinnerei, wo grobe Zwirne mit wenig Drehungen

Abb. 116. Flügelzwirnmaschine.

und meist aus vielen — etwa 3 bis 6 — Einzelfäden hergestellt werden, von denen ein offenes, quilliges Aussehen verlangt wird.

Die Forderungen, die an die Flügelzwirnmaschine hinsichtlich Sicherung gegen die Bildung von Zwirnen mit falscher Zahl der Einzelfäden gestellt werden müssen, sind die gleichen wie an der Ringzwirnmaschine. Es muß also sowohl die Lieferung als auch die Spindelbewegung bei Bruch eines Einzelfadens oder des Gesamtzwirnes unterbrochen werden. An der Mehrzahl der Fabrikate sind diese Abstellvorrichtungen ebenso wie an den schwersten Modellen der Ringzwirnmaschinen durchgebildet, d. h. daß die Spindelbewegung durch Verschiebung der Spindelschnur von der rotierenden Trommel auf ein stillstehendes Zwischenstück unterbrochen wird. In Abb. 116 ist eine derartig durchgebildete Maschine der Firma Hall & Stells wiedergegeben, die für Verzwirnung von Flügelgespinst eingerichtet ist.

Die Fadenstrecke zwischen Spule und Lieferzylinder wird meist so groß wie möglich gewählt, damit bei Ablauf einer Spule oder auch bei Fadenbruch die Ausrückung der Lieferung so früh erfolgen kann, daß das ablaufende oder gerissene

Fadenende noch so weit vom Lieferzylinder entfernt ist, daß es leicht gefunden und bequem wieder angeknotet werden kann.

Während beim Ablauf von Scheibenspulen eine gleichmäßige und genügende Spannung der Einzelfäden durch das Gewicht der zu ziehenden Holzspule erreicht wird, muß beim Abziehen des Garnes über die Spitze der Hülse eine besondere Bremsung der Fäden vorgesehen werden. Dieses Abziehen erfolgt so leicht, daß ohne Bremsung sogar die Abstellvorrichtungen, die mit Spannungsfühlern arbeiten, in Tätigkeit treten können, oder aber ein ungleichmäßiger Zwirn entsteht, in dem ein loser Einzelfaden sich spiralig um die übrigen, straff liegenden Fäden legt. Die Bremsung wird meist durch Führung der Fäden über eine mit Filz bespannte Leiste bewirkt. Sie ist auch in der Ringzwirnerei, falls dort ohne Doublierung gearbeitet wird, notwendig, hat aber bei Verarbeitung grober Nummern und bei Vereinigung einer größeren Zahl von Einzelfäden — also besonders in der Flügelzwirnerei — erhöhte Bedeutung.

Eine gute Bremsung ist an der Flügelzwirnmaschine ebenso für die auf der Spindel steckende Spule vorzusehen. Der Zwirn kann infolge seiner größeren Reißfestigkeit straffer aufgewunden werden als der einfache Faden auf der

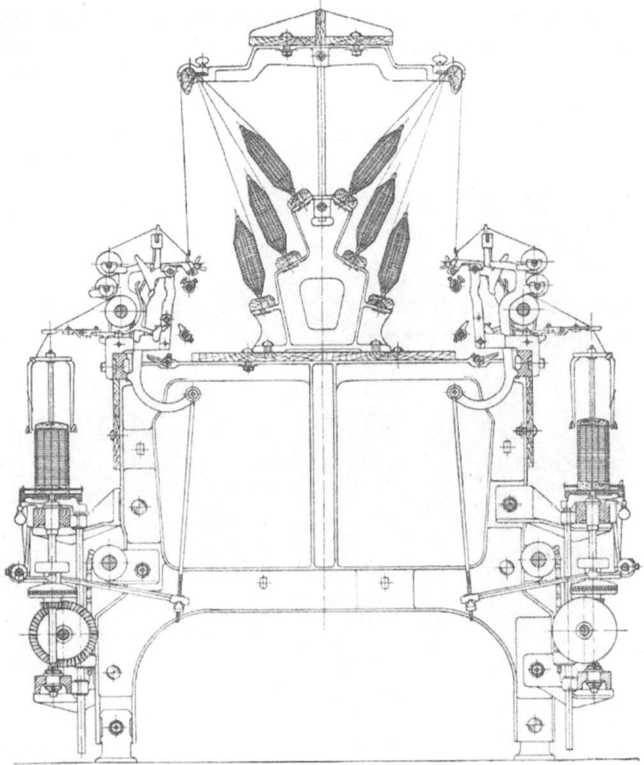

Abb. 117. Flügelzwirnmaschine mit starrem Spindelantrieb.

Flügelspinnmaschine, und diese Möglichkeit muß ausgenutzt werden, um eine große Fadenlänge auf jede Spule aufwinden zu können. Es genügt deshalb nicht die in der Flügelspinnerei übliche Filzscheibenunterlage als Bremsung der Spulen, sondern man läßt am unteren Spulenrand eine durch ein Gewicht belastete Schnur anliegen. Die Bremswirkung ist regulierbar durch Veränderung der Bogenlänge, in der die Schnur anliegt. Bei den schwersten Modellen von Flügelzwirnmaschinen genügt auch diese Bremsung nicht, sie wird dann mittels Federdruck bewirkt.

An schweren Modellen wird verschiedentlich auch der übliche Spindelantrieb mittels Schnur oder Band verlassen und der starre Antrieb gewählt, wie er am Fleyer entwickelt wurde. In Abb. 117 ist eine solche Konstruktion der Sächsischen Textil-Maschinen-Fabrik im Schnitt gezeigt.

Die selbsttätige Ausrückvorrichtung der Spindel muß in diesem Falle durch Öffnung einer Kuppel zwischen Antriebsrad und dem eigentlichen Spindelschaft ausgelöst werden.

Im Gegensatz zur Ringzwirnerei ist an der Flügelzwirnmaschine — wie auch in der Flügelspinnerei — lange Zeit auf eine Wechselmöglichkeit der Spindelgeschwindigkeit verzichtet worden, da die Begrenzung der Spindeldrehzahl durch die Flügelkonstruktion gegeben war. Erst als durch das Vorhandensein brauchbarer Kettentriebe eine bequeme Wechselmöglichkeit gegeben war, ging man auch dazu über, die Spindeldrehzahl variabel zu machen und die Anpassungsfähigkeit der Maschine an die verschiedenen Erfordernisse zu erhöhen.

c) Glockenzwirnerei.

Spinntechnisch bot die Verwendung einer Glocke statt eines Ringes eine Reihe von Vorteilen infolge der verringerten Fadenbeanspruchung. Beim Zwirnen treten jedoch, wie bereits erörtert wurde, die störenden Einflüsse des Ringläufers so zurück, daß die Benützung von Glocken nur in ganz speziellen Fällen vorteilhaft erscheint.

Die Glockenzwirnmaschine ist vor allem in England ziemlich verbreitet und wird von allen größeren englischen Spinnereimaschinenfabriken hergestellt. Abb. 118 bringt das neueste Modell von Hall & Stells.

Die Maschine ist mit stehenden Lieferzylindern ausgerüstet, die mit Kegelrädern betrieben und bei Bruch des Gesamtfadens ausgerückt werden. Der Antrieb der Spulen erfolgt mit Band, im übrigen lehnt sich die Bauart der Maschine an die der Glockenspinnmaschine an. Mit Vorrichtungen zur Erleichterung des Spulenwechsels ist sie jedoch nicht ausgerüstet.

Abb. 118. Glockenzwirnmaschine.

d) Effektzwirnerei.

Während im allgemeinen bei der Bildung von Zwirnen Wert darauf gelegt wird, daß Einzelfäden von gleicher Stärke unter gleichmäßiger Spannung zusammengedreht werden und auf diese Weise eine gleichförmige Drehungsspirale und ein zylindrisches Fadengebilde entsteht, wird in Einzelfällen diese Forderung variiert.

Schon die Herstellung von Moulinégarnen, d. h. Zwirnen aus verschiedenfarbigen Einzelfäden, hat eine gewisse Betonung der Drehungsspirale, einen gewissen farbigen Effekt zur Folge.

Verzwirnt man einen Moulinéfaden mit einem andersfarbigen Einzelfaden, so erhöht man diesen Effekt, es entsteht ein sogenannter Perlzwirn.

Wählt man zur Bildung eines Moulinézwirnes Einzelfäden von verschiedenartiger Feinheit, ergeben sich weitere Variierungsmöglichkeiten. Man faßt diese Garne unter der Bezeichnung Viktoriamouliné zusammen.

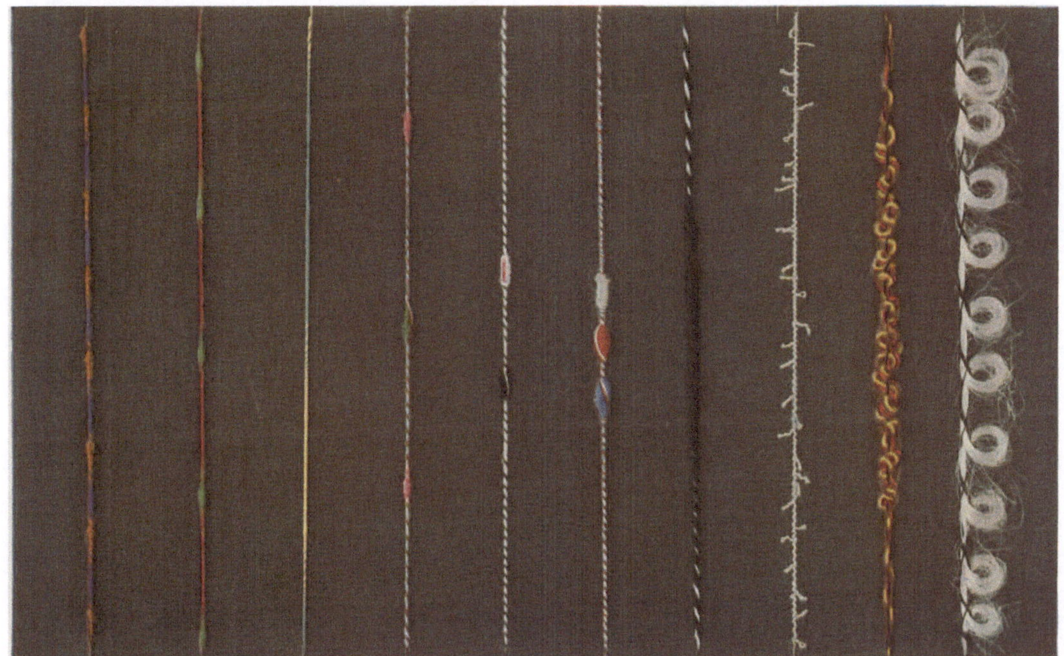

Abb. 119.

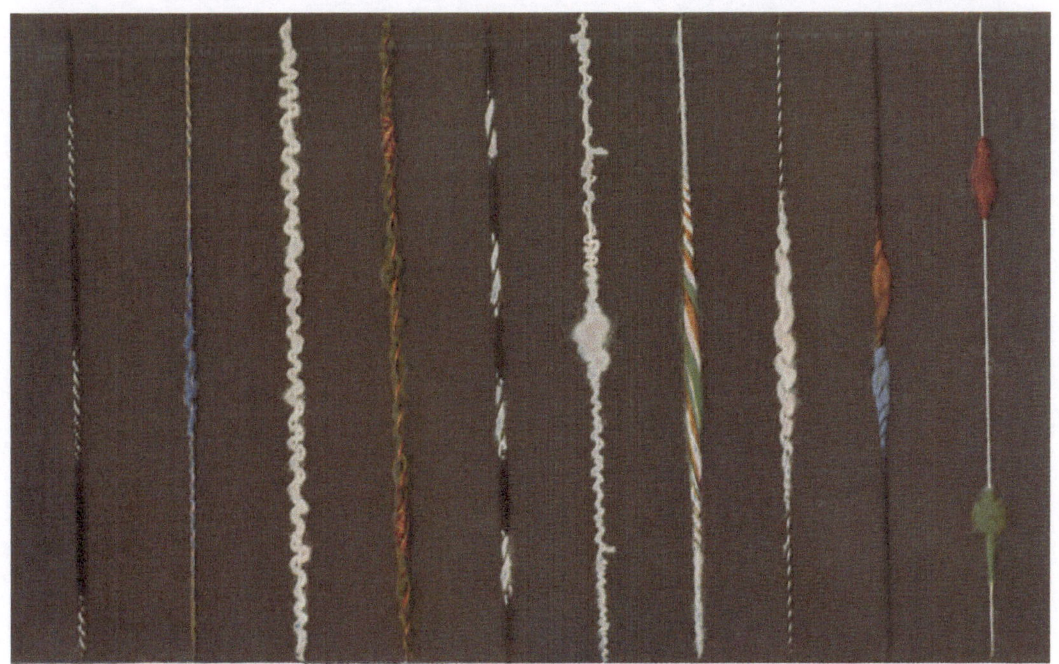

Abb. 120.

Abb. 119 und 120. Effekt- oder Phantasiezwirne.

Herzog, Technologie VIII/2 B: Fritzsch.   Verlag von Julius Springer in Berlin.

Verwendet man weiterhin auch verschiedenartige Drehung und entgegengesetzte Drehrichtung der Einzelfäden, so erhöhen sich die Möglichkeiten zur Herstellung von Musterungen ganz außerordentlich. Wenn die Drehungsunterschiede markant sind, wird der scharf gedrehte Faden, vor allem, wenn er in der Drehrichtung gesponnen ist, in der er auch verzwirnt wird, unter wesentlich höherer Spannung im Zwirn liegen als der lose und mit einer der Zwirndrehung entgegengesetzten Spinndrehung hergestellte Faden. Das hat zur Folge, daß sich der lose Einzelfaden spiralförmig um den scharfgedrehten Faden windet, so daß der zylindrische Charakter des Zwirnes verlorengeht und ein Spiralzwirn entsteht.

Alle diese Garne können mit gewöhnlichen Zwirnmaschinen hergestellt werden. Als Einschränkung ist nur zu nennen, daß Flügelzwirnmaschinen, wenn die Flügel durch Gewinde auf den Flügeln befestigt sind, keine entgegengesetzte Drehrichtung erlauben, da der Fadenzug in diesem Falle die Flügelbefestigung aufdrehen würde. Dagegen sind die heutigen Ringzwirnmaschinen im allgemeinen so gebaut, daß zur Umkehr der Spindeldrehrichtung nur die Einschaltung eines Zwischenrades erforderlich ist und alle Schnurtriebe zwischen Trommel und Spindeln unverändert bleiben können. Die Herstellung derartiger komplizierter Zwirne wird deshalb auch fast ausnahmslos auf Ringzwirnmaschinen vorgenommen.

Abb. 121. Effektzwirnmaschine.

Die sämtlichen, bisher angeführten Effekte haben als gemeinsames Kennzeichen, daß sie aus Einzelfäden von gleicher Länge bestehen, und die im Zwirn enthaltenen Einzelfäden in sich homogene Fadengebilde darstellen. Von Effektzwirnen im engeren Sinne spricht man jedoch erst, wenn mindestens eines von diesen beiden Merkmalen nicht erfüllt ist. Es gibt dementsprechend im wesentlichen drei Gruppen von Effektzwirnen: erstens Zwirne, die aus verschieden langen Einzelfäden bestehen, zweitens Zwirne, in denen eine Komponente nicht gleichmäßig fortlaufend enthalten ist, und drittens Zwirne, die die Eigenschaften dieser beiden Effektgarne vereinen. Eine Anzahl von Effekten, die nach diesen drei Gesichtspunkten hergestellt werden können, sind in Abb. 119 und 120 veranschaulicht.

Keine der bisher beschriebenen Zwirnmaschinen kann derartige Effekte hervorbringen. Bereits zur Erzielung des einfachsten Effektes, in dem ein Faden lose um einen straff liegenden Faden gewunden wird, also der Zwirn aus Einzelfäden von unterschiedlicher Länge besteht, ist das Vorhandensein zweier, voneinander unabhängiger Lieferzylinder nötig. Der von dem schneller laufenden

Lieferzylinder kommende Faden legt sich in diesem Falle lose um den langsam gelieferten. Soll die Umschlingung des straffen Fadens ungleichförmig erfolgen, so muß sich vor der Vereinigung beider Fäden ein auf- und niedergehender Fadenführer — ähnlich dem Gegenwinder am Selfaktor — befinden, der periodisch den losen Faden strafft und wieder lockert.

Für viele Effekte wird nicht nur ein zweifaches, sondern sogar ein dreifaches Lieferwerk benötigt, und eine ganze Reihe von Fadenführungsorganen muß die Form der einzelnen Effekte hervorbringen. Bei der Mehrzahl dieser Effekte muß auch der Antrieb der Lieferzylinder unregelmäßig erfolgen, wenn nicht sogar ein Lieferzylinder mittels Exzentern schwingend angeordnet ist.

Abb. 122. Effektzwirnmaschine.

Im einzelnen bezeichnet man die wichtigsten Effektgarne als Spiral-, Schlingen-, Flammen-, Noppen-, Kräusel- und Knotenzwirne. Zu ihrer Herstellung bedient man sich des Ringzwirnsystems und bildet die Lieferwerke und Fadenführer so universell wie nur möglich aus, um sich den wechselnden Moderichtungen anpassen zu können. In Abb. 121 ist eine von Carl Hamel, in Abb. 122 eine von Schlafhorst gebaute Effektzwirnmaschine gezeigt.

4. Entwicklungsgesichtspunkte.

Von der modernen Glocken- und Flügelzwirnmaschine ist zu sagen, daß sie etwa den augenblicklich mit diesen Zwirnverfahren zu erreichenden Vollkommenheitsgrad erlangt haben dürften und deshalb ihr Verwendungsbereich in absehbarer Zeit kaum wesentlich erweitern werden.

Anders liegt die Frage in der Ringzwirnerei. Wenn auch die Ringzwirnmaschine in ihrer heutigen Ausführungsform einen gewissen Entwicklungsabschluß darstellt, so ist doch die Frage des Spindelantriebes und der Drehungsvergleichmäßigung durch die Entwicklung der Perfektspindel erneut in Fluß gekommen. Es ist also damit zu rechnen, daß das einmal aufgerollte Problem weiter im Vordergrund des Interesses stehen und Umgestaltungen zur Folge haben wird.

Auf der anderen Seite sind in letzter Zeit erneut alte Versuche aufgegriffen worden, zum Zwirnen weder Ring, noch Flügel oder Glocke zu verwenden, sondern dem Faden die Drehung durch schnelle Rotation der auf eine Spindel aufgesteckten Doublierspule zu erteilen. Eine nach diesem Prinzip arbeitende Zwirnmaschine ist von der Firma Irmscher & Witte, Dresden, auf den Markt gebracht worden. Ob allerdings diese Zwirnmethode sich wirtschaftlich und qualitativ so befriedigend ausbauen läßt, daß sie als Konkurrenz der Ringzwirnerei in Erscheinung treten wird, läßt sich heute noch nicht übersehen.

V. Weiferei.

Aufgabe der Weiferei ist es, auf Hülsen oder Holzspulen aufgewundene Garne in Strangform zu überführen. Erforderlich ist dieser Arbeitsvorgang für Webgarne nur dann, wenn sie im Strang gefärbt werden, oder wenn sie so weit transportiert werden sollen, daß die Ersparnis der Hülsenfracht die Arbeitsvorgänge des Weifens und späteren Aufspulens als zweckmäßig erscheinen läßt.

Strickgarne werden unter allen Umständen nach dem Zwirnen geweift, gleichgültig, ob sie bereits gefärbt sind oder nicht, da eine direkte Weiterverarbeitung von den Zwirnhülsen nicht möglich ist, auch wenn es sich nicht um Holzspulen der Flügelzwirne handelt. Bei der Überführung in Strangform ist in den meisten Fällen gleichzeitig eine Unterteilung des Garnes in bestimmte Längenmaße vorzunehmen.

Die Art der Durchführung des Weifens ist zunächst davon abhängig, in welcher Aufwindungsform die Garne der Weife vorgelegt werden. Handelt es sich um Garne, die in konischen Windungsschichten liegen oder auch um Kreuzspulen, so ist ein Abziehen über die Hülsenspitze möglich und — wie auch in der Doublierung — eine große Ablaufgeschwindigkeit. Man verwendet Fadengeschwindigkeiten bis zu 150 m je Minute. Sind dagegen Garne von Scheibenspulen abzu-

Abb. 123. Einfache Weife.

arbeiten, ist ein derartiges Abziehen in der Verlängerung der Spulenachse in den meisten Fällen nicht möglich, sondern das Garn muß in tangentialer Richtung ablaufen, die Spule muß sich also beim Abziehen drehen. Die Ablaufgeschwindigkeit muß daher geringer sein. Um sie trotz des vom Faden nachzuschleppenden Spulengewichtes so hoch wie möglich zu steigern, muß ein außerordentlich leichter Spulenlauf angestrebt werden. Man verringert deshalb die Reibung, indem man den Stift, auf den man die hölzerne Spule steckt, ebenfalls drehbar macht und mit günstigen Reibungsverhältnissen lagert. Andererseits ist man dadurch genötigt, Bremsvorrichtungen anzubringen, die beim Anhalten der Maschine ein Weiterlaufen der Spulen und ein Verwirren der Fäden verhindern.

Den Abzug des Fadens von der Spule bewirkt man in allen Fällen durch die Rotation der eigentlichen Weifkrone, an der die Fadenanfänge befestigt werden. Die übliche Ausführungsform dieses Haspels geht aus Abb. 123 hervor (Fabrikat Société Alsacienne). Die Forderung der Unterteilung des abgeweiften Garnes in bestimmte Längeneinheiten zwingt dazu, die Weifen nicht nur mit einem Zähler mit Fortschalteinrichtung, sondern auch mit selbsttätiger Abstellvorrichtung nach Aufwindung einer einstellbaren Garnlänge, sowie mit einer bei Fadenbruch in Tätigkeit tretenden Abstellvorrichtung auszurüsten.

Sobald eine von diesen Vorrichtungen fehlt, ist keine Gewähr für eine bestimmte Fadenlänge in den abgeweiften Strängen zu übernehmen. Die Unter-

teilung der abzuweifenden Stränge in einzelne Gebinde von bestimmter Fadenlänge wird meist in der Weise gelöst, wie es auf Abb. 124 ersichtlich ist.

Vor der Weifkrone liegt eine Stange, an der sich die Fadenführer für sämtliche Fäden befinden. Diese Stange ist durch ein über eine Rolle laufendes Gewicht nach einer Seite gezogen, liegt jedoch an einer — meist fünfteiligen — Kulisse an. Die Kulisse wird durch ein Zählwerk nach einer einstellbaren Um-
drehungszahl der Weifkrone stets soweit angehoben, daß die Fadenführerstange
in die nächste Aussparung weiterrücken kann. Nachdem die Stange in der letzten Rast gelegen hat, bewirkt die weitere Verschiebung das Ausrücken der
Maschine.

Auf die Zwischenunterteilung der einzelnen Stränge wird unter Umständen
verzichtet, wenn die Stränge gefärbt werden sollen. In diesem Fall zieht man eine
kreuzweise Lage der Fäden vor, damit die Farbflotte sie gleichmäßiger durchdringen und der Neigung zum Verfilzen der Fäden, der bei Parallellage Vorschub
geleistet wird, möglichst vorgebeugt werden kann.

Die Kreuzwindung erreicht man in einfacher Weise dadurch, daß man die
Fadenführerstange am Ende mit einer Schlitzführung versieht, in die ein Bolzen
einer rotierenden Scheibe eingreift.

Abb. 124. Fortschalteinrichtung.

Die Abstellung der Weife, sowohl bei
Fadenbruch, als auch bei Erreichung einer
bestimmten Fadenlänge, wird dadurch erleichtert, daß die eigentliche Weifkrone nur
mittels Friktion angetrieben ist. Die Abstellung bei Fadenbruch, die vermeiden soll,
daß ein Strang zu wenig Fadenlänge erhält,
wird wie in der Doublierung ausgelöst durch
einen Spannungsfühler, der bei Wegfall
der Fadenspannung gegen eine rotierende
Flügelwelle schlägt und diese anhält. Da der
Antrieb der Flügelwelle jedoch bestehen
bleibt, wird durch das Anhalten eine durch
Federdruck zusammengepreßte Verzahnungskupplung gelöst. Durch das Verschieben der Kupplungshälfte wird gleichzeitig eine Rast verschoben, auf der
die Friktionsantriebsscheibe, die die Weifkrone treibt, gelagert ist. Durch die
Beseitigung der Rast kippt die Welle, auf der die Antriebsscheibe sitzt, so weit
nach unten, daß der Friktionsantrieb unterbrochen ist.

Da aber die Weifkrone eine große Schwungmasse darstellt, die bis zu 100 Umdrehungen je Minute läuft, würde eine einfache Abstellung des Antriebes den
gewollten Effekt nicht erfüllen. Die Krone würde noch eine große Anzahl Umdrehungen ausführen, und die Stränge würden nicht die gleichmäßige, vom Zählwerk vorgeschriebene Fadenlänge erhalten. Die Krone muß deshalb im Moment
der Lösung des Friktionsantriebes gut gebremst werden. An den meisten Weifen
ist das in sehr einfacher Weise dadurch erreicht, daß eine Metallbandbremse
um die angetriebene Scheibe der Weifkrone herumgelegt und in der Lagerung
der Antriebsscheibe derart befestigt ist, daß im Augenblick der Lösung des
Friktionstriebes ihre Bremswirkung in Kraft tritt.

Die Abstellung der Weife nach Ablauf der im Zählwerk eingestellten Umdrehungen wird dadurch ausgelöst, daß durch einen Anschlag im Zähler die
Rast, auf der sich das Lager der Antriebsscheibe befindet, verschoben und so
die Friktion in der gleichen Weise gelöst wird wie bei Fadenbruch. In Abb. 125
ist eine mit einer in dieser Weise arbeitenden Abstellvorrichtung ausgerüstete
Weife der Sächsischen Textil-Maschinen-Fabrik im Schnitt veranschaulicht.

Die Drehzahl der Weifkrone ist an den meisten Weifen durch Zwischen-
schaltung eines auf zwei Kegeln laufenden Riemens — ähnlich dem Fleyer-
antrieb — sehr leicht regelbar. Ihre Steigerung bis an die jeweilige Grenze der
zulässigen Fadenbeanspruchung bringt jedoch nur selten Vorteile, da die manuell
auf der Weife auszuführenden Arbeitsvorgänge in den meisten Fällen — beson-

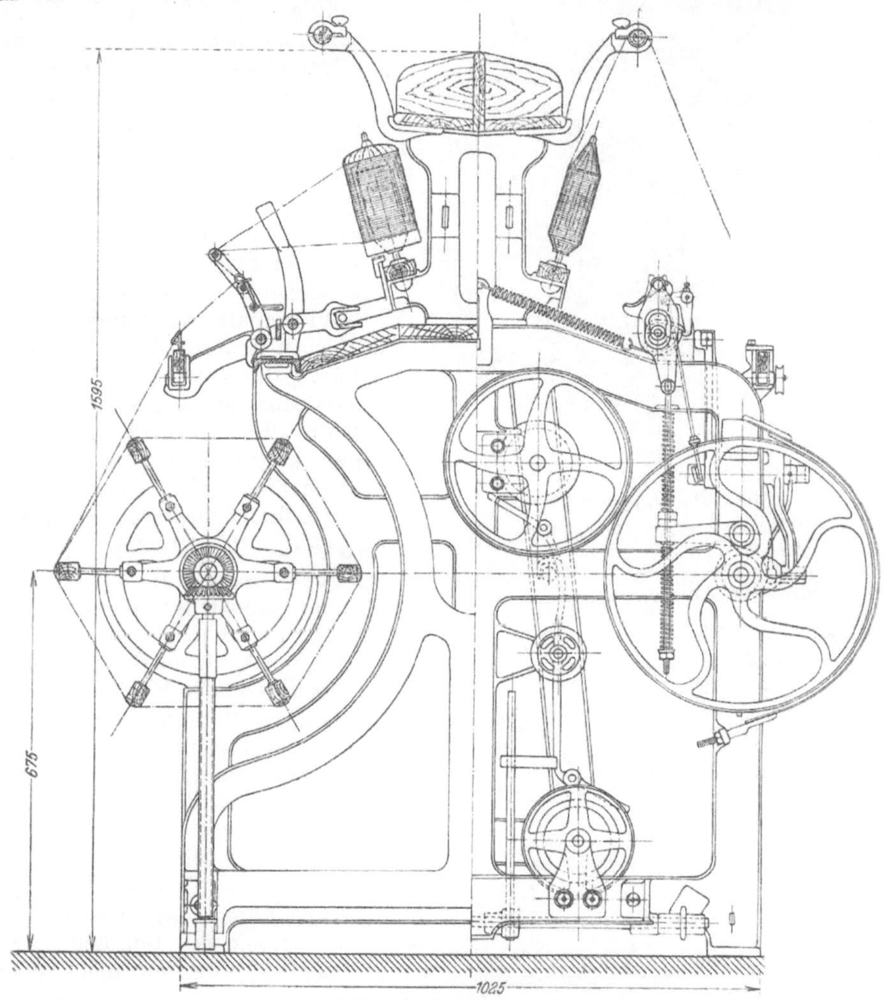

Abb. 125. Doppelweife.

ders natürlich bei sehr groben Garnnummern und bei Aufmachung der Garne
für den Kleinverkauf — einen wesentlich größeren Zeitaufwand benötigen als
die eigentliche Laufzeit der Weife. Von größerem Einfluß auf die Produktions-
höhe ist daher die Fadenlänge, die auf den einzelnen Strang entfällt. Beim Weifen von Handstrickgarnen ist man im allgemeinen an das 50-g-Gewicht der
Stränge gebunden, in Einzelfällen an noch kleinere Einheiten. Bei Maschinen-
strickgarn und Webgarn überwiegt jedoch als Aufmachung 500 m und bei feineren
Garnnummern 1000 m Fadenlänge des einzelnen Stranges.

Die Spindelzahl der Weife steht ebenfalls in Abhängigkeit von den manuell
auszuführenden Arbeiten. Bei groben Garnnummern, die viel Nachstecken und

Anknoten von neuen Kopsen oder Spulen und damit viel Maschinenstillstand erfordern, ist es vorteilhaft, die Spindelzahl niedriger zu wählen als bei Verarbeitung von Kopsen mit großer Laufzeit. Die zweckmäßigste Spindelzahl der Weife schwankt deshalb, und zwar im allgemeinen zwischen 30 und 50.

Der Umfang der Weifkrone muß leicht und exakt verstellbar sein. Vor allem bei Handstrickgarnen variieren die Forderungen an den Weifumfang sehr stark. Bei Webgarnen war — vom englischen Maßsystem ausgehend — 1,43 m lange Zeit hindurch allgemein üblich, wird aber in neuerer Zeit auch sehr häufig durchbrochen. Von 1 m Weifumfang bis 1,80 m werden heute die verschiedensten Längen angewendet. Aus Raumersparnisgründen ist es häufig vorteilhaft, die Weife als Doppelweife auszubilden, in der Weise wie es aus Abb. 126 an einer Konstruktion von Carl Hamel ersichtlich ist.

Zum Abziehen des geweiften Garnes von den Kronen müssen diese zusammengeklappt werden, so daß die Stränge leicht zusammengeschoben und am Ende mittels eines sogenannten Ausdrehrades abgenommen werden können.

Die nach dem Weifen noch erfolgenden Arbeitsvorgänge des Dockens, Bündelns und Packens betreffen mehr oder weniger nur Aufmachungsfragen, so daß sich eine Erörterung hier erübrigt.

Eine Sonderstellung innerhalb der Weiferei nehmen die Dochtgarn- und Zwirnweifen ein. Im einen Fall soll der Vorgang des Spinnens gleichzeitig mit dem Weifen vorgenommen werden, im andern der

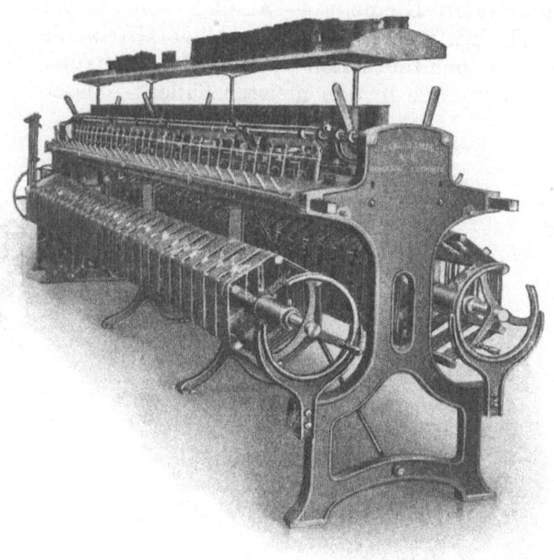

Abb. 126. Doppelweife.

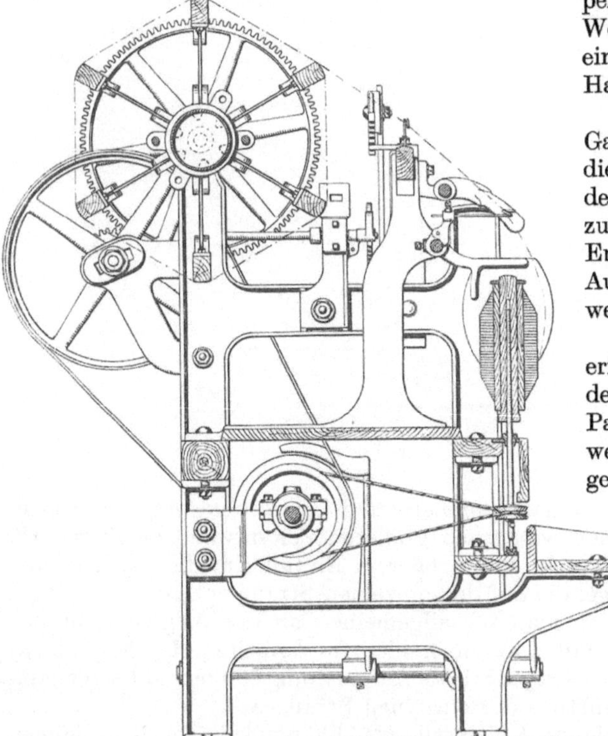

Abb. 127. Dochtgarnweife.

des Zwirnens. — Abb. 127 (Fabrikat Sächsische Textil-Maschinen-Fabrik) gibt im Schnitt das Prinzip einer Dochtgarnweife wieder.

Die Drehung wird dem Garn dadurch erteilt, daß statt des einfachen Aufsteckstiftes eine durch Trommel und Schnur angetriebene Spindel verwandt wird. Aus der Wiedergabe geht bereits hervor, daß nur die gröbsten Garnnummern auf diese Weise „gesponnen“ werden können, da kein Verzug erfolgt und somit das Vorgarn bereits die endgültige Garnfeinheit besitzen muß. Da die Spindel nur primitiv gelagert ist und die schwere Vorgarnspule tragen muß, kann die Drehzahl in den meisten Fällen nicht viel über 1000 Umdrehungen je Minute gesteigert werden, woraus folgt, daß nur ganz lose gedrehte Garne auf diese Weise hergestellt werden können. Die Weife kommt daher, wie ihr Name bereits sagt, nur zur Erzeugung von Dochtgarnen in Frage.

Wie die Spinndrehung kann nach diesem Prinzip ebenso die Zwirndrehung erteilt werden. Es ist dann lediglich die Spindel derartig abzuändern, daß sie einen Teller mit mehreren Aufsteckstiften erhält. Das Verwendungsbereich dieser Zwirnweife ist ebenso beschränkt wie das der Dochtgarnweife.

Die Antriebsfrage.

Während die Entwicklung des Spinnmaschinenbaues lange Jahre nahezu still stand und erst in allerletzter Zeit Ansätze neuer Bewegung zeigt, hat die Entwicklung des Antriebs dieser Maschinen in den letzten Jahren bereits eine sprunghafte Entwicklung durchlaufen, die heute zwar noch nicht abgeschlossen ist, aber die erste Stufe eines vorläufigen Endstadiums erreicht hat. Den Anlaß zu dieser Umwälzung gab die Entwicklung der Elektrotechnik in den letzten Jahrzehnten. Die Antriebsfrage ist heute demnach in gewissem Sinne eine Angelegenheit der Elektrotechnik. Sie soll in diesem Zusammenhang aber nicht vom Standpunkt des Elektrotechnikers beleuchtet werden — das ist in vorbildlicher Weise erfolgt durch W. Stiel[1] —, sondern vom Standpunkt des Kämmers bzw. Spinners.

Es sollen deshalb die verschiedenen Antriebsmöglichkeiten, die zum Teil heute noch in gegenseitigem Wettbewerb stehen, im Anschluß an die einzelnen Produktionsstufen erörtert werden, zumal die Anforderungen, die in den einzelnen Abteilungen an den Antrieb gestellt werden müssen, außerordentlich unterschiedlich sind.

A. Kämmerei.

1. Die Wäsche.

Der Wäschereiantrieb war, solange er direkt von der zentralen Antriebsmaschine erfolgte, besonders schwierig, da auf die Gesamtmaschinenlänge von etwa 50 m sechs bis acht Antriebe benötigt werden für Wellen, die rechtwinklig zum Produktionsfluß laufen. In vielen Fällen hatte man deshalb eine Längstransmission beibehalten, die mittels Winkelrädern die einzelnen Querstränge antrieb. Eine Besserung im Wirkungsgrad der Kraftübertragung schaffte man später dadurch, daß man nur die Querstränge — möglichst weitgehend zusammengefaßt — beibehielt, für die Gesamtmaschine einen Gruppenantrieb vorsah und von diesem aus die einzelnen Stränge mittels Riemenübertragung betrieb. Diese Lösung ist die heute in den meisten Kämmereien gewählte. Ihr Nachteil ist lediglich, daß durch die große Anzahl Zwischentriebe mit Schlupfverlusten kleine

---

[1] Elektrobetrieb in der Textilindustrie. Leipzig: S. Hirzel 1929.

Abweichungen von der gewollten Geschwindigkeit eintreten, die sich aber in dem verhältnismäßig rohen Wäschereibetrieb unschwer ausgleichen lassen. Außerdem wurde durch den Riemenantrieb die Zugänglichkeit der Kufen und die Übersichtlichkeit etwas beeinträchtigt.

Diese Fehler lassen sich mit dem Mehrmotoreneinzelantrieb beseitigen, für den heute — an der Papiermaschine entwickelte — zuverlässige Steuerungen und automatische Abstellvorrichtungen bei Stillstand eines einzelnen Motors existieren. Die Wirtschaftlichkeit dieses Antriebs ist aber nicht so groß, daß der Umbau von vorhandenen, guten Gruppenantrieben geboten erscheint, und außerdem sind die Steuerungsorgane so kompliziert, daß sich dieser Mehrmotorenantrieb bis heute noch nicht dem Gruppenantrieb gegenüber durchgesetzt hat.

2. Das Krempeln.

Hier liegen die Verhältnisse ähnlich wie in der Wäsche. Der Gruppenantrieb hat die Möglichkeit gegeben, auch an dieser Stelle das starre Transmissionsnetz, das Stillstände, die an einem Punkt nötig wurden, auf den Gesamtbetrieb übertrug und obendrein in der Kraftübertragung wirtschaftlich sehr mangelhaft arbeitete, zu unterteilen und nur die zu einem System gehörigen Maschinen zusammenzufassen. Eine noch weitergehende, bis zum Einzelantrieb führende Unterteilung hat sich als unzweckmäßig erwiesen, da die Krempeln einen außerordentlich hohen Kraftverbrauch beim Anlauf besitzen. Im Gruppenantrieb kann diese hohe Belastung unberücksichtigt bleiben, da man nicht gleichzeitig die sämtlichen Krempeln eines Stranges anlaufen lassen muß. Der Einzelantriebsmotor aber müßte, für diese hohe Spitzenlast bemessen, daher sehr teuer werden und dann während der eigentlichen Arbeitszeit wegen zu schwacher Belastung unwirtschaftlich arbeiten. Außerdem kommt einer der Hauptvorteile des Einzelantriebes, Vermeidung von Transmissionsleerlauf und Unabhängigmachung jeder einzelnen Maschine, hier gar nicht zur Geltung, da die Krempeln eines Stranges, deren Band zusammengefaßt wird, stets gemeinsam laufen müssen und infolge ihres kontinuierlichen Arbeitens nur minimale Stillstandszeiten haben. Es ist also der Krempelantrieb eines der Gebiete, die dem Einzelantrieb vorerst verschlossen bleiben werden.

3. Das Strecken.

Die gleichen Gedankengänge führen hier zu anderen Resultaten. Der Wirkungsgrad der Maschinen ist gegenüber dem der Krempeln schlecht. Das Aufstecken, das Abziehen und Wickelbildungen verursachen Stillstände. Die Maschine enthält keine Schwungmassen, die einen hohen Anlaufkraftverbrauch bewirken würden. Weiterhin dürfen die Strecken nicht nach Transmissionsgesichtspunkten aufgestellt sein, sondern so, daß die fertigen Spulen der ersten Strecke direkt benachbart dem Aufsteckzeug der zweiten Strecke liegen.

Diese Gründe führten dazu, daß der Einzelantrieb sich an dieser Stelle durchsetzte in dem Augenblick, in dem die Elektrotechnik einen Motor brachte, der einen hohen Wirkungsgrad hatte, keine sich abnutzenden Teile besaß und so einfach war, daß er keine Wartung brauchte. Dieser Fall trat ein, als der Kurzschlußmotor für die hier erforderlichen Stärken gebaut werden konnte.

Als Verbindungsorgan zwischen Motor und Maschine wählte man, da es sich in den meisten Fällen um einen Anbau an vorhandene Maschinen handelte, meist ein elastisches Glied, entweder einen Riementrieb mit Wippe oder mit Spannrolle. Man nahm hiermit allerdings die Beschränkung in Kauf, durch die Begrenzung des Übersetzungsverhältnisses in der Tourenzahl des Motors nicht allzu hoch gehen zu können.

Es wird demzufolge dieses Übertragungsorgan noch nicht das Endgültige sein. Dieses Endgültige kann nur in einem festen Einbau eines hochtourigen Motors in die Arbeitsmaschine erblickt werden.

4. Das Kämmen.

Am Kammstuhl führten andersartige Gesichtspunkte zu den gleichen Ergebnissen. Der Wirkungsgrad des Kammstuhles ist sehr hoch, der Transmissionsleerlauf beim Gruppenantrieb war also bedeutungslos. Auch Aufstellungsgesichtspunkte sprachen nicht für den Einzelantrieb. Ausschlaggebend war hier die Möglichkeit, die Schlagzahlen konstant und exakt auf der gewünschten Höhe zu erhalten. Das war in einem Transmissionssystem mit vielen schwachen Riemenübertragungen nicht in befriedigender Weise zu erreichen. Die unvermeidlichen Schwankungen konnten auch nicht durch eine generelle Tourenerhöhung ausgeglichen werden, da die höchste mögliche Schlagzahl an den Kammstühlen sehr scharf begrenzt ist. So bedeuteten Schwankungen direkten Verlust. Allein der Einzelantrieb brachte die Möglichkeit, diesen zu vermeiden, und setzte sich deshalb verhältnismäßig rasch durch. Als Verbindungsorgan hat sich auch in diesem Falle vorläufig der elastische — mit Spannrolle oder Wippe verbesserte — Riemenantrieb behauptet.

5. Topfstrecken, Lisseusen und Finisseure.

Diese Produktionsstufen können bei der Erörterung der Antriebsfrage zusammengefaßt werden, da es sich hier im wesentlichen um den Antrieb von Doppelnadelstabstrecken handelt. Lediglich bei den Lisseusen tritt eine Komplizierung dadurch ein, daß unter Umständen die Pressen und Trockenzylinder gesondert angetrieben werden müssen. Generell gelten jedoch bei allen Nadelstabstrecken die bei den Rohstrecken dargelegten Gesichtspunkte. Es ist deshalb auch in diesen Abteilungen der Einzelantrieb zu befürworten.

B. Spinnerei.

1. Vorspinnerei.

Anläßlich der Besprechung des Vorspinnens wurde dargelegt, daß das Stärkeverhältnis der voneinander in ihrer Lieferung abhängigen Passagen sich durch Änderungen in der Feinheit des herzustellenden Vorgarnes verschiebt. Außerdem treten selbst bei richtig bemessener Leistungsfähigkeit der einzelnen Passagen Stockungen oder Stauungen an den voneinander abhängigen Maschinen dadurch auf, daß an einzelnen Passagen Reparaturstillstände eintreten, oder eine Arbeiterin zu schwach ist und mit höheren Maschinenstillständen arbeitet als die übrigen. Deshalb ist die Forderung nach einer Elastizität des Betriebes an dieser Stelle besonders wichtig. Diese Elastizität ist durch das Arbeitstempo der Maschinen nicht zu erzielen, da dieses eng begrenzt ist. Die einzige Möglichkeit, sie zu schaffen, liegt in der Anpassungsfähigkeit der Arbeitszeit an die betrieblichen Bedürfnisse. Diese Anpassung verhinderte der von einer zentralen Kraftanlage ausgehende Transmissionsantrieb. Es war unmöglich, einer Vorspinnpassage zuliebe die gesamte Kraftanlage länger in Betrieb zu halten. Erst die elektrische Kraftübertragung, die in den meisten Fällen nicht an eine einzelne Kraftquelle gebunden ist, sondern, während diese außer Betrieb ist, Reservequellen hat, gab überhaupt eine Möglichkeit, Teilbetriebe mit abweichender Arbeitszeit betreiben zu können. Der Gruppenantrieb, der ein Sortiment zusammenfaßte, gab diese Möglichkeit — jedoch noch verbunden mit wirtschaftlichen Nachteilen. Es mußten noch große Transmissionsleerläufe in Kauf genommen werden. Außerdem hatte der Transmissionsantrieb auch in normaler Arbeitszeit viel Leerlauf im Gefolge, da der mittlere Wirkungsgrad der Vorspinnmaschinen höchstens bei 80% liegen dürfte.

Weiterhin erforderte der Transmissionsantrieb in der Vorspinnerei, wenn von einem Strang ein Sortiment betrieben werden sollte, daß die Transmission rechtwinklig zu den in den Maschinen befindlichen Hauptwellen verlegt wurde, daß also — wenn nicht halbgeschränkte Riemen verwendet werden sollten — in alle Strecken ein Winkeltrieb eingebaut werden mußte, der die Maschinen vergrößerte, verteuerte und einen starken Kraftverbraucher darstellte.

Diese Gesichtspunkte forderten so stark den Einzelantrieb, daß er sich durchsetzte, wie bei den Rohstrecken, in dem Augenblick, als der Kurzschlußmotor verwendbar wurde.

Das bei den Strecken über das Verbindungsorgan zwischen Motor und Maschinen Gesagte gilt auch hier. Vorläufig wählte man entweder elastische Riementriebe oder auch schon Kettenübertragung. Siehe Spindelstreckenantrieb von Prince Smith in Abb. 128. Das Endgültige dürfte auch hier noch nicht geschaffen sein.

Abb. 128. Einzelantrieb einer Spindelstrecke.

2. Selfaktorspinnerei.

Hier ist die Antriebsfrage noch am meisten umstritten. Während bei den anderen Maschinen die technische Überlegenheit des Einzelantriebes allseitig anerkannt wird, lediglich noch die Wirtschaftlichkeit seines Einbaues in vorhandene Anlagen zur Diskussion steht, geht beim Selfaktorantrieb der Kampf noch um technische Gesichtspunkte.

Entsprechend den beiden im heutigen Selfaktorbau vertretenen Richtungen, mit umsteuerbarer oder mit fortlaufender Hauptwelldrehrichtung zu arbeiten, haben auch die Lösungsversuche der Antriebsfrage zwei völlig verschiedene Wege beschritten.

Bei den Maschinen mit umkehrender Drehrichtung der Hauptwelle ist der Einbau einer Antriebsmaschine in den Selfaktor nicht im Bereich der Möglichkeiten, in den meisten Fällen ist sogar das Vorgelege beibehalten worden. Es handelt sich hier nur darum, ob es zweckmäßiger ist, einen Gruppenantrieb mit Transmission zu wählen, oder die Transmission durch Einzelantriebsmotore zu ersetzen.

Die technischen Vorbedingungen für diesen Einzelantrieb sind durch Schaffung weich anlaufender Motore erfüllt. Jedoch bot diese Lösung keine Verbesserung. Die Gleichmäßigkeit der Antriebsgeschwindigkeit war durch die Transmission in derselben Weise sichergestellt wie durch diesen Einzelantrieb. Dieser brachte sogar den Nachteil, daß er auf die in der Transmission mit ihren Scheiben liegende Schwungmasse Verzicht leisten und dementsprechend stärker dimensioniert werden mußte, um die starken Stöße vor allem bei Beginn der Wagenausfahrt ohne Tourenverminderung aufnehmen zu können. Diese im Prinzip der Selfaktorspinnerei begründete stoßweise Arbeitsmethode schließt Forderungen an den Antrieb in sich, die mit keiner anderen Textilmaschine vergleichbar sind. Eine Antriebsart, die etwa 10 Maschinen zusammenfaßt, kann, selbst wenn ausnahmsweise einmal eine Anzahl Spitzenmomente zeitlich zusammenfallen und die verschiedenen Belastungen sich nicht immer ausgleichen werden, infolge der großen Schwungmassen, die über die kurzen Spitzenmomente hinwegziehen, zu einer günstigeren Dimensionierung der Antriebsmaschine gelangen, als es bei Einzelmotoren möglich ist, von denen jeder die gesamte Spitzenlast aufzunehmen in der Lage sein muß. Aus diesen Gründen hat sich bei Selfaktoren mit umkehrender Hauptwelldrehrichtung der Einzelantrieb nicht das Feld erobert.

Anders dagegen bei Selfaktoren mit durchlaufender Hauptwelle. Hier bot sich die Möglichkeit, den Motor in die Maschine einzubauen und starr mit der Maschine zu kuppeln. Dadurch ergibt sich der wesentliche Vorteil, auf das Vorgelege verzichten zu können und die Deckenkonstruktion vollständig zu entlasten. Dadurch, daß die Massenbewegung im Differentialselfaktor etwas geringer geworden ist, hat auch die Kraftspitze im Moment des Ausfahrtbeginnes — wenigstens theoretisch — an Bedeutung verloren. Die Belastungsverhältnisse sind demnach hier etwas ausgeglichener als bei der Maschine mit umkehrender Hauptwelldrehrichtung. Infolge dieser günstigeren Bedingungen hat sich in diesem neuen Maschinentyp der Einzelantrieb durchsetzen können. Und zwar kommt hier nur

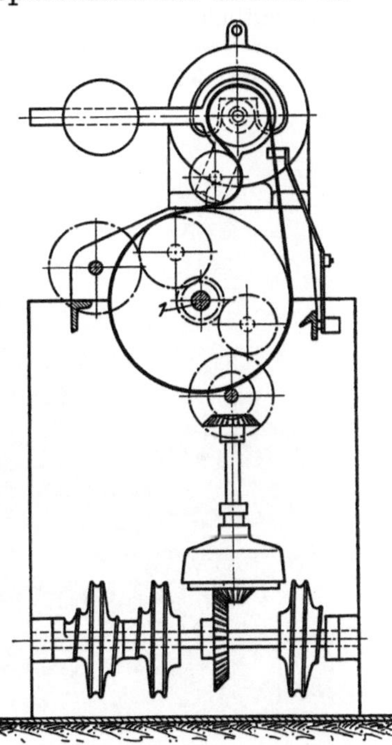

Abb. 129. Selfaktoreinzelantrieb mit Riemen.

der Kurzschlußmotor in Frage, der als Spezialausführung für die besonderen Selfaktorforderungen außerordentlich weich im Anlauf gestaltet sein muß.

Für die Kraftübertragung auf die Hauptwelle hat man im Anfang sowohl Riemen mit Spannrolle (siehe Abb. 129, Fabrikat Société Alsacienne) als auch Kettentriebe versucht, ist aber heute mehr und mehr zur starren Zahnradübertragung gekommen, wobei zur Vermeidung von starkem Geräusch das auf der Motorwelle sitzende Rad aus Novotexmaterial hergestellt sein muß.

Seit Jahren sind außerdem Versuche im Gange, die Spindeln unabhängig vom Antrieb des Streckwerks und des Wagens durch einen im Wagen eingebauten zweiten Motor zu betreiben, um den komplizierten Seilantrieb der Spindeln zu beseitigen. Diese Versuche, die auf Experimente von Lauth Ende des letzten Jahrhunderts zurückgehen, sind jedoch noch nicht zu einer praktischen Lösung gediehen.

Zusammenfassend kann über den augenblicklichen Stand des Antriebs für den Differentialselfaktor gesagt werden, daß der Einzelantrieb entschieden eine

Vereinfachung bedeutet, die Übersichtlichkeit erhöht und die Möglichkeit gibt, die Deckenkonstruktion zu entlasten. Dagegen ist sein Anzugsmoment auch heute noch wesentlich härter als das des Riementriebs, wodurch die Spinnfähigkeit dieser Maschine in hohen Nummern spürbar verschlechtert wird.

Die Leistungssteigerung, die der Einzelantrieb durch vollkommene Gleichhaltung der Tourenzahl erreichen will, wird sich daher in den meisten Fällen nicht erzielen lassen. Ebenso hat sich noch keine einwandfreie Klarstellung der Kraftverbrauchsänderung durch den Einzelantrieb erreichen lassen, da im allgemeinen der Differentialselfaktor mit Einzelantrieb verglichen wird mit dem am Gruppenantrieb hängenden Selfaktor mit umkehrender Hauptwelldrehrichtung. Wenn auch eigentlich nur zwischen diesen beiden Antriebsarten zu entscheiden ist, klärt diese Gegenüberstellung die Frage leider nicht restlos, da die Einflüsse des Differentialeinbaues und des Einzelantriebes verquickt sind.

Abb. 130. Selfaktoreinzelantrieb mit Riemen.

Die dem Verfasser bekannten Messungen sind sämtlich zuungunsten des Einzelantriebes ausgefallen, während von anderer Seite gegenteilige Resultate bekanntgegeben werden. Eine allgemeingültige Klärung ist hier jedenfalls sehr schwer zu erlangen, da gerade am Selfaktor mit seinen komplizierten Steuerungsvorgängen, selbst bei den gleichen Maschinentypen und gleichen Garnen, häufig beträchtliche Differenzen in der Kraftaufnahme bestehen, die Vergleiche erschweren. Bei der Besprechung des Differentialselfaktors wurde bereits darauf hingewiesen, daß in der Einstellung der Bremsen, die hier die Umsteuerung bewirken, eine besonders große Gefahrenquelle liegt, daß es im Dauerbetrieb kaum möglich ist, an zwei Selfaktoren diese Bremsen gleichmäßig einzustellen, daß die Einstellung zur Erzielung einer einwandfreien Umsteuerung sehr knapp vorgenommen werden muß, wodurch große heimliche Kraftverbraucher entstehen können, die lediglich an der starken Erwärmung der Bremstrommeln zu erkennen sind und Vergleichsmessungen ausschlaggebend beeinflussen können. Die Höhe des Kraftverbrauchs am Selfaktor wird deshalb weniger davon abhängig sein, ob Gruppenantrieb oder Einzelantrieb verwendet wird, als von den Verhältnissen in der Maschine selbst. Und für die Entscheidung, ob Gruppen- oder Einzelantrieb zu wählen ist, tritt die Kraftverbrauchsfrage in den Hintergrund. In Abb. 130 ist ein Selfaktoreinzelantrieb der Société Alsacienne mit Riemenübertragung und in Abb. 131 ein starrer Antrieb der Sächsischen Textil-Maschinen-Fabrik wiedergegeben.

3. Ringspinnerei.

Das wesentlichste Erfordernis an den Antrieb ist hier eine bequeme Ermöglichung der häufig vorzunehmenden Geschwindigkeitsänderungen. Beim Trans-

Abb. 131. Selfaktoreinzelantrieb mit Zahnradübertragung.

missionsantrieb mußte in alten Maschinen die auf der Trommel sitzende Riemenscheibe ausgebaut werden, wenn die Spindeldrehzahl gewechselt werden sollte. Später hatte man diese langwierige Arbeit dadurch vereinfacht, daß man zwischen die Riemenscheibe im Maschinenkopf und die Trommel einen Seiltrieb einschaltete, der in weiten Grenzen gespannt und gelockert werden konnte, so daß nur noch der fliegend vor der Riemenscheibe sitzende Antriebswirtel ausgewechselt werden mußte.

Eine ideale Lösung brachte jedoch auch diese Verbesserung nicht. Zunächst ist dieser Seiltrieb als Zwischenglied zwischen Riemenscheibe und Trommel ein sehr spürbarer Kraftverbraucher. Damit diese Übertragung möglichst schlupffrei ist, müssen die Seile sehr straff gehalten werden, wodurch bis zu ein Viertel oder gar ein Drittel des Maschinenkraftverbrauchs allein für dieses Übertragungsorgan aufgewendet werden muß.

Weiterhin hat der Seiltrieb eine Verlängerung der Maschine zur Folge, da die

Seile, um einen einwandfreien Durchzug zu gewährleisten, sehr lang sein müssen und nicht zu kleine Umlenkrollen besitzen dürfen. Auch werden die Antriebe zwischen 2 und 3 m hoch, in Fällen, wo der Durchzug besonders schwierig ist, sogar über die ganze Saalhöhe ausgeführt, was die Übersichtlichkeit des Raumes ungünstig beeinflußt.

Schließlich ist der Antrieb auch nicht billig, da infolge der hohen Tourenzahlen die Umlenkrollen sehr gut gelagert sein müssen, die Seile selbst nicht über ein Jahr Lebensdauer besitzen und sowohl ihre Auswechselung als auch die hin und wieder erforderlichen Verkürzungen einen Zeitaufwand von Stunden benötigen.

Von diesen Nachteilen wurde zuerst besonders die umständliche Reguliermöglichkeit der Spindelgeschwindigkeit als störend empfunden. Abgesehen davon, daß sie mit Hilfe der Auswechselung der Seilwirtel zeitraubend ist, kann sie nur in verhältnismäßig groben Grenzen erfolgen, im besten Falle etwa von 10 zu 10%. Häufig jedoch liegt die Geschwindigkeitsgrenze einer zu verarbeitenden Partie dicht unter einer dieser vorhandenen Geschwindigkeitsstufen. Dann muß beim Seiltrieb die nächst untere Stufe gewählt werden, wodurch evtl. 5% oder mehr unnötiger Produktionsverlust eintritt. Auch wird man sich bei dem umständlichen Wechseln des Seilwirtels schwer dazu entschließen, wenn eine Partie mit der normalen Geschwindigkeit sehr gut spinnt, noch eine höhere Geschwindigkeit zu versuchen.

Hier bot zunächst der Gleichstrom-Nebenschlußmotor eine Möglichkeit, mit einem Regelbereich der Drehzahl von 1:3 den Seiltrieb fallen zu lassen, und die Trommel mit Hilfe eines unveränderlichen Übersetzungsverhältnisses starr vom Motor aus anzutreiben. Die Reguliermöglichkeit war nun außerordentlich vereinfacht. Es konnte sogar in gewissen Grenzen den Arbeiterinnen die Möglichkeit gegeben werden, die Geschwindigkeit dem Fasermaterial anzupassen und ihr Verdienst und die Maschinenausnutzung zu verbessern.

Als dann der Gleichstrom allmählich aus den Betrieben verschwand, trat zunächst eine Verschlechterung der Verhältnisse ein, indem der nun vordringende Einphasenkommutatormotor in seiner Tourenzahl sowohl von der Belastung als auch von der Netzspannung in stärkerem Maße abhängig war als der Gleichstrommotor. Das hatte eine außerordentliche Unsicherheit der Arbeitsweise zur Folge. Die Motoren mußten täglich mehrmals einreguliert werden. Bei Beginn der Arbeit liefen sie regelmäßig zu langsam, bei großer Erwärmung zu schnell. Auf diese Weise war die Anpassung der Geschwindigkeit an die Partie schlechter erfüllt als beim alten Seiltrieb mit seinen Geschwindigkeitsstufen von 10 zu 10%.

Diese Fehler wurden beseitigt durch den Drehstrom-Nebenschlußmotor, der eine praktisch konstante Tourenzahl sicherstellt.

Inzwischen hatte man jedoch erkannt, daß die Leichtigkeit der Regulierung nicht überall unerläßlich ist, daß ihre Vorteile in vielen Fällen aufgewogen werden durch die hohen Anschaffungs- und Unterhaltungskosten der komplizierten Kollektormotoren und vor allem durch den schlechten Wirkungsgrad dieser Motoren, der bei niedrigen Drehzahlen zu einer wesentlichen Verteuerung der Antriebskraft führte.

Diese Gesichtspunkte öffneten dem inzwischen ausgereiften Kurzschlußmotor auch in der Ringspinnerei den Eintritt. Man glaubt heute in vielen Fällen auf die Feinregulierung verzichten zu können, wenn man dadurch einen wirtschaftlicheren, billigeren, technisch einfacheren und kleineren Motor eintauschen kann. Erst bei Verwendung des Kurzschlußmotors tritt deshalb die Kraftersparnis gegenüber dem Seiltrieb voll in Erscheinung.

Von der starren Kuppelung des Motors mit der Maschine mußte man mit Rücksicht auf die einfache Wechselmöglichkeit zunächst wieder absehen. Ein einheitliches Übertragungsorgan hat sich noch nicht herausgebildet. Vorläufig streiten noch kurze Riementriebe mit Spannrolle und leicht wechselbaren Scheiben mit regulierbaren oder wechselbaren Kettengetrieben um den Vorrang. Die rasche Entwicklung der letzteren in jüngster Zeit dürfte wohl bald zu voll befriedigenden Lösungen auch hinsichtlich des Übertragungsorgans führen.

Eine Sonderstellung nimmt auch in der Antriebsfrage die Maschine der Perfektspindel-A.G. ein, die einen hochtourigen Kurzschlußmotor bereits starr mit der Maschine kuppelt und die Geschwindigkeitsänderungen durch einfache Räderwechsel ermöglicht. Indem hier der Motor mit vertikal stehender Achse auf den Maschinenrahmen gestellt wird, ergibt sich weiterhin eine sehr glückliche Lösung der Platzfrage.

4. Zwirnerei.

In der Zwirnerei spielt die Notwendigkeit, die Spindelgeschwindigkeit auf wenige Prozent genau der Widerstandsfähigkeit des Garnes anzupassen, eine weniger Ausschlag gebende Rolle als in der Spinnerei, da der zweifache Faden im allgemeinen so viel Reißfestigkeit besitzt, daß der Fadenbruch in sehr niedrigen Grenzen gehalten werden kann. Eine Änderungsmöglichkeit der Spindeltouren ist deshalb, wenn man keine Universalmaschinen für gröbste und feinste Garne haben muß, in einem kleineren Bereich als in der Spinnerei erforderlich. Lediglich das Übersetzungsverhältnis zwischen Trommel und Lieferwerk muß sehr weit veränderlich sein, da die Verschiedenheit der Anforderungen an die Drehung in der Zwirnerei wesentlich größer ist als in der Spinnerei. Jedenfalls ist es, wenn für Cheviot und Merino gesonderte Maschinentypen zur Verfügung stehen, was schon im Interesse der Kopsgröße bzw. Ringweite wünschenswert ist, zwecklos, eine Regulierbarkeit der Tourenzahl von 1:3 vorzuschreiben. Trotzdem haben sich, als man zur Elektrifizierung des Zwirnereiantriebes überging, weitgehend die gleichen Typen der regulierbaren Motoren wie in der Ringspinnerei durchgesetzt.

Diese übertriebenen Anforderungen an die leichte Wechselmöglichkeit der Spindeldrehzahlen rührten wohl daher, daß in alten, noch sehr viel verwendeten Zwirnmaschinentypen überhaupt keine Wechselmöglichkeit der Trommelgeschwindigkeit bestand, wenn man nicht die Antriebsriemenscheiben ausbauen und den Riemen entsprechend verkürzen oder verlängern wollte. Wo diese Maschinentypen noch bestanden, ist es verständlich, wenn man, veranlaßt durch die vielen Schwierigkeiten und die schlechte Anpassungsfähigkeit an die jeweiligen Bedürfnisse, bei der Elektrifizierung ins entgegengesetzte Extrem verfiel.

In den meisten Fällen ist jedoch zeitlich zwischen diesen starren Antrieb und die Elektrifizierung die mit Seiltrieb wie in der Ringspinnerei angetriebene Maschine getreten. Dieser veränderliche Antrieb war zwar ein großer Fortschritt gegen das alte starre System, hatte aber doch die gleichen Nachteile hinsichtlich Kraftverbrauch, Übersichtlichkeit und Bedienungsschwierigkeit, die sich in der Ringspinnerei ergeben hatten. Lediglich der letzte dieser Fehler trat hier infolge des selten nötigen Wechsels der Spindelgeschwindigkeit weniger in Erscheinung. Daher sind in der überwiegenden Mehrzahl der heute neu zu bauenden Maschinen auch diese Seiltriebe durch den elektrischen Einzelantrieb verdrängt. Man ist aber hier bereits weitergehend als in der Ringspinnerei vom regelbaren Motor, dessen Nachteile oben geschildert wurden, wieder abgekommen, nimmt die kleinen Schwierigkeiten beim Wechseln der Spindelgeschwindigkeit in Kauf und tauscht dafür den denkbar einfachsten Motor ein, der keine Wartung verlangt, keine Reparaturstillstände benötigt, keine Ableitung der erwärmten Luft erfordert, den billigsten Anschaffungspreis und den besten Wirkungsgrad hat.

Als Übertragungsorgan wird in den meisten Fällen Riemen- oder Kettentrieb zu wählen sein. Im übrigen gilt hier das, was für die Ringspinnmaschine gesagt wurde, mit dem Unterschied, daß der Wechselbereich im allgemeinen nicht so groß sein muß wie dort, und daß die Trommeltourenzahlen meist höher liegen als dort, demnach günstigere Übersetzungsverhältnisse für hochtourige Motoren bestehen. Siehe Zwirnmaschinenantrieb von Schlafhorst, in Abb. 132.

5. Doublierung.

Die zu übertragenden Kräfte sind hier sehr gering. Die Frage des Kraftverbrauchs kann deshalb bei der Wahl des Antriebs in dieser Abteilung zurücktreten, und es wird nicht einheitlich möglich sein, den hier am wirtschaftlichsten arbeitenden Antrieb zu nennen. In erster Linie wird der Standort der Maschinen die Antriebsart bestimmen. Läßt sich ohne Schwierigkeiten ein Transmissionsantrieb verwenden, so wird er in vielen Fällen die wirtschaftlichste Art darstellen. Andererseits ergibt der Einzelantrieb sehr häufig Möglichkeiten, diese kleinen Maschinen an Plätze zu stellen, die von Transmissionen aus nur mit unvorteilhaften Zwischenübertragungen erreicht werden können, oder an denen die Aufhängung von Transmissionen oder Vorgelegen auf Schwierigkeiten stößt. So wird in einem Fall Gruppenantrieb, im anderen Einzelantrieb zu bevorzugen sein.

Abb. 132. Zwirnmaschineneinzelantrieb.

6. Weiferei.

Hier gilt das gleiche, das vom Doublierungsantrieb gesagt wurde. Außerdem spielt in der Weiferei als dem Endglied der Fertigung die betriebliche Sauberkeit meist eine besonders wichtige Rolle. Da diese Sauberkeit mit dem Fortfall von Transmissionen und langen Riemen erhöht werden kann, wird hier in manchen Fällen, auch wenn der Gruppenantrieb die wirtschaftlichere Lösung bietet, der Einzelantrieb vorzuziehen sein.

Fabrikanlagen.

1. Gliederung des Raumes.

Die Lösung der Antriebsfrage, die die Entwicklung der letzten Jahre brachte, hat die Gesichtspunkte, nach denen Fabrikanlagen zu errichten sind, revolutionierend umgestaltet. Früher war als nahezu starre Gegebenheit das komplizierte

Kraftverteilungssystem anzusehen, das den Rahmen für die Aufstellung der Arbeitsmaschinen bildete. Nachdem heute aus dieser Starrheit eine völlig gelockerte Anpassungsfähigkeit geworden ist, können die eigentlichen Betriebsbedürfnisse als ausschlaggebende Faktoren berücksichtigt werden.

In erster Linie gilt das von der Ausgestaltung der Transportwege. In alten Anlagen, die nach Kraftverteilungsgesichtspunkten gebaut sind, ist gerade diese wichtige Frage häufig vernachlässigt worden. Ihre Bedeutung erscheint zunächst am größten in der Kämmerei, wo die Leistung der einzelnen Arbeitsmaschinen mengenmäßig höher ist als in der Spinnerei und demzufolge die zu bewegenden Massen relativ sehr groß sind. In der Spinnerei ist der Durchsatz des Fasergutes durch die Maschinen ein langsamerer, dementsprechend sind die zu transportierenden Massen kleiner, jedoch gewinnen hier die durch die Transportarbeiten entstehenden Fehlerquellen an Bedeutung.

Zunächst leidet alles Fasergut, das in ungedrehten Bändern auf unverpackten Spulen befördert wird. Die Bänder werden an den Berührungsstellen der Spulen durch die gegenseitige Reibung aufgerauht. Die Schädigungen sind um so größer, je häufiger das Absetzen und Umladen auf den Transportwegen erfolgt. Weiter bilden alle Transportwege eine Verschmutzungsgefahr, die in dem Maße schwerwiegender wird, wie sich das zu transportierende Material der endgültigen Fertigstellung nähert. Außerdem geben alle Transporte Möglichkeiten zu Verwechslungen des Fasergutes. Selbst die sorgfältigste Bezeichnungsweise schaltet diese Gefahr nicht aus. Schließlich leidet durch weite Transportwege die Übersichtlichkeit des Betriebes. Es werden Spulenkasten bzw. Garnkörbe irregeleitet, was, wenn nicht zu Verwechslungen, so doch zu Wartezeiten an den Arbeitsmaschinen, Lieferungsverzögerung usw. führt.

Die Beseitigung dieser Gefahren fordert nicht nur Verkürzung der Transportwege, sondern auch Schaffung größerer Übersichtlichkeit. Der Fluß des Materiales darf nicht in gegenläufigen Richtungen erfolgen und nicht willkürliche Wege suchen, sondern muß in zwangsläufigen Kreisen ablaufen. Aus dem Platz, an dem ein Materialposten steht, muß sich bereits in jedem Falle der nächste Bestimmungsort ergeben.

Die Länge eines Transportweges zwischen zwei Produktionsstufen spielt nur dann eine untergeordnete Rolle, wenn dieser Transport vollkommen mechanisch gestaltet ist, wie es z. B. bei der Beförderung gewaschener Wolle mittels Druckluft von den Trockenmaschinen zu den Krempeln gebräuchlich ist. Derartige Lösungen lassen eine Lockerung der Anlage auch im Hinblick auf die Transportwege zu.

In Kämmerei und Spinnerei ist infolge einer prinzipiell unterschiedlichen betrieblichen Organisation das Transportproblem von so anders gearteter Bedeutung, daß die gesonderte Erörterung beider notwendig ist.

a) Kämmerei.

Die Kämmerei bildet ein Beispiel für eine vollkommen starre Kuppelung der einzelnen Produktionsstufen. Es besteht hier die Möglichkeit, deren Kapazität stets annähernd im gleichen Verhältnis zueinander zu erhalten. Da die zu bewältigenden Massen gewichtsmäßig sehr groß sind, würde die Schaffung von Zwischenlagern zu Pufferzwecken enorme Transportkosten verursachen. Infolgedessen hat man die Möglichkeit, die Leistung der Krempeln, Strecken, Kammstühle usw. stets auf gleicher Höhe halten zu können, systematisch ausgestaltet und auf alle Pufferungen zwischen den Abteilungen verzichtet, selbst auf die Gefahr hin, daß sich einmal entweder Anstauung zwischen den Maschinen oder, was noch unangenehmer ist, Materialmangel auf den Maschinen ergibt.

verwiegungen geben die Möglichkeit, in jedem Augenblick den Stand der einzelnen Spinnpartien übersehen zu können, die Abgänge der einzelnen Abteilungen kontrollieren und Fehler in einer Produktionsstufe schnell erkennen und beseitigen zu können.

In der Kämmerei besteht diese Notwendigkeit nicht, da sich das Material im zwangsläufigen Bandbetrieb vom Eingang in die Wäsche bis zur Ablieferung von den Finisseuren nur ein bis zwei Arbeitstage im eigentlichen Produktionsapparat befindet. In der Spinnerei dagegen werden vom Eingang des Kammzugs in die Vorspinnerei bis zur Lieferung des Zwirnes, wenn an keiner Stelle eine Zwischenlagerung erfolgt, mindestens 14 Arbeitstage benötigt. Nach der ersten betrieblichen Verwiegung, die zwischen Kammzuglager und Vorspinnerei zu

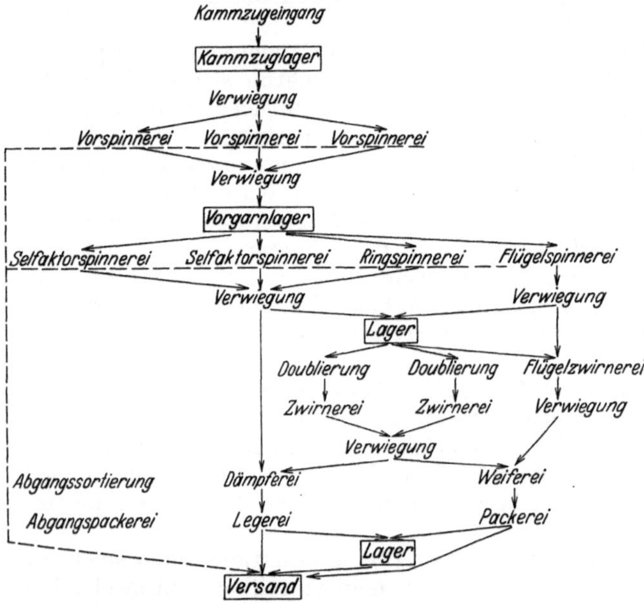

erfolgen hat, um das Mengenverhältnis der einzelnen Zugpartien exakt zu erfassen, muß zwischen Vorspinnerei und Vorgarnlager eine Verwiegung die Produktion überwachen, wodurch einerseits die Leistung der Vorspinnerei kontrolliert und andererseits eine Führung des Bestandes im Vorgarnlager ermöglicht wird. Die nächsten Verwiegungsstellen müssen im Anschluß an die Selfaktor- und Ringspinnerei vorgesehen sein. Hier ist zur Schaffung der Grundlage für die Berechnung der Akkordverdienste eine besonders exakte Kontrolle der Produktion erforderlich. Das gleiche gilt von der Verwiegungsstelle im Anschluß an die Zwirnerei.

Aus der Notwendigkeit dieser Zwischenlager und Verwiegungsstellen ergibt sich ein Materialfluß, der wesentlich komplizierter als der der Kämmerei verläuft und zwischen jeder Produktionsstufe die Bewältigung von Transportarbeiten verlangt. Ein Schema dieses differenzierten Materialflusses ist in der obenstehenden Zusammenstellung gegeben.

Die Kunst der Anlage besteht darin, daß abgesehen von einer möglichst weitgehenden Verkürzung und Vereinfachung der Transporte keine Überschneidungen entstehen und größte Übersichtlichkeit gewahrt bleibt. Andererseits sind, wenn mechanische Transporteinrichtungen geschaffen werden — sei es in vertikaler oder horizontaler Richtung —, die Wege so zusammenzufassen, daß diese Hilfsmittel möglichst stark belastet und in allen Bewegungsrichtungen ausgenutzt werden können. In den meisten Fällen scheitert in Spinnereien, die nicht unter Berücksichtigung der Transportfrage gebaut sind und dadurch gerade die größten Schwierigkeiten in dieser Beziehung haben, die Mechanisierung von horizontalen Transporten an der geringen Ausnutzbarkeit und damit Unwirtschaftlichkeit solcher Anlagen.

Da nun in den Spinnereien Vorgarn von jedem Finisseur zu jeder Spinnmaschine gelangt, von jeder Spinnmaschine Garn zu jedem Punkt der Zwirnerei, sind der Weitläufigkeit andere Grenzen gezogen als in der Kämmerei, wo die Vergrößerung von Shedsälen durch Parallelschaltung beliebig vieler Systeme keinen Meter Vergößerung der Transportwege hervorruft. Dazu kommt, daß die in den Spinnereien benötigten Lager zwischen den einzelnen Produktionsstufen sich sowohl aus Billigkeits- als auch aus qualitativen Gründen im Keller befinden müssen. Damit wird in den meisten Fällen bereits Fahrstuhltransport notwendig, und es spielt dann so gut wie keine Rolle, über welche Zahl von Stockwerken er sich erstreckt.

Daher sprechen im Gegensatz zur Kämmerei die Transportgesichtspunkte in der Spinnerei gegen die Anlage weitläufiger Shedflächen und für Hochbauweise. Zu einem entgegengesetzten Standpunkt führt die Frage der Belichtung der Arbeitsplätze. Das Sheddach mit seiner Ausschaltung des Sonnenlichtes ist unübertroffen und von besonders großem Wert in Selfaktorsälen, die infolge der Maschinenlänge eine Gebäudebreite von über 30 m erfordern, die in Hochbauten nur schwer, unter Opfern hinsichtlich Stockwerkshöhe und Pfeilerstärke einigermaßen einwandfrei belichtet werden kann. Alle übrigen Maschinentypen haben eine Länge von nicht über 18 m, deren Belichtung in Hochbauten mit normalen Stockwerkshöhen keine Schwierigkeiten bereitet. So ergibt sich, daß in großen Spinnereien, in denen das Transportproblem sich erst in den Vordergrund drängt, die Selfaktoren zweckmäßig in Shedbauten, alle übrigen Abteilungen in Hochbauten unterzubringen sind. In mittleren und kleineren Spinnereien sind bei durchgehender Shedbauweise die Horizontaltransporte noch nicht von störendem Ausmaß, so daß hier die Shedbauweise die schönsten Anlagen ermöglicht.

Wichtig ist ferner, daß sämtliche Säle die gleichen Maße erhalten. Nur dadurch ist es möglich, die Zweckmäßigkeit einer Anlage auch bei späteren Erweiterungen aufrechtzuerhalten. Soll z. B. in einem Betrieb die Vorspinnerei vergrößert werden, so darf diese Erweiterung unter keinen Umständen in einen Neubau kommen, der keine Beziehungen zur Lage der bestehenden Vorspinnerei besitzt, sondern muß organisch eingegliedert werden, entweder als Spiegelbild der bestehenden Anlage oder in der Weise, daß ein vorhandener, im Produktionsfluß für Vorspinnzwecke geeigneter Saal hierfür benutzt wird, und die dort untergebrachte Produktionsstufe sinngemäß verschoben oder in einem Neubau organisch richtig untergebracht wird.

Bei der Erörterung von Erweiterungsgesichtspunkten für bestehende Fabrikanlagen darf ein ausschlaggebender Vorteil, den die elektrische Kraftübertragung gebracht hat, nicht übergangen werden. In alten Anlagen, in denen die Kraft mechanisch von einer zentralen Kraftmaschine aus in die einzelnen Arbeitssäle geleitet wurde, war es meist unmöglich, nachträglich in diesen Sälen den Kraftverbrauch irgendwie wesentlich zu erhöhen durch Forcierung der vorhandenen oder Aufstellung von neuen Maschinen, da Seil- und Transmissionstriebe nur in schwachem Maße überlastbar sind, und für neue Transmissionen meist kein Platz war. Ebenso konnte, selbst wenn Raum vorhanden war, bei Erweiterung einzelner Abteilungen in den meisten Fällen nicht direkt an diese angebaut werden, sondern es mußten diese Erweiterungsbauten nach Kraftverteilungsgesichtspunkten an irgendeinem anderen Platz errichtet werden, ohne Rücksicht darauf, daß dadurch die Transportverhältnisse in der unglücklichsten Weise kompliziert wurden.

Die Anpassungsfähigkeit der elektrischen Kraftübertragung hat auch hier Wandel geschaffen. Es ist möglich, in jedem beliebigen Raum, wo der geeignete

Platz vorhanden ist, eine Maschine aufzustellen, ohne Rücksicht darauf, ob der Transmissionsantrieb dieses Raumes bereits voll belastet ist oder nicht. Ebenso kann man über die Gesamtleistungsfähigkeit der eigenen Kraftanlage hinaus jede Erweiterung durchführen. Die Möglichkeit des Bezuges von elektrischer Energie, die heute fast überall vorhanden ist, gestattet ohne Vergrößerung der eigenen Kraftanlage vollste Anpassung des Betriebes an die wirtschaftlichen Belange des Unternehmens.

2. Gliederung der Leistung.

Außer der räumlichen gegenseitigen Anpassung der einzelnen Produktionsstufen ist die Angleichung ihrer Leistungskapazität Haupterfordernis einer wirtschaftlichen Fabrikanlage.

In den starren Verhältnissen der Kämmerei ist diese Forderung eindeutig. Hier sind alle Einzelstufen so zu dimensionieren, daß sie mit der Lieferung der vorhergehenden Stufe übereinstimmen. Die Größenordnung der einzelnen Systeme ist durch die Leistung einer Waschbatterie festgelegt.

Selbst kleine Querschnittsverengungen markieren sich sehr schnell im Betrieb, so daß die gegenseitige Abstimmung im allgemeinen leicht ist.

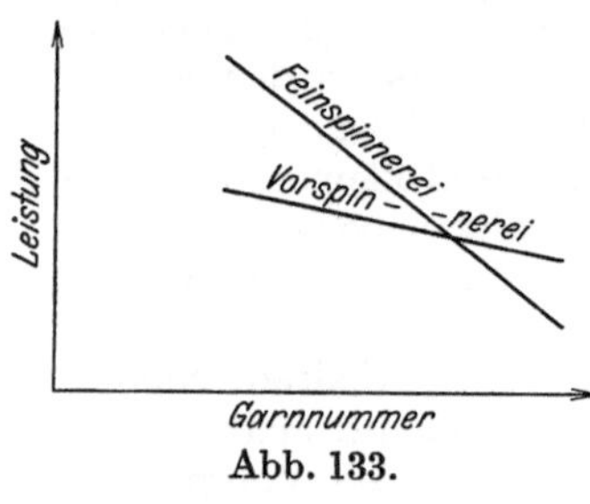

Abb. 133.

In den labilen Verhältnissen der Spinnerei dagegen können nur selten alle Abteilungen gleichmäßig gut ausgenützt werden. Hier ist es deshalb wesentlich schwerer, die im Mittel auf lange Sicht günstigste Dimensionierung zu finden.

In der Leistung der Vorspinnerei wirkt sich eine Erniedrigung der Gesamtdurchschnittsnummer viel weniger aus als in der Spinnerei. Sinkt daher die Durchschnittsnummer unter das der Planung zugrunde gelegte Mittel, wird die Vorspinnerei zu knapp, verfeinert sie sich, ist sie zu reichlich. Das Verhältnis der gegenseitigen Kapazitätsänderungen von Vor- und Feinspinnerei ist angenähert in Abb. 133 veranschaulicht, wobei eine auf der Durchschnittsnummer von 56 errichtete Anlage zurunde gelegt ist.

Gleichzeitig mit der Änderung der Durchschnittsnummer ändert sich das Verhältnis der nach wirtschaftlichen Gesichtspunkten auf Selfaktoren und auf Ringspinnmaschinen zu spinnenden Garnmengen. Bei einer Vergröberung der Durchschnittsnummer kann man sich zwar dadurch helfen, daß man grobe Nummern, wenn auch unwirtschaftlich, auf dem Selfaktor spinnt. Bei einer Verfeinerung der Durchschnittsnummer dagegen kommt man an eine Grenze, an der die Ringspinnmaschine nicht mehr leistungsfähig bzw. vollkommen ungeeignet ist.

Noch weitgehender ist das Verhältnis von Spinnerei und Zwirnerei Schwankungen unterworfen. Der Anteil der einfach zu verkaufenden Garne ist meist ungleichmäßig, was ein ständiges Wachsen und Abnehmen der Zwirnereibelastung hervorruft, das durch ein Pufferlager nur beschränkt gemildert werden kann. Weiterhin sind in der Zwirnerei die Anforderungen an die Drehung außerordentlich unterschiedlich. Je nach dem Verwendungszweck der Garne werden widerstandsfähige, scharf gedrehte oder offene, füllige, lose Drehungen benötigt, die bis zum Verhältnis 1 : 3 voneinander abweichen. Da die Lieferung der Zwirnerei etwa proportional der Drehung ist, wirken sich diese zusätzlich zur Nummerschwankung eintretenden Drehungsschwankungen sehr stark auf die Leistungsfähigkeit aus.

Erfahrungsgemäß den größten Schwankungen unterworfen ist jedoch die Weiferei. Hier machen sich noch mehr als in der Zwirnerei Mode- und Konjunktureinflüsse geltend, indem die Garne für Webzwecke anderen — evtl. sogar gegensätzlichen — Konjunkturschwankungen ausgesetzt sind als die für Wirkzwecke, die in der Hauptsache die Beschäftigung der Weiferei bestimmen.

In der Frage der Fabrikanlage folgt hieraus, daß ein irgendwie allgemein gültiges Stärkeverhältnis der einzelnen Produktionsstufen, wie es in der Kämmerei festliegt, für die Spinnerei nicht gegeben werden kann. Es können nur irgendwelche Annahmen einer Planung zugrunde gelegt werden, die im Laufe von Jahren in jeder Anlage unterschiedliche Korrekturen erfordern.

Wie bei der Kämmerei ist dagegen auch hier die wirtschaftliche Mindestgröße eindeutig bestimmt. In der Spinnerei ist sie gegeben durch die Leistung eines Vorspinnsortimentes. Abgesehen von englischen Verhältnissen, wo schwächere Leistungen technische Berechtigung haben, sind Sortimente mit einer Tagesleistung von weniger als 600 kg, wie aus der Erörterung der Vorspinnerei hervorging, als unwirtschaftlich zu bezeichnen. Daher muß die kleinste Spinnerei, diesem Vorspinnsortiment entsprechend, wenn sie feine Selfaktorgarne herstellen will, etwa 24 Selfaktoren besitzen, für Ringgespinste in mittleren Nummern würde sie etwa 15 Ringspinnmaschinen benötigen. In den meisten Fällen wird sich eine Spinnerei auf beide Garne einstellen und einen Mittelweg wählen.

Der Prozentsatz der zu zwirnenden Garne wird meist zwischen 40 und 80 % der Einfachproduktion liegen. Als untere Grenze würden demnach für die skizzierte Spinnerei 6 Zwirnmaschinen in Frage kommen. Für die Größe der Weiferei lassen sich überhaupt keine allgemeingültigen Gesichtspunkte festlegen. In Spinnereien, die nur auf Webgarne eingestellt sind, wird sie mehr oder weniger häufig nur eine Reserve darstellen, auf die nicht ohne weiteres verzichtet werden kann, während sie in reinen Strickgarnspinnereien nahezu die gesamte Spinnereiproduktion bewältigen muß.

Allgemein folgt aus diesen Gegebenheiten, daß keine Spinnerei auf längere Zeit in allen Abteilungen wirtschaftlich gleich gut ausgenützt werden kann, daß vielmehr nur eine große Anpassungsfähigkeit den wechselnden Anforderungen gerecht werden kann. Diese Notwendigkeit wird noch erhöht durch die Konjunkturschwankungen, die alle Abteilungen treffen, auf die jedoch im Rahmen dieser Betrachtung nicht einzugehen ist.

Luftbefeuchtung.

Die Bedeutung des Feuchtigkeitsgehaltes der Luft im Arbeitssaal ist in Abb. 134 an einem Diagramm dargelegt, das einer Arbeit von Willkomm[1] entnommen ist und die Entladezeit eines aufgeladenen Elektroskopes bei verschiedener Luftfeuchtigkeit anzeigt. Da beim Reiben von blanken Metallteilen oder Leder mit Wolle sich diese Stoffe gegenseitig mit statischer Elektrizität aufladen, wobei die Wollfasern im Maße ihrer elektrischen Aufladung sich voneinander abspreizen und dem Zusammendrehen durch den Spinnvorgang widerstreben, ist die Beseitigung dieser statischen Elektrizität gerade in der Kammgarnspinnerei von außerordentlicher Bedeutung für den Spinnprozeß.

Generell bestehen zwei Möglichkeiten, Wasser der Raumluft zuzumischen. Entweder es muß die Dampfform des Wassers gewählt werden, oder Wasser muß

---

[1] „Beiträge zur Frage der Luftbefeuchtung in Spinnereien und Webereien", Habilitationsschrift, Hannover 1909.

in außerordentlich feine Tropfen vernebelt werden, damit keine lokalen Nieder-. schlagsbildungen eintreten.

Das Einleiten von Dampf in die Fabrikationsräume, das seiner Einfachheit halber häufig verwendet wurde, hat jedoch einige Nachteile im Gefolge. Vor allem ist es verknüpft mit dem Einleiten von Wärme in die Arbeitssäle, die selbst so viel Kraft in Wärme umsetzen, daß abgesehen von den Wintermonaten die Notwendigkeit vorliegt, überschüssige Wärme abzuleiten.

Außerdem ist eine gleichmäßige Feuchtigkeitsverteilung in den Sälen durch dieses Verfahren mit Schwierigkeiten verbunden, da der warme, einströmende Dampf nach oben steigt und sich nur bei starker zwangsläufiger Luftzirkulation mit der übrigen Saalluft mischt.

Aus diesen Gründen verwendet man heute allgemein das zweite Verfahren, kaltes Wasser so fein zu zerstäuben, daß es ohne Niederschlagsbildungen von der Raumluft aufgenommen wird. Die Zerstäubung erreicht man in den meisten Fällen mit Druckluft. Man saugt das Wasser durch Druckluft von etwa 0,3 Atm.

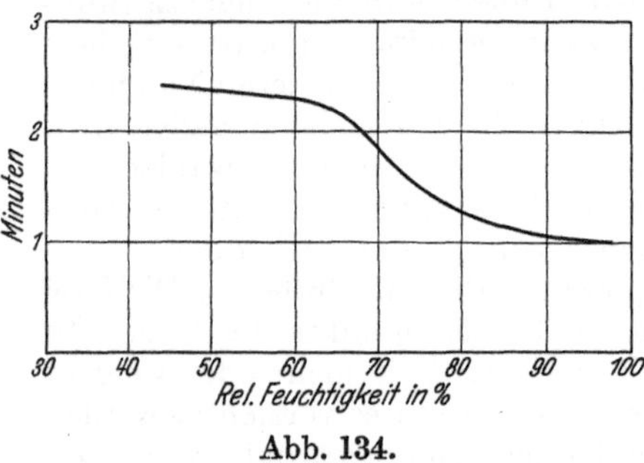

Abb. 134.

in Düsen, in denen es zerstäubt wird. Durch Änderung der Saughöhe ist eine Regulierung der in der Zeiteinheit zu zerstäubenden Wassermenge zu erreichen, bis zu einer Grenze, an der der Luftdruck zur vollkommenen Vernebelung nicht mehr genügt und Tropfenbildung eintritt. Lokale Niederschlagsbildungen bei hohen Sättigungsgraden der Luft werden bei diesem System um so mehr vermieden, je besser die Saalluft durchmischt wird.

Man ordnet deshalb in neuerer Zeit möglichst viel Düsen in dem Frischluftstrom an, den man dem Saal zum Zweck der Abkühlung und der Lufterneuerung zuführt. Durch diesen Luftstrom wird die verteilende Wirkung der aus der Düse strömenden Druckluft erheblich gesteigert. Außerdem hat die bei der Zerstäubung eintretende Überführung des Wassers in Dampfform eine Abkühlung der umgebenden Luft zur Folge, so daß man auf diese Weise die den Arbeitssälen zuzuführende Frischluft unter die Temperatur der Außenluft herunterkühlen kann.

Nachdem so mit der Luftbefeuchtung auch die Lufterneuerung und die Kühlung verbunden waren, ging man schließlich auch dazu über, die Heizung mit in dieses System einzubeziehen, da auch für die Heizung die Forderung nach bestmöglicher Wärmeverteilung im Saal besteht. Wurden die Heizkörper in diesen Frischluftstrom eingebaut, wodurch im Gegensatz zu unbewegter Luft ein außerordentlich guter Wärmeübergang an den Heizregistern eintrat, so mußte man auch Möglichkeiten vorsehen, ganz oder teilweise statt Außenluft wieder Raumluft durch die Heizapparate zu leiten, und somit eine Kombination von Frisch- und Umluftverfahren anordnen.

Zunächst verwendete man derartige Zentralapparate im Gegensatz zu einfachen Zerstäuberanlagen ohne jedes Rohrnetz in den Arbeitssälen. Die Übersichtlichkeit der Räume hat zwar dadurch gewonnen, jedoch das Optimum der Gleichmäßigkeit in der Feuchtigkeitsverteilung ist mit diesen rohrlosen Anlagen nicht erreichbar, weshalb man in vielen Fällen dazu übergegangen ist, Rohrverteilungssysteme an die Zentralbelüftungsapparate anzuschließen.

Halbkammgarnfabrikation.

Halbkammgarne stellen eine Zwischenstufe zwischen Streichgarn und Kammgarn dar, deren Grenze gegenüber dem Kammgarn scharf dadurch gezogen ist, daß die kurzen Fasern nicht ausgekämmt, sondern im Garn enthalten sind. Gegenüber dem Streichgarn ist die Grenze dadurch gegeben, daß der Krempelflor nicht quergeteilt wird, sondern das Vorgarn durch Verziehen hergestellt wird.

Durch diese Umgrenzung ist bereits der Charakter des Halbkammgarnes bestimmt. Der Faden muß rauher sein als Kammgarn und weniger Festigkeit und Gleichmäßigkeit besitzen, jedoch infolge der Kammgarnvorbereitung glatter und gleichmäßiger sein als Streichgarn.

Ebenso ist die Herstellung des Halbkammgarnes, die meist im Rahmen der Streichgarnspinnerei erfolgt, hierdurch festgelegt. Im Anschluß an die Krempeln muß das Band eine Kammgarnvorbereitung durchlaufen.

Im einzelnen bestehen große Variierungsmöglichkeiten. Zunächst kann die Oberflächenbeschaffenheit des Fadens dadurch beeinflußt werden, wie die Vorlage des Flores auf den Streichgarnkrempelsätzen erfolgt. In den meisten Fällen vermeidet man die in der Streichgarnspinnerei übliche Kreuzung der Faserlage, um in der anschließenden Vorspinnerei schneller eine Parallellage der Wollhaare zu erhalten. Die hohe in der Kammgarnspinnerei notwendige Passagenzahl der Vorspinnerei ist hier zwecklos, da die vom Kammgarn geforderte Gleichmäßigkeit ohne den Kämmprozeß durch keine Passagenerhöhung erlangt werden kann. Man beschränkt sich deshalb meist auf ein minimales Doublieren, so daß man die Verfeinerung bis zum Vorgarn bereits in wenigen Passagen erreicht.

Trotzdem ist diese Vorbereitung im Verhältnis zur Florteilung in der Streichgarnspinnerei so teuer, daß die Halbkammgarnfabrikation keine große Verbreitung gefunden hat.

Sachverzeichnis.

Weitere, einzeln käufliche Teile des achten Bandes der „Technologie der Textilfasern":

Erster Teil: Wollkunde. Bildung und Eigenschaften der Wolle. Bearbeitet von Dr. **Gustav Frölich**, Professor an der Universität Halle a. S., Direktor des Instituts für Tierzucht und Molkereiwesen, Dr. **Walter Spöttel**, Privatdozent an der Universität Halle a. S., und Dr. **Ernst Tänzer**, Privatdozent an der Universität Halle a. S. Mit 172 Textabbildungen und 2 farbigen Tafeln. IX, 419 Seiten. 1929.

Gebunden RM 54.— (abzüglich 10% Notnachlaß)

Zweiter Teil: Die Wollspinnerei.
A. Streichgarnspinnerei sowie Herstellung von Kunstwolle und Effiloché. Von Professor Dipl.-Ing. **O. Bernhardt**, Fachvorstand, Wien, und Professor Ing. Dr.-techn. **J. Marcher**, Wien. Mit 357 Textabbildungen. VIII, 350 Seiten. 1932.

Gebunden RM 37.50

Der vorliegende Band ist der Streichgarnspinnerei der Wolle gewidmet, über die längere Zeit zusammenfassende Darstellungen nicht mehr erschienen sind. Bei allen Schilderungen bilden die eingehenden praktischen Erfahrungen der Verfasser die Grundlage, die sich ganz besonders bemüht haben, auch Spezialgebiete, die überhaupt noch nicht fachmännisch behandelt worden sind, dem Verständnis zu erschließen. Das gilt ganz besonders von der Gewinnung der sogenannten Kunstwolle und ihrer Verarbeitung, ebenso von der sogenannten Kunstbaumwolle (Effiloché). Beide werden aus Lumpen und Abfällen beim Verarbeitungsprozeß gewonnen. Diese fachmännische Schilderung ist deshalb heute so willkommen für den Praktiker, weil diese Ersatzfasern aus Altmaterial bei der heute sehr beträchtlich gesunkenen Kaufkraft der Bevölkerung eine steigende Bedeutung in der Anfertigung billiger Stoffe erlangt haben. In dieser Beziehung stehen die beiden Schlußabschnitte des Werkes einzig da. Im übrigen ist der Stoff eingeteilt in die großen Abschnitte der Garnherstellung für Mode- und Walkware, des Trocknens der Wolle, der Wolferei und der dazu nötigen Maschinen, der Krempelei und des Fertigspinnens. Großer Wert ist darauf gelegt worden, daß bei den abgebildeten Maschinen auch die allerneuesten Modelle berücksichtigt worden sind... *„Zeitschrift für die gesamte Textilindustrie"*

C. Tuchmacherei. Von **E. Krahn** und — Wollfilze von **W. Biester.** — Wollgewebe von **Hirschberg** und **Klinsöhr.** In Vorbereitung.

Dritter Teil: Chemische Technologie der Wolle und die dazugehörigen Maschinen. Von Professor **G. Ulrich** und Geh. Reg.-Rat Dipl.-Ing. Professor **H. Glafey.** In Vorbereitung.

Vierter Teil: Weltwirtschaft der Wolle. Bearbeitet von Dr. jur. **H. Behnsen**, Berlin, und Dr. rer. pol. **W. Genzmer**, Berlin. IX, 195 Seiten. 1932.

Gebunden RM 32.—

Technik und Praxis der Kammgarnspinnerei. Ein Lehrbuch, Hilfs-
und Nachschlagewerk. Von **Oskar Meyer**, Spinnerei-Ingenieur, Direktor des öffentlichen Warenprüfungsamtes für das Textilgewerbe zu Gera-Reuß, und **Josef Zehetner**, Spinnerei-Ingenieur, Betriebsleiter in Teichwolframsdorf bei Werdau i. Sa. Mit 235 Abbildungen im Text und auf einer Tafel sowie 64 Tabellen. XII, 420 Seiten. 1923.

Gebunden RM 20.— (abzügl. 10% Notnachlaß)

Es wird der gesamte Stoff der Kammgarnspinnerei gemäß den Anforderungen der Praxis erschöpfend behandelt. In Berücksichtigung des Umstandes, daß es für den Praktiker oft schwer ist, sich ohne größere Kenntnisse in Mathematik und Physik in das notwendige Fachwissen hineinzufinden, daß aber für die nutzbringende Arbeit eines Spinnereifachmannes neben Erfahrungen ein hohes Maß von fachlichem Wissen und Können Voraussetzung ist, haben die Verfasser auf Grund ihrer langjährigen Lehr- und Berufstätigkeit durch das ganze Werk hindurch auf eine innige Verkettung von Theorie und Praxis hingewirkt und dabei den umfangreichen Stoff in eine leicht faßliche Form gebracht, die es allen Berufsinteressenten, dem Techniker, Praktiker, Studierenden und Kaufmann ermöglicht, sich verhältnismäßig leicht in die Fabrikation der Kammgarne gründlich einzuarbeiten. Erleichtert wird das Studium durch zahlreiche bildliche Darstellungen von Maschinen, Apparaten und Einzelgetrieben. Auf die Beschreibung und Berechnung der Maschinen, auf die Wirkungsweise, Behandlung und Bedienung der einzelnen Organe, Einzelgetriebe und Maschinen wurde eingegangen. Außerdem sind zahlreiche praktische Beispiele und Erfahrungen aufgenommen worden.

„Leipziger Monatsschrift für Textil-Industrie"

*** Die Spinnerei in technologischer Darstellung.** Ein Hilfsbuch für den Unterricht in der Spinnerei an technischen Lehranstalten und zur Selbstausbildung sowie ein Handbuch für jeden Spinnereifachmann. Von Dr.-Ing. **Edw. Meister,** o. Professor an der Technischen Hochschule zu Dresden. Zweite, vollständig neubearbeitete Auflage des gleichnamigen Werkes von G. Rohn†. Mit 223 Textabbildungen. VI, 243 Seiten. 1930. Gebunden RM 15.50

Die Neubearbeitung des Rohnschen Buches durch Prof. Dr. Meister ist außerordentlich zu begrüßen. Auf engem Raum wird die gesamte Spinnerei einer leicht verständlichen technologischen Betrachtung unterworfen. Dadurch, daß die technologischen Grundbegriffe, die für die Spinnerei allgemein gelten, dem Werk vorangesetzt sind, können die einzelnen Spinnereizweige, wie Baumwollfeinspinnerei, Grob-, Vigogne- und Baumwollabfallspinnerei, Wollstreichgarn- und Kammgarnspinnerei, Flachs-, Hanf-, Jute-, Seide-, Kunstseide- und Asbestspinnerei ohne Wiederholung der bereits erörterten Vorgänge an Hand sehr guter Abbildungen besprochen werden. Das Buch ist in erster Linie für den Unterricht an technischen Lehranstalten bestimmt, aber es eignet sich wegen seiner vorzüglichen Darstellungsweise ebensogut zum Selbststudium und ist in der Hand des Spinnereifachmannes ein wertvolles Nachschlagewerk. *„Melliand Textilberichte"*

*** Die Spinnerei.** Von Geh. Hofrat Professor Dr.-Ing. e. h. **A. Lüdicke,** Braunschweig. („Technologie der Textilfasern", Band II, 1. Teil.) Mit 440 Textabbildungen. VI, 268 Seiten. 1927. Gebunden RM 28.—

*** Handbuch der Spinnerei.** Von Ingenieur **Josef Bergmann** †, o. ö. Professor an der Technischen Hochschule in Brünn. Nach dem Tode des Verfassers ergänzt und herausgegeben von Dr.-Ing. e. h. **A. Lüdicke,** Geh. Hofrat, o. Professor emer., Braunschweig. Mit 1097 Textabbildungen. VII, 962 Seiten. 1927. Gebunden RM 84.—

Praxis des Baumwollspinners. Von Textil-Ing. **E. Brücher,** Mülhausen i. E. („Technologie der Textilfasern", Band IV, 2. Teil: A, b.) Mit 343 Textabbildungen. VIII, 413 Seiten. 1931. Gebunden RM 58.—

In diesem Bande wird alles Wissenswerte für den praktischen Betrieb einer Baumwollspinnerei behandelt. Nach den üblichen allgemeinen Ausführungen über Klassifizierung der Baumwolle, Nummersysteme, Verzug, Dublierung, Garnprüfung usw. wird sehr ausführlich auf die Spinnereimaschinen und deren Berechnung eingegangen. Einen breiten Raum nehmen die Kämmaschinen und der Selfactor ein. Besonders begrüßenswert ist, daß recht ausführlich die Einstellung der einzelnen Organe behandelt wird... Zusammenfassend kann gesagt werden, daß die „Praxis des Baumwollspinners" ein ganz vortreffliches Nachschlagewerk für den Praktiker darstellt. *„Melliand Textilberichte"*

Maschinen für die Gewinnung und das Verspinnen der Baumwolle. Von Professor Dipl.-Ing. **Hugo Glafey,** Geh. Regierungsrat. („Technologie der Textilfasern", Band IV, 2. Teil: A, a.) Mit 340 Textabbildungen. VII, 254 Seiten. 1931. Gebunden RM 39.—

In rein technologischer Form werden in vorbildlicher Art und Weise die Maschinen für die Gewinnung und das Verspinnen der Baumwolle behandelt. Ganz besonders hervorgehoben muß werden, daß der Verfasser bestrebt gewesen ist, die Neuerungen auf diesem Gebiet soweit wie möglich zu berücksichtigen, so daß auch der Fachmann viel Neues findet. Die notwendige Objektivität ist vollkommen gewahrt worden, und die Auswahl der verschiedensten Maschinentypen und die gesamte Bearbeitung des Stoffes lassen den erfahrenen Technologen erkennen. Behandelt wird Baumwollgewinnung, Baumwollfein-, Grob-, Bunt- und Abfallspinnerei, Fachen und Zwirnen, Antrieb der Spinnmaschinen, Spindeln, Spindelantriebe, Drehzahlprüfer usw., Weifen, Docken, Bündeln, Luft- und Garnbefeuchtung. Für ein tieferes Studium von Spezialfragen sind zahlreiche Literaturhinweise aufgeführt. Das Werk gehört unbedingt in jede Bücherei des vorwärtsstrebenden Fachmannes. *„Melliand Textilberichte"*

** Auf die Preise der vor dem 1. Juli 1931 erschienenen Bücher wird ein Notnachlaß von 10⁰/₀ gewährt.*

Technologie der Textilfasern. Herausgegeben von Prof. Dr. R. O. Herzog, Berlin-Dahlem. Jeder Teilband ist einzeln käuflich.

I. Band, 1. Teil: **Physik und Chemie der Cellulose.** Von H. Mark. Mit 145 Textabbildungen. XV, 330 Seiten. 1932. Gebunden RM 45.—

2. Teil: **Physik und Chemie der proteinartigen Faserstoffe.** Von E. Elöd. In Vorbereitung.

3. Teil: **Untersuchung der Faserstoffe.** Von E. Schmid, H. Sommer, J. Weese und W. Weltzien. In Vorbereitung.

II. Band, 1. Teil: **Die Spinnerei.** Siehe zweite Seite des Anzeigenanhanges.

*2. Teil: **Die Weberei.** Von A. Lüdicke. — **Die Maschinen zur Band- und Posamentenweberei.** Von K. Fiedler. — **Die Bindungslehre.** Von J. Gorke. Mit 854 Abbildungen im Text und auf 30 Tafeln. VII, 319 Seiten. 1927. Gebunden RM 36.—

*3. Teil: **Wirkerei und Strickerei, Netzen und Filetstrickerei.** Von C. Aberle. — **Maschinenflechten und Maschinenklöppeln.** Von W. Krumme. — **Flecht- und Klöppelmaschinen.** Von H. Glafey. — **Samt, Plüsch, Künstliche Pelze.** Von H. Glafey. — **Die Herstellung der Teppiche.** Von H. Sautter. — **Stickmaschinen.** Von R. Glafey. Mit 824 Textabbildungen. VIII, 615 Seiten. 1927. Gebunden RM 57.—

*III. Band: **Künstliche organische Farbstoffe.** Von H. Ed. Fierz-David. Mit 18 Textabbildungen, 12 einfarbigen und 8 mehrfarbigen Tafeln. XVI, 719 Seiten. 1926. Gebunden RM 63.—

*IV. Band, 1. Teil: **Botanik und Kultur der Baumwolle.** Von L. Wittmack. Mit einem Abschnitt: **Chemie der Baumwollpflanze.** Von St. Fraenkel. Mit 92 Textabbildungen. VIII, 352 Seiten. 1928. Gebunden RM 36.—

2. Teil: A. **Baumwollspinnerei.**
a) **Maschinen für die Gewinnung und das Verspinnen der Baumwolle.** Siehe zweite Seite des Anzeigenanhanges. b) **Praxis des Baumwollspinners.** Siehe zweite Seite des Anzeigenanhanges.
B. **Baumwollgewebe und Gardinenstoffe.** Von W. Spitschka und O. Schrey. Mit etwa 160 Textabbildungen und 96 Gewebemustern auf 12 Tafeln. Etwa 240 Seiten. Erscheint im Mai 1933.

*3. Teil: **Chemische Technologie der Baumwolle.** Von R. Haller. — **Mechanische Hilfsmittel zur Veredlung der Baumwolltextilien.** Von H. Glafey. Mit 266 Textabbildungen. XIV, 711 Seiten. 1928. Gebunden RM 67.50

4. Teil: **Die Weltwirtschaft der Baumwolle.** Bearbeitet von P. Koenig und A. Zelle. Etwa 200 Seiten. Erscheint im April 1933.

V. Band, 1. Teil: **Der Flachs.**
*1. Abteilung: **Botanik, Kultur, Aufbereitung, Bleicherei und Wirtschaft des Flachses.** Mit einer Einführung in den Feinbau der Zellulosefasern. Bearbeitet von W. Kind, P. Koenig, W. Müller, E. Schilling, C. Steinbrinck. Mit 167 Textabbildungen. IX, 427 Seiten. 1930. Gebunden RM 54.—

2. Abteilung: **Flachsspinnerei.** Von W. Sprenger. Mit 175 Textabbildungen. VIII, 256 Seiten. 1931. Gebunden RM 38.—

3. Abteilung: **Leinenweberei.** Von F. Bühring und H. Schreiber. Mit etwa 350 Textabbildungen. Etwa 380 Seiten. Erscheint im Mai 1933.

*2. Teil. **Hanf und Hartfasern.** Bearbeitet von O. Heuser, P. Koenig, O. Wagner, G. v. Frank, H. Oertel, Fr. Oertel. Mit 105 Textabbildungen. VII, 266 Seiten. 1927. Gebunden RM 24.—

3. Teil: **Die Jute.** Von E. Nonnenmacher.
*1. Abteilung: **Pflanze und Fasergewinnung. Handel und Wirtschaft. Spinnerei.** Mit 542 Textabbildungen. VIII, 571 Seiten. 1930. Gebunden RM 86.—

2. Abteilung: **Die Weberei der Jute.** In Vorbereitung.

VI. Band, 1. Teil: **Die Seidenspinner.** In Vorbereitung.

*2. Teil: **Technologie und Wirtschaft der Seide.** Bearbeitet von H. Ley und E. Raemisch. Mit 375 Textabbildungen. VIII, 551 Seiten. 1929. Geb. RM 66.—

*VII. Band: **Kunstseide.** Bearbeitet von E. A. Anke, H. Eichengrün, R. Gaebel, R. O. Herzog, H. Hoffmann, Fr. Loewy, A. Oppé, W. Traube, A. v. Vajdaffy. Mit 203 Textabbildungen. VIII, 354 Seiten. 1927. Gebunden RM 36.—

VIII. Band siehe erste Seite des Anzeigenanhanges.

Auf die Preise der vor dem 1. Juli 1931 erschienenen Bände wird ein Notnachlaß von 10% gewährt.